琢磨历史
玉里看中国

高宇 著

北京日报出版社

图书在版编目（CIP）数据

琢磨历史：玉里看中国 / 高宇著．—北京：北京日报出版社，2015.10（2021.9重印）
　ISBN 978-7-5477-1523-9

Ⅰ.①琢… Ⅱ.①高… Ⅲ.①玉石—文化—中国 Ⅳ.①TS933.21

中国版本图书馆 CIP 数据核字（2015）第 192547 号

琢磨历史：玉里看中国

出版发行：	北京日报出版社
地　　址：	北京市东城区东单三条 8-16 号东方广场东配楼四层
邮　　编：	100005
电　　话：	发行部：（010）65255876
	总编室：（010）65252135-8043
印　　刷：	北京市庆全新光印刷有限公司
经　　销：	各地新华书店
版　　次：	2015 年 12 月第 1 版
	2021 年 9 月第 6 次印刷
开　　本：	787 毫米 ×1092 毫米　1/16
印　　张：	18
字　　数：	384 千字
定　　价：	80.00 元

版权所有，侵权必究，未经许可，不得转载

前 言
FOREWORD

　　这本书似乎酝酿了很久，但真动笔写起来却费时无多，或许就是所谓的厚积薄发吧。说酝酿得久，倒也并非一直要写这样一本书，而日日地构思起来，实在是自自然然就动了笔，颇似瓜熟蒂落。

　　余性喜阅读，尤爱读史，久之便喜欢一切老的物件，于是又很自然地进入了摆弄、收藏古物的领域。从进入这个领域的第一天起，就毫无理由地选择了古玉，如缘法使然，凡此十有七年。十七年里，于古玉薄有收藏，研磨日深。而随着对古物这个行当看得既多，有关玉的书亦复看了不少，乃发现端倪若干，似乎日益地不吐不快。

　　先来说说，我所见古玩或者广而至文玩这个行当里的误区吧。

　　在本人的玩玉生涯里曾经无数次的帮人看玉，当然基本都是一些外行朋友。后来我就发现了一个外行的通病，这也是他们经常上当的主要原因。以前我们说外行是一种狭义的外行，文玩圈子里对某类品种不懂便可说是外行，比如本人就是古钱币和木头的外行。但我们是自己领域的内行，同时又是文玩行内人，因此懂水深水浅，懂行里规矩。自收藏成全民运动后，说起外行就是货真价实的外行了。可你听这些外行聊，又好像什么都知道一点。他的那一点，大部分都是看电视的收藏类节目和听"专家"们布道而来的。可以说，现今文玩市场的"繁荣"大部分靠这些外行来做贡献。

　　这些外行的特点是：他每一种收藏品类似乎都懂一点，而这一点总是那个品类里最顶尖的那种。所以他们言木头必称"海黄"；言铜炉必称"宣德本朝"；言青瓷必称"汝窑"；言青花必称"永乐"；言寿山必称"田黄"；至于玉器当然就必称"羊脂"了。于是，凡是想卖给他们东西的，就必称自己出售的是这些神器，于是这些外行们就经常"捡大漏"。而笔者作为一个玩玉的老手，真正的老羊脂玉也就不过数面之缘而已。可想而知，这些外行们花大价钱买到的羊脂玉都是什么。每念及此，我就很想跟他们说：少看看收藏类节目，多看看博物馆，多看看书吧。但转念一想，多看看书就管用吗？因为有关玉器收藏的书实在又是让人如鲠在喉了。

如今有关玉器收藏的书不胜枚举，多立足于"鉴定"或"鉴赏"，书名动辄冠之以"收藏宝典"云。但细观之，对于大众读者而言，几不可读。若将其分类不过以下几种。

一、照本宣科类

此类书多由著名专家编著，多具有教科书风范。不过，中国式教科书通常有以下毛病：（一）曰灌输知识。中国大部分欲为人师者，皆认为知识即文化，因此以堆砌知识为己任。殊不知知识和文化并非注定的因与果。（二）曰晦涩难懂。这种晦涩并不是因为其思想有多么艰深，实在是因为中国之师们还大都有一个共性。他们似乎把来听其讲课的人，都默认为思维已经跟他在同一轨道，同时所有的专业语言都已经自行明了，因此他尽可以按照自己的思维和语境木然而言。殊不知，受众大多和其并不在同一轨道，更不可能自行明了那些专业语言，结果自然鸡同鸭讲，形同受罪。众所周知，中国式的教科书是最为枯燥和无趣的，通常是板着一副傲人的传道面孔，实则拒人于学门之外。此类讲玉的书也大抵如此。

二、杂烩式

此类讲玉的书并不是"著"出来的，而是"编"出来的。其最大特点可谓大而无当：资料繁多，信息芜杂，逻辑不顺，唯缺少主线和自己之观点、思想。若对玉器已有充分认识之人，可备之以为资料查阅。若是门外之人则必定观而生畏。

三、伪玉文化类

此类书标榜玉文化，然于文化的认知实不敢恭维。其所言文化，或为史料之堆砌，或为典故之演绎。总而言之就是要表达这样一个意思：古代有这些说法和故事，这就是文化。至于为何如此，它们因何存在，又如何关联，则其基本不见深究。若只此"故事会"即为文化，实难让人相信中国玉文化可以绵延数千年，能至今令国人痴心。

四、专业学术类

此类书体现了真正的玉文化和古玉研究之学术成果。包括学术论文和考古报告，但它只适合极少数人阅读，离大众实在太过遥远。

凡上所举，可见：一本真正"著"出来的；不堆砌知识、但又注重学术精神；并且能"好好说话"、抽丝剥茧般漫道玉文化的书，才是大众读者真需要的。也许，本书的写作意念就萌芽于此。当这个意念萌芽之后，一个新的想法又产生出来。这个想法是笔者多年读史而逐渐融入血液的一种自然反应。那就是历史到底是什么，玉文化跟历史又是什么关系。

应该说，本人对于历史的喜爱就和大多数国人一样，是从孩提时听评书《三国演义》《岳飞传》开始的。嗣后开始真正大范围地阅读古籍、史料和历史学者的学术著作。由此

前 言

读史二十年，读着读着，就读出了不一样的历史。渐渐地，历史在我眼里已经不再是金戈铁马和帝王将相，而是成系统的、有逻辑联系的、有发展规律的思想体系、制度体系、经济形态和社会面貌。此时，我逐渐地发现，当把已经熟知的那些戏剧性的历史故事抛开后，才真正看到了中国历史的本相，也就看到了中国文化的全貌，而非那些小噱头。

碰巧的，我又是一个近于痴迷的古玉爱好者，便日益感到：当我这种全新的历史观和视角形成后，似乎对于古玉的鉴赏能力也大幅地自动提高了。此种道理，逐渐清晰：试想数百上千年后，我们自己所在的时代已经成为历史，后人应当怎么认识我们现在的生活呢？假设他们只是记住了我们时代里的那些大事件和大人物，就此便说懂了我们的生活。如果有知，我们定会觉得莫名其妙。因为对我们而言：我们的思想模式、我们的衣食住行、我们的生态环境、我们的审美情趣和风尚、我们的人际关系准则，这些才是我们的生活，才是真实的社会，也就是相对于若干年后的真实历史。

由此，反向一想古代，不也是这样？只有一闭眼，就能想见到某一朝代的主导思想体系、社会生活场景、艺术审美情趣、各阶层人的风貌，才能叫真正见到了历史。而那段历史里的一切，也就自然地如同我们自己的生活场景一般。在这种对历史的理解下，对于作为当时生活一部分的玉器，自然就会有一种本能的认识。而这种本能认识是由历史本身提供的，也是中国玉文化传承数千年的本原。

就此，本书的写作理念形成了：按这种历史视角讲述中国历史和文化，再把玉镶嵌进去。这样，呈现出来的才是真正意义上的中国玉文化。了解了这个基础上所产生的玉文化，读者自然就对玉有了"眼力"上的提升。因为所有的技术都可以作假，只有文化的基因和历史的信息不能作假。

当然，我更希望通过此书，能够让读者透过玉这块中国人最珍视的石头，建立起对中国历史文化的初步全面认知。就如本书的书名：琢磨历史——玉里看中国。

目 录
CONTENTS

第一编 悠远美丽的"国石"

002 第一章 身上的"国石"
- 002　第一节　国石之谓
- 007　第二节　中国的历史名玉
- 012　第三节　玉从何来

018 第二章 中华文明的玉之缘
- 018　第一节　管窥文明
- 019　第二节　典籍里的中华
- 021　第三节　典籍之玉
- 028　第四节　另一个体系

035 第三章 玉一样的君子
- 035　第一节　二元的世界
- 038　第二节　崇高的君子
- 042　第三节　玉比君子

045 第四章 不能不说的人玉缘
- 045　第一节　缘之为物
- 049　第二节　人玉缘分

第二编 神的力量与王的威仪

054 第一章 四方皆玉：文明起点
- 054　第一节　三皇五帝新石器
- 058　第二节　文明玉之源
- 063　第三节　融合出文明

001

第二章　红山、良渚：神与王　　068

  第一节　南北辉映　　068

  第二节　玉文化的起点　　072

  第三节　神器与巫王　　075

  第四节　神人与神徽　　079

第三章　被玉包围的天子　　083

  第一节　王权驾临　　083

  第二节　天子和皇帝　　088

  第三节　天子·神·玉　　093

第四章　至尊的重负　　098

  第一节　华夏衣冠和天子六冕　　098

  第二节　环佩叮当　　102

  第三节　腰间的学问　　106

第五章　贵人的宝玉　　114

  第一节　贵人何在　　114

  第二节　贵人用玉　　118

第三编　撑起礼仪之邦

第一章　"礼"时代的来临　　128

  第一节　"礼"从何来　　128

  第二节　"三礼"与礼器　　133

第二章　与儒相伴的玉礼器　　139

  第一节　礼崩乐坏和儒的诞生　　139

  第二节　儒的嬗变和玉礼器　　144

第三章　天地之礼：玉璧与玉琮　　150

  第一节　说璧　　150

  第二节　说琮　　156

第四章　远古的遗绪：玉圭与玉璋　　162

  第一节　说圭　　162

  第二节　说璋　　167

第五章　被礼器的玉璜与玉琥　　172

  第一节　说璜　　172

  第二节　说琥　　178

002

第四编　中华帝国和它的玉器

第一章　中华玉器仰鬼斧 … 184
　　第一节　谁来做玉 … 184
　　第二节　官、民两道 … 188
　　第三节　玉从琢磨来 … 192

第二章　第一帝国和它的玉 … 198
　　第一节　第一帝国 … 198
　　第二节　思想的重组 … 204
　　第三节　说汉玉 … 207

第三章　第二帝国和它的玉 … 215
　　第一节　第二帝国缘讲 … 215
　　第二节　唐与宋的真相 … 223
　　第三节　唐风宋韵 … 230

第四章　第三帝国和它的玉 … 239
　　第一节　第三帝国 … 239
　　第二节　从"糙大明"到"乾隆工" … 248

补编　关于玉的误区

　　其一　说"籽儿" … 260
　　其二　白玉之辨 … 264
　　其三　玉之稀缺考 … 267
　　其四　工细的辩证 … 270
　　其五　玉器之灵 … 273
　　其六　小谈"盘养" … 276

后　记 … 278

003

第一编

悠远美丽的"国石"

　　中国人是有石头情结的，但很多人并没有意识到玉实质也是石头，实则玉才是中国名副其实的"国石"。本编就是要说清玉为什么会是中国的"国石"；再说一说玉文化是怎么与中国文化相伴生；又是怎么跟中国人心里最真切、最富文化玄妙感的那部分思绪连起来的。并以此为线索，把对中华文化本源及核心要素的思索铺展开来：易与阴阳；天人合一；礼乐和儒、释、道；二元社会结构；缘分与缘法。这些都涵盖于本编之内。

　　因此，本编分为四章，分别讲述：玉的历史和本貌，即第一章《身上的"国石"》；中华文明的体系以及玉的伴生，即第二章《中华文明的玉之缘》；二元社会结构和"玉比君子"的源起，即第三章《玉一样的君子》；儒、释、道思想大融合与人、玉之缘，即第四章《不能不说的人玉缘》。

第一章　身上的"国石"

第一节　国石之谓

一、五行土为大

当一个小生命呱呱坠地后，西方人把他放进水里施"洗礼"，因为西方文明认为人生而有罪，要用圣水洗洗、刷刷才能放心到世上来。中国人笃信"人之初，性本善"，我们的使命是严防邪与恶勾引了本善的孩子，我们的主意是给孩子身上戴各种东西：辟邪的，镇鬼的，护身的，不一而足。这习惯深入人心，即便卑微、贫困也要尽量做到。《四世同堂》里的祁老太爷因为没有东西给街坊长顺祝贺生子而叹息，天佑太太找出个大铜钱拴个红绳，老爷子立刻精神抖擞，这个据说可以镇邪的礼物足以维系他"老人星"的威信和荣光了。我们说，中国人自古是喜好在身上戴点什么的。

清中期白玉牡丹纹锁　中国人传统中，最愿意为婴儿戴上的东西是"长命锁"，以保佑孩子长命百岁，各种的锁里又以"玉锁"最为名贵

戴点什么呢？中国人身上的东西脱不了"金、木、水、火、土"的窠臼。五行学说从战国人邹衍那里被造出来之后，两千三百年来主导了中国人的朴素宇宙观——金、木、水、火、土五种物质构成了世间万物。实的它管、虚的它也管，大到王朝兴替，小到求医问药无不在这五种物质相生相克的大圈里打转。北水、南火、东木、西金、中央是土，中者为大是中国文化默认的，否则我们也不会叫作中国。

所谓皇天后土是国人从小就熟知的一个词，它代表了至高无上，是中国语境中分量最重的表述。描写古代的书籍或戏剧里，从皇帝到大臣，一到最大的阵仗、最紧要的关头就说"皇天后土"如何如何。但现代人又有多少知道皇天后土到底什么意思呢？因为在现代汉语的体系里这个词完全说不通。在上古文字和语境里（这个上古是指"皇帝"这个名称还没产生之前），"皇"指的是那个至高的"上帝"。这个"上帝"可不是民间供起来、大家电视里看惯了的那位玉皇大帝，张玉皇要到明朝才坐稳了老百姓观念里上帝这个位子。"上帝"在中国文化史里经历了一个演变的过程，在上古的时代他的职称是"皇"，他的位子上坐的是一位叫"东皇太一"的神——是的，就是屈原在

《九歌》里最为隆重歌颂的那位"东皇太一"。这就是"皇"的意思了,"皇天"也即说"上帝"的天。"后"的本义是王者,王这个职称应该是到了商代才真正固定下来的,在此之前的王者曾经称为"后"。像我们熟知的后稷其实叫作姬弃,因为他是华夏农耕始祖才被称为后稷,也就是农耕之王(稷是中国最早的两种主食作物之一)。还有夏后启,意思是夏的第一个王叫作如启,后土就是王者的土地。"皇天后土"合在一起是上帝的天和王者的地,这基本就是古人概念里的全部宇宙了。可见,土在中国文化中的地位是远超另外四种的。

元·张渥 《九歌图东皇太一》

二、自古以石为贵

不过人终究不可能把土疙瘩煞有介事地挂在脖子上或别在腰里,中国人身上的土是什么呢?是石头。中国人对石头的喜爱是独特而郑重的,石头在中国人的生活里几乎无处不在。直到今天,如果要往身上佩戴饰物,大多数人的第一选择还是各种宝石,在古代就更是如此。中国有一个千古单选题——鱼与熊掌不可兼得。似乎在石头上实现了这道题的突破,鱼与熊掌兼得了:在中国人的世界里,金子贵而不雅、竹木雅而清高,只有石头既可富贵又可文雅。先来看看清朝的顶戴,按清制:

品级	帽顶
一品	红宝石帽顶
二品	红珊瑚帽顶
三品、四品	蓝宝石帽顶
五品	水晶帽顶
六品	车磲帽顶
七品	素金帽顶
八品	阴文镂花金顶
九品	阳文镂花金顶

这是品级制度发展到最顶级时的用法,是官方对等级进行的标注:七品以上皆用石头。帽顶用金子的七、八品叫做芝麻官,九品与不入流同档,可见在各种石头面前金子是多么苍白。当然金子在石头面前还不只是敬陪末座,到了大场面上还要甘为垫脚。上面介绍的只是清代常服冠的帽顶,就是常在电视剧里看到的那种,其实这种帽子在朝会上出现完全是电视剧给的错误认识,这种帽子是官员日常办公所戴,在朝会上戴的是更高级别的朝服冠,它上面的顶珠是这样的:

品级	帽顶
一品	顶镂花金座,中饰东珠一,上衔红宝石
二品	顶镂花金座,中饰小红宝石一,上衔镂花珊瑚
三品	顶镂花金座,中饰小红宝石一,上衔蓝宝石
四品	顶镂花金座,中饰小蓝宝石一,上衔青金石
五品	顶镂花金座,中饰小蓝宝石一,上衔水晶
六品	顶镂花金座,中饰小蓝宝石一,上衔车磲
七品	顶镂花金座,中饰小水晶一,上衔素金
八品	顶镂花金座,上衔花金
九品	顶镂花金座,上衔花银

第一编 始远美丽的"国石"

身穿吉服的清朝官员

清德宗载湉（光绪帝）朝服像

羊脂白玉天子之印

看，金只能垫在石头下面当底座。而且，在朝会大典上为了给国家做脸，给官员长脸，每人头上要戴两块石头，连七品也要给块石头戴戴。石头可谓富贵得很了。

一直以来，中国文人以"酸"著称。酸有两种，一种为迂腐，这是不好的，历史上扼杀思想、遏制变革的大抵是它；另一种是清高，这个总体是好的，它是中国文化基因里传下来的一份正气和风骨，文天祥凭的是它、史可法也凭的是它。因为这傲骨再加上文化上的自岸，真正的文人总是对权贵玩的那一套不屑一顾。但有一样东西权贵要用而文人也玩得不亦乐乎，就是石头，准确地说是石头印章。印章，天子称玺、称宝，官员称大印、关防，是权力与威势的象征，无它再高贵的身份也居之有疑、令出不行。天子玺、宝从来都是以玉石所制为主，官员的大印从汉以后各种名石所制也越来越多。

不过，中国印章能够进入文化范畴并斐然出彩的是它非官方的部分，就是文人印章：文人视书如命，书上加印之藏书章除自报家门外，多要舒一舒爱书、传世之胸怀；"琴、棋、书、画"文士修身之本，书画之钤首章、落款章总会秀一秀自家才艺；文人多骚客，胸中但有出尘章句、傲世微言必要付之刻刀成一"闲章"，聊

四五百竿竹 两三千卷书	宅从栽竹贵 家为买书贫	黄绢幼妇 外孙齑臼
少可多否	畏人嫌我直	聊以自娱

▶ 郑板桥六面印

以自旷。这些印章身寄一代代文思和况味，自成中国文化一大品类，它们的载体印石自也跻身其中。中国古代各类文化物品的制作大都由匠人来完成，统治阶层和文化阶层只负责使用、鉴赏和品题。大概只有两种，直接由文人屈尊干了匠人的活计自己来做，一个是古琴、一个就是印石。自古古琴大家必亲斫琴，书画寄情的墨客也必自操刻刀。是以印石也就越发雅得传神，最后发展出了中国印石的"四大名石"：寿山石、青田石、鸡血石、巴林石；也发展出了印石独有的极富文人画风韵的雕刻技法：薄意。印石与篆刻寄托了多少文人自清于世的襟怀和风度。闻一多先生是公认的近代最具中国文人风骨的大家，抗战时先生任教西南联大生活困窘，既不蝇营狗苟作钻营、亦未屈身事权求显达，而是授课之余以为人制印贴补家用，固守思想、人格之独立。大抵中国传统有节操的文人都有石头的情结，另一位生活于清代的固穷文豪曹雪芹，他那部中国最伟大的小说本名就直接叫做《石头记》。

第一编 悠远美丽的"国石"

◀ 唐琴·大圣遗音

琢磨历史——玉里看中国

梅雀争春·薄意雕 田黄冻石

霜叶红于二月花·薄意雕 都成坑石

三、玉为石之王

在中国的文化体系里任何领域必须要有王者，这是两千年中央集权体制下重威权的固有思维。石头中有没有王者？想一想好像还真没有一个"石王"的说法。其实是有的，只不过因为一个概念上的误会，这个"石王"是隐身的，它就是玉。古代汉语体系中对玉的最权威定义来自东汉许慎的《说文解字》："玉，石之美（有五德……）"。就是说首先玉是石头，石头里凡是"美"的就是玉，而这种美要在手感、品质、声音、硬度和纯洁五个方面达到标准——要求如此之高，已经可见玉是石头中最为出类拔萃者。在古代篆书中，王字的写法是"王"、玉字的写法是"王"，二者极为相像，不同仅在于第二横与第三横的距离。按照《说文解字》里的解释：王的三横代表天、地、人，一竖代表能参通三才者，即王也；玉的三横一竖则代表三玉相联贯也，即一组玉佩，组玉佩在上古本来就是王者才可以佩戴的。想来在中国思想体系里，皇天后土是要高高在人之上的，顶起皇天后土与人之间那个空间的就是王道。而那个空间里的放着的所谓王道，是发展了几千年的华夏文明体系，它的物化符号是玉。

这就是玉的历史、文化地位，以至于我们潜意识里已经不愿意把它视为一块石头了。现在问一个中国人玉是什么，大概会听到各种说法，比如"和田"啊、"翡翠"啊、"宝贝"啊，但恐怕没几个人会直接了当地说"一种石头"。因此，当把玉还原成一种石头的时候，就可以当之无愧地称它为中华石之王，或者直接称之为"国石"。

对玉的喜爱和推崇在我们这个民族是悠远和深厚的，如果马上做一个街头调查，也许有超过一半的人身上都戴着这个"国

明定陵出土描金组玉佩

清代白玉瑞兽尊　中国台北"故宫博物院"藏

006

石"。不过玉到底是什么？在了解它背后的文化信息之前，有关它的基本认识和知识还是应该先明白一下的。

第二节　中国的历史名玉

一、非玉的翡翠

玉，在现代人的认识里其实是一个不准确的笼统概念，比如很多人说戴了一块玉，他其实戴的是一块翡翠。现代专业体系下，玉分为硬玉和软玉两大类。硬玉就只有翡翠一种，软玉包括了我们真正意义上的各种玉，像和田玉、岫岩玉、南阳（独山）玉、蓝田玉、扬子玉等。可见翡翠虽然顶着个硬玉的名字实际与玉完全是两回事，这个从两者的化学成分和矿物学成分一做比较就清清楚楚。下面就拿最具代表性的和田玉来和翡翠做比对。

翡翠盘螭灵芝盖瓶

品类		和田玉	翡翠
化学成分	成分	含水的钙镁硅酸盐	硅酸盐铝钠
	化学式	$Ca_2Mg_5(OH)_2(Si_4O_{11})_2$	$NaAl[Si_2O_6]$
矿物学构成	主要成分	透闪石；阳起石	硬玉（Jadeite）
	次要成分	微量的透辉石、蛇纹石、石墨、磁铁等矿物质	绿辉石、钠铬辉石、钠长石、角闪石、透闪石、透辉石、霓石、霓辉石、沸石，以及铬铁矿、铁矿、赤铁矿和褐铁矿等

翡翠长期被国人当作玉是有故事的。

翡翠名称来源有两种说法。一说来自鸟名，这种鸟羽毛非常鲜艳，雄性的羽毛呈红色，名翡鸟，雌性的羽毛呈绿色，名翠鸟，合称翡翠。明朝时，缅甸的这种以绿色和黄色为主的石头传入中国后，就被冠以"翡翠"之名。另一说古代"翠"专指新疆和田出产的绿玉，翡翠传入中国后，为了与和田绿玉区分，称其为"非翠"，意即这不是我们中国的玉，后渐演变为"翡翠"。不管是哪种原因，至少到乾隆时期翡翠在中国都不是什么能称为珍宝的东西，故纪晓岚称在其幼时，时人"不

清　翡翠鲤鱼纹方盖瓶

以玉视之"。等到清朝末期，由于慈禧太后对于它的偏爱，以至翡翠名头大起，逐渐价压各名玉，就再没人注意到它的出身和得名来由了。而它得名的本源则反而不敢攀附于它，怯怯地躲在一边，老老实实地谦称碧玉或者翠玉。这是翡翠现在被俗称为玉的一段渊源。

△ 清　翡翠扳指

二、历史名玉之和田玉

因此，说中华文明中的玉就指的是除翡翠以外的各种玉石。当今一说玉，大家就条件反射般地蹦出"和田"二字，实则和田玉只是中国玉种里最重要的一枝，在中国的玉文化里和田更只是一个组成部分。现在的新玉我们可以按照矿物学分成闪石玉和非闪石玉（以透闪石为主要成分的称为闪石玉，在新的玉石国标中闪石玉甚至等于和田玉。当然这是极不严谨的，也由此带来了市场的种种乱象），也可以按产区分成名玉和地方玉。当然，和田玉既是闪石玉的代表也是中国几大名玉的首席。中国产玉的地区是非常多的，从古至今，产量最大、质量最好的是和田玉，现在把青海玉也加上去了，实际它们在昆仑山脉的两边，一边是新疆玉，一边是青海玉，确实是属于同一个矿脉。

△ 清　白玉花薰

和田玉从中国的历史来说绝不是一统天下的。最有学术价值，最有文物价值，最有收藏价值的玉器里面，很多根本就不是和田玉。因为在中华文明形成阶段，孕育文明的地区就是黄河流域中下游和长江流域中下游，根本不可能与西域进行交通，和田玉料也就无从谈起，但

△ 汉　瑞兽凤鸟白玉瓶

玉器也要照做，自然是使用其他玉料。和田玉的正式大规模使用是从西周时期（虽然殷墟妇好墓出土玉器中有一部分被认为可能是和田玉，但毕竟在总数中是很少一部分，不能视为已经开始成规模使用）开始，彼时中原与西域地区交往通商，开始有成规模的和田玉料流入华夏文明地区。经过与之前使用的地方玉料比较，发现和田玉确实从各方面来说是最优秀的，从此和田玉开始占据中国玉舞台的中央。之后的各个时期，中国中原地带的势力，对西域一带的掌控时强时弱，和田玉料对中原的供应能力也就有高有低，相应地，和田玉自然不可能包办所有玉器。汉代，张骞通西域之后，玉料的供应不再成为问题，和田的玉料能够源源不断地流入中原，从而使得汉玉基本上都使用和田玉。于是汉代成为中国玉器的一个顶峰，从它的工艺，到它的精气神，达到了一个峰值。这样就造成了和田玉从汉代开始，在中国的历史舞台上成为了最高等级的一个玉种。自此各个朝代，高等级的玉器就是和田玉为大了。但是里面还有一个小小的特例，就是辽代，辽代的玉器基本用的是东北的地方玉，也可以叫草原玉，这也是一种闪石玉，硬度较高，但是它的光泽和油性比较差。当然，辽代的高等级玉器也还是使用和田玉，但是它的一般玉器确实基本都是我们现在所说的草原玉。

三、历史名玉之岫玉、河磨玉

另一个大的玉产区是辽宁地区，出产的是岫玉，在辽宁省岫岩县一带。实际上岫玉是个大概念，有狭义上的、广义上的之分。广义上的说，凡是在那个地区出产的玉都应该称为岫玉，不过在所有的重要的玉产区里，岫岩是一个特殊的地方，它同时存在两种在地质学和宝石学上完全不同的玉种。一种是狭义的岫玉，就是现在在大街上经常看到的大的雕件，绿颜色的大玉雕件，也有发姜黄色的，叫做辽宁黄玉摆件，这些都是岫岩玉。岫岩玉的主要成分是蛇纹石，而不是和田系的透闪石以及阳起石。岫岩玉的摩氏硬度4.8~5.5，相对和田玉它是软的，就经济价值来说岫岩玉远远低于和田玉，岫岩玉通常用来制作较大摆件，因为用它制作小型器物或饰物是卖不上价的，只有加以精湛的技艺和设计形成艺术品才具有较高的价值。

现代岫玉大佛

从广义来说岫玉里面还有一种，也产自岫岩，叫做河磨玉，收藏古玉的称古河磨玉为老河磨。现在因为和田籽料暴涨，便有人说河磨玉就是岫岩玉里的籽料，这是一种偷换概念。为什么呢？不错，它基本产自河床，从这个角度来说，它与和田籽料的出身是一样的。但它与岫岩玉则完全是两个东西，岫岩玉是蛇纹石，而河磨玉

琢磨历史——玉里看中国

红山文化玉猪龙与现代岫岩透闪石玉料

与和田玉一样是一种闪石玉。河磨玉的摩氏硬度、矿物学成分、化学成分都与和田玉相差不多。因此，河磨玉的品质和油润度都与和田玉相近，自古就是名贵玉料，且为中国最早使用的玉料。它与和田玉的区别主要在于颜色和透光性，河磨玉基本上没有白色的。它是什么颜色呢？绿色、黄色，甚至有一部分深绿和达到将至蓝色。如果有一些玉器，它的颜色是发草绿色，或者发黄，这种黄不是正黄而是偏一些草黄，还有的时候会有发点墨绿色的玉器，硬度又非常的高，手感接近和田玉但透光性明显低于和田玉，基本上就是辽宁岫岩的河磨玉。

四、历史名玉之南阳玉

第三个主产区是在河南的南阳，称为南阳玉，也叫独山玉。其实这是一个非常悠久的产地，开采时间相当早，在新石器时代晚期就被开采了。中国历史上最有名的玉器，大家都应该知道——和氏璧。说到和氏璧，就要说《完璧归赵》，从我们上中学学这篇课文开始，就给了我们所有人两个错误的概念。

第一，大家以为和氏璧是璧，在中学课本《完璧归赵》的插图上，蔺相如捧着一个东西，要往柱子上砸，秦王在那边惊恐地看着。他捧着的那个东西，被画成一个战汉时期非常著名的大型出廓璧形象，这完全是一个外行因文生义的臆想，因为它不是一个璧。璧是用来礼天的，天是最高的。璧用来礼天，相应地，璧在玉器里面的等级就非常高，在古代作为礼器的璧基本上都是采用最好的玉料制作的，以至于可以用璧来指代所有的好玉。我们通常说的白璧无瑕不是说一个玉璧没有瑕疵，没有斑点，它指的是一块很好的白玉，上面没有瑕疵，但这块白

河北满城一号墓出土西汉出廓璧

陕西出土西汉前期"皇后之玺"

辽宁博物馆藏清世宗青玉玺

玉可以是任何形象。所以如果和氏璧确曾存在，那它不是璧。因为据说和氏璧最后被制成了传国玉玺，此说法见于唐朝张守节所撰的《史记正义》，后来被作为《史记》的注："正义崔浩云，李斯磨和璧作之，汉诸帝世传服之，谓传国玺。韦曜吴书云玺方四寸，上句交五龙，文曰，受命于天既寿永昌"。传国玺光印的部分就四寸见方，汉尺一寸等于2.31厘米，那么光印的部分就要9厘米厚，更何况上面还带五龙钮，它就需要玉坯更厚。如果它是一块璧的话，璧的基本形状是片状的，自古制玉工艺都是减料成形，一旦开好了坯是片状的，就绝不可能再做成一个方块状——厚度不够了，所以从这点上来说和氏璧也绝不是璧。实际上历史上也有很多人怀疑过和氏璧是否真的存在过，就是因为有这个明显的逻辑错误。根据和氏璧的故事，卞和献这块东西，到最后剖开，发现是好玉，它其实就是一块原石，明确地说是个大独籽，所以蔺相如应该是捧着块大石头在吓唬秦王。明代宋应星《天工开物·珠玉第十八》里有一句话："璞中之玉，有纵横尺余无瑕玷者，古者帝王取以为玺，所谓连城之璧"。正是说的这个道理，如此厚达一尺的一块玉料倒是正与传国玺的尺寸对应。

第二，和氏璧如果确实存在，它也绝不可能是和田玉。因为楚国距离和田地区路途遥远，中间隔着晋、隔着秦，不大可能得到大的和田独石。这块原石产自楚国，故事中说它产自荆山，也就是襄樊地区，不过那个地区确实不是一个传统的玉石产区。1921年，地质学家章鸿钊老先生在《石雅》一书中，肯定和氏璧是产于荆山地区基性岩的月光石，即拉长石。不过到今天，我们很难想象一块中国历史上最有名、最昂贵的玉石其实不是玉，只是一种完全不符合东周时代既定玉器审美标准的斜长石。楚国在她的国土里，最大、最有名的产玉区是南阳，西周时南阳地区有鄂国、吕国、谢国、郦国、蓼国、缯国、都国等众多诸侯国，到春秋初年，楚国强盛，这些小国逐一被楚所灭，这个地区遂属于楚国。所以很有可能和氏璧的原石是一块南阳玉，至于荆山的记载则可能是附会，毕竟当时襄樊地区是楚国的核心地区，而南阳是边缘地区（实际上南阳距离襄樊也并不算远，只不过一百多公里，即使对于东周时代，进行玉石的输送难度也不为大）。如果是这样，它的颜色就极可能也不是白色的，因为南阳玉的主流不是白色的，南阳玉里面有多种色调，以绿、青、杂色为主，也见有紫、蓝、黄等色，而白色玉只占南阳玉的10%左右，和氏璧很大可能是青绿色的。

五、其他的历史名玉

从古代到现代还存在的大的玉产区就是以上这三个地区了。当然在古代，除了这三个地区外，还有两个地区是名噪一时的名玉产地：一个是陕西的蓝田。蓝田玉在古代，尤其在战国以前，是非常重要的玉种，特别是在西北方向的几个原始文化里面，甘肃的地方玉和蓝田玉是主要的玉料。不过，有关蓝田玉还有一个说法，在《天工开物》里记载："凡玉入中国，贵重用者尽出于阗、葱岭。所谓蓝田，即葱岭出玉别地名，而后世误以为西安之蓝田也。其岭水发源名阿耨山，至葱岭分界两河，一曰白玉河，一曰绿玉河"。按这个说法，在古代有过两种蓝田玉。一种是陕西西安附近的蓝田所产之蛇纹石玉；一种是出自于葱岭的白玉或碧玉，实际还是和田系的玉石，应属闪石玉。再一大玉种是江苏溧阳梅岭闪石玉，这个玉矿现在基本绝矿没有了。著名的良渚文化玉器的玉料基本上来自两个地方，一小部分是通过龙山文化从北方传来的河磨玉，而大部分就是环太湖流域就地取材的梅岭闪石玉。不过到了现代，包括蓝田玉、扬子玉、西峡玉等都被统称作地方杂玉。

良渚文化　玉琮

第三节　玉从何来

一、玉质和玉色

除了产区的不同和历史沿革，玉再做别种区分就是从质地上和色泽上。质地很大程度上就是硬度，自古玉就是越硬越好，五个标准里的"不桡而折，勇之方也"就指的是要够硬度。古代衡量硬度，用不同器物相划，硬者伤软者。现代则标准化了，采用摩氏硬度值直接标示。摩氏硬度是什么呢？按照标准说法，应用划痕法将棱锥形金刚钻针刻划所试矿物的表面而发生划痕，用测得的划痕的深度分十级来表示硬度：

摩氏硬度表

摩氏硬度	对应矿物	英文名称
1	滑石	Talc
2	石膏	Gypsum
3	方解石	Calcite
4	萤石	Fluorite
5	磷灰石	Apatite
6	正长石	Orthoclase
7	石英	Quartz
8	黄玉	Topaz
9	刚玉	Corundum
10	金刚石	Diamond

这里硬度值并非绝对硬度值，而是按硬度的顺序表示的值。应用时作刻划比较确定硬度。如某矿物能将方解石刻出划痕，而不能刻萤石，则其摩氏硬度为3～4，其他类推。这个其实很好理解，不过就是把我们古代的方法进行了标准化和数据化。现有的几个玉种的摩氏硬度分别如下：和田玉6～6.5，河磨玉6.36～6.46，南阳玉6～6.5，岫岩玉4.8～5.5，蓝田玉3～4。前三个（和田玉、河磨玉、南阳玉）是闪石玉，后两个（岫岩玉、蓝田玉）是蛇纹石玉，很明显，闪石玉的硬度远远高于蛇纹石玉，价值自然也就远远高于它。

玉的另一种区分就十分简单了——色泽，使用肉眼即可。白色一定是最多人对玉色的第一反应，"白璧无瑕""洁白如玉"这些词汇我们从小听得太多了，就像认为玉就等于和田玉的误会一样，玉就等于白玉也是一个著名的误会。中国的玉色是多种多样的，要知道当八千年前，我们的先民在一堆石头里发现玉与众不同的时候，颜色上的亮丽肯定是决定性因素之一。最有名的几大玉种都有着丰富的颜色种类，我们来逐一展示。

玉种	特点	分类
羊脂白玉	颜色呈脂白色，可略泛青色、乳黄色等	根据带糖色的多少，可进一步细分为羊脂白玉、糖羊脂白玉
白玉	颜色以白色为主，可略泛灰、黄、青等色调	根据带糖色的多少可进一步细分为白玉、糖白玉
青白玉	介于白玉和青玉之间的品种，颜色以白色为基础色，带有灰绿色、青灰色、黄绿色、褐色、灰色等浅至中等色调	根据带糖色的多少，可进一步细分为青白玉、糖青白玉
青玉	颜色有青至深青、灰青、黄绿等中等或深色	根据带糖色的多少，可进一步细分为青玉、糖青玉

续表

玉种	特点	分类
黄玉	浅至中等不同的黄色调，经常为绿黄色、粟黄色，带有灰、绿等色调	根据带糖色的多少，可进一步细分为黄玉、糖黄玉
糖玉	由于次生作用形成的，受氧化铁、氧化锰浸染呈红褐色、黄褐色、褐黄色、黑褐色等色调	
碧玉	颜色以绿色为基础色，常见有绿、灰绿、墨绿等颜色	
墨玉	色呈灰黑或黑色，占30%以上，黑色多呈浸染状、叶片状、条带状聚集，可夹杂白或灰白色，多不均匀	

河磨玉的颜色有黄白玉、青玉、碧玉和墨玉几大类。与和田玉的区别不同的是，它的黄玉或者偏白黄或者偏草黄，它的青玉更接近于草绿色，它的碧玉接近于墨绿色，它的墨玉甚至有蓝色的色泽。岫岩玉的颜色多种多样，其基本色调为绿色、黄色、白色、黑色、灰色五种，每一种又都可根据色调由浅到深的具体变化分为多种，有深绿、绿、浅绿、黄绿、灰绿、黄

褐、棕褐、暗红、蜡黄、白、黄白、绿白、灰白、黑等色。

独山玉（南阳玉）的颜色也极为丰富：

玉色品类	特点
绿独山玉	绿至翠绿色，包括绿色、灰绿色、蓝绿色、黄绿色
红独山玉	又称"芙蓉红"，常表现为粉红色或芙蓉色，深浅不一
白独山玉	总体为白色、乳白色，质地细腻，具有油脂般的光泽，常为半透明至微透明或不透明，依据透明度和质地的不同又有透水白、油白、干白三种称谓
紫独山玉	色呈暗紫色，质地细腻，坚硬致密，玻璃光泽，透明度较差，俗称有亮棕玉、酱紫玉、棕玉、紫斑玉、棕翠玉
黄独山玉	为不同深度的黄色或褐黄色，常呈半透明分布，其中常常有白色或褐色团块，并与之呈过渡色
褐独山玉	呈暗褐、灰褐色、黄褐色，深浅表现不均，此类玉石常呈半透明状，常与灰青及绿独山玉呈过渡状态
黑独山玉	色如墨色，故又称"墨玉"，黑色、墨绿色，不透明
青独山玉	青色、灰青色、蓝青色，常表现为块状、带状，不透明

二、玉色的历史

玉色居然是如此的斑斓多样，远远超过了传统的"白玉"印象。当然如此多的色彩也不会全景式地铺陈在中国人几千年用玉史中，在中国玉文化的历史画卷里，占据主导位置的是白、青、黄、碧这四种主色调，直到如今。中国区域内最早的用玉记录是八千年前的兴隆洼文化，在内蒙古地区。那个地区的史前文明前后延续了三四千年，并贯穿着持久的用玉习惯，所使用的都是广义的岫玉，以河磨玉为主。中国玉文化的第一步是由河磨玉撑起来的，河磨玉的色彩就是中国玉色的起点，那就可以说，中国玉色的起点是黄色和青绿色。整个史前文明时期，直到商代，在这几千年里和田玉都没有登上中国玉文化的舞台。这个舞台上的主角，是现在已经退居于角落的各种地方玉，这些如今被贬称为地方杂玉的玉料，在玉文化的幼年时期曾是光彩照人的明星，其中最大的"角儿"就是河磨玉。河磨玉质地坚硬、细腻，手感油润，色彩多样而沉稳，在和田玉出现之前它是最符合《说文解字》里对玉之"美"的定义的。它缺少白色，多黄、绿之色，因此在以它为石王的岁月里，玉色尚黄、尚绿是一定的了。

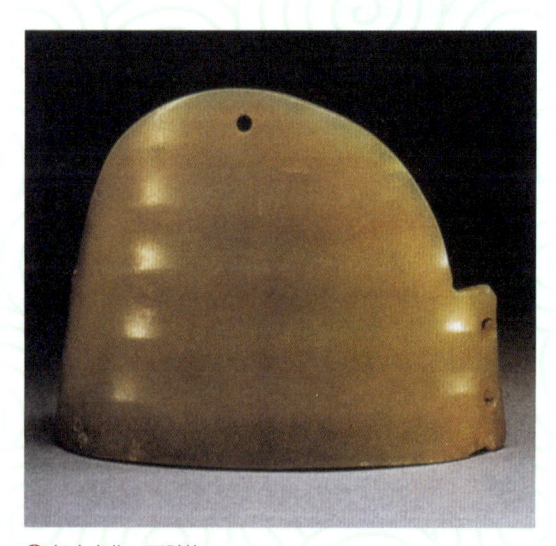

🔴 红山文化　玉臂饰

中国用玉的历史在西周是一大转折。周人，一个来自西北方向非中原地区的民族，始祖是后稷。《史记·周本纪》："后稷卒，子不窋立。不窋末年，夏后氏政衰，去稷不务，不窋以失其官而奔戎狄之间"。后稷去世之后,他的儿子不窋继承了他在夏王政府里主管农业的官职,不久夏王变得昏庸了,不再重视农业工作。不窋丢了官,为了不再丢命他只好带领族人逃到了野蛮民族出没的地区。这个地方在哪里呢?《史记》的注说"不窋故城在庆州弘化县南三里",也就是现在的甘肃省庆阳市庆城县。周人最早的根据地已经是当时所有大的文明民族离昆仑山最近的地方。等到周朝建立后,周王中出了一位热衷旅游和探险的穆王,他西向昆仑进发,演出了一幕著名的"穆天子会西王母"。《括地志》云:"昆仑山在肃州酒泉县南八十里……周穆王见西王母,乐而忘归,即谓此山。有石室王母堂,珠玑镂饰,焕若神宫。"这可不是神话故事,有历史学家认为,这是周天子到昆仑山去会见了一位母系氏族社会的首领。不管这个说法靠不靠谱,至少从这个故事可以说明两点:一个是周人与昆仑山地区的交往是存在和畅通的;另一个是王母堂里的珠玑镂饰,珠玑从"王"旁必为玉器。古称昆仑玉的和田玉通过西方的周人和他们建立的大王朝,终于登上了中国玉文化的舞台。

和田玉里最多的两类玉色是白色和青色,从西周开始白玉和青玉逐渐成为玉器的主流,但按照少则贵的原则,在一段很长的时间里真正名贵的是和田的黄玉。众所周知,和田玉分为"山料""籽料"和"山流水",这三个名字经过近些年媒体的渲染沾上了一些神秘色彩,似乎"籽料"被捧上了天,"山料"被贬入了地,"山流水"则被隐身了。玉说穿了还是一种石头,任何石头的根都在山上,都是山上那整片整片的巨石,这些巨石有些因为风化松动,有些因为雷电所击掉了下来,很巧地山下有河,这些掉下来的石头有很多落入了河里,它们有的很快被冲到岸边,每天定期地被涌上退下的河水冲刷,逐渐变得细腻被叫

汉 螭虎黄玉杯

作"鹅卵石",有的一直沉在河底经年累月不停地被河水洗涤,变得异常细腻。

这就是三种和田玉的本质,毫无神秘感可言,没有松动留在大山身体里的就是山料,成了"鹅卵石"的就是山流水,长留河底的就是籽料。在没有现代机械和炸药的情况下,如果要求我们自由选择去取得一块玉,我们一定是到水边捡或者到水里摸,绝不会蠢到爬上山去凿一块背下来。古代就是在这样一种情况下,所以古代使用的玉料大部分是山流水和籽料,这多少让我们这些现代人有一些为之气沮:古代最容易得到的居然是最好的玉,而我们拥有了先进的工具后,想得到最好的玉却越来越难了——因为越来越少了。同样道理,山上有什么颜色的玉,河里就会有什么颜色的玉;山上什么颜色的玉多,河里自然也就什么颜色的玉多。这样,古代使用最多的和田玉是白玉、青白玉和青玉。实际上在很长的一段时间里,和田黄玉是

最为高贵的，因为黄玉的资源极为稀少，籽料黄玉更为珍贵。

从战国开始，和田白玉逐渐成为普遍使用的玉料，到了宋代以后高等级的玉器几乎都使用白玉了，最后出现了"洁白如玉"这样的俗语，白色几乎成了玉色的代名词。既然白玉在和田玉里是非常多见的品种，按照多则不贵的原则，它怎么会登上玉色的王座呢。这是因为它的另一种珍稀性，这就要提到"羊脂玉"。羊脂玉是玉的最顶峰，这是千古定论，现在对羊脂玉的宣传多说因其白而为珍品。这恰恰说反了，羊脂玉之白绝非明晃晃之白或是惨白，它是一种柔润而略带些许牙色之白，否则也不会以羊脂来比喻其色了。以羊脂命其名，一小部分是因其色，而一大部分则因其油性。羊脂玉的手感确是异常油润与腻滑的，正如抚过带膜之羊脂的感觉，和普通好籽料的满手水之感大不相同。因为这种极佳的油性，羊脂玉才得以成为最高等级玉器的首选用料，皇室之玺、礼天之璧、诸侯之珮皆喜用它。

羊脂玉是极为稀有的，在刚开始使用它的两周到两汉时期还能供应上，待到后来就越来越可遇不可求了——战、汉玉器有大量羊脂玉制品，到唐代以后就很难一见。羊脂玉毕竟是一种白玉，当它难以找到时，高等级玉器必然会尽量采用最接近它的玉料来制作，上等的和田白玉籽料就成为首选，久之使用和田白玉就成为了一种习惯。汉武帝罢黜百家、独尊儒术之后，儒家的道德准则和审美标准逐步确立了统治地位，《说文解字》关于玉之"美"的五个标准几乎就是按照儒家审美定制的，特别是对于"洁"的要求日趋严格。在所有玉色中显然白色最符合"洁"的要求，《礼记·玉藻》就规定天子是佩白玉的。这样，在羊脂玉培养出的使用习惯和意识形态要求的双重作用下，白玉站稳了玉文化舞台的中央，白色遂成千年玉色之王。

🔆 清　白玉锦荔枝　中国台北"故宫博物院"藏

三、我们要讲的"玉文化"

玉文化说起来是一个极大的题目，非一本书无以为之，本书正是要做此事。但总要先给读者一个真真明明的架子，让人知道了玉文化大概是个什么，再悠然地抽丝剥茧把这文化一层层、一丝丝地放到人家心里去。文化这东西说起来挺虚，尤其近

🔆 汉羊脂白玉瑞兽

来，说起来什么都要挂上个文化的名号，可细看起来不过说的都是些逸闻故事、繁文缛节，似乎有了这些就有了文化，其实不过大旗虎皮之属。

凡文化者，必是以人的思想迭变为骨，以人的行为传承为肉，然后或以文字、或以心口、或以器物，代代不息、丰肌厚形，最后成绰约之佳丽，乃谓之"某文化"。玉有三大人文特性：其一，在中国所有的文化器物中，玉出现最早，华夏文明刚刚萌芽即有它，之后一直伴随我们的文明八千余年从未中断。其二，作为文明的伴生物，玉与中国的思想史、哲学史紧密相联，每一个重要的思想史节点都能在玉器身上得到投射。要知道历史的进程首先是思想史的变迁，玉的历史与国的历史互为表里。其三，玉作为一种实用器，一直在中国人的生活里占据着最高的位置，在国之大典上它与青铜重器相伴，在帝王将相的身上它凌驾于所有宝物，在民间则有"黄金有价玉无价"之谓。这三大特征即为骨与肉，足以撑起一个悠远、沉厚的玉文化，这个玉文化也足以让读者窥见中华文化的大略。

第一编 悠远美丽的"国石"

第二章　中华文明的玉之缘

第一节　管窥文明

对文明的认识，中西标准不同。中国既是四大古文明中唯一一个没有消亡的，又是当今世界唯一一个文献记录从未中断过的文明体，我们对于自身文明的认识和传承有着别人无法企及的优势：有持续两千多年未曾断裂的典籍、史料，浩如烟海。所以我们对于文明讲的是对文献的继承和研究。西方与我们不同，当我们已经开始以纸张和印刷作为文化传播载体时，西方还在以羊皮为纸，靠手抄来记录文明；当我们已经确立了以国家形态来编书、修史和治学时，西方的知识、文化传播还只是在修道院的高墙里进行。因此，西方的古代社会缺乏中国这种成熟而具规模的文献体系，西方了解古代社会绝不会像我们一样，有皇皇经、史、子、集可使用，在我们面前，西方的古代史是粗陋和非系统的。对于文化的自岸，我们是骨子里带出来的，不过这种自岸在一百多年前的文明碰撞中被打破了。

文明的进程首先是思想的进程，思想的进程在哲学的基础上实现，而各文明的哲学在二到三千年前就分别完成了最核心的设计，之后所有的文明演进和文化发展脱不出既定的轨道。西方的哲学核心在古希腊奠基，从一开始对于世界本原的认识就落脚于物质，之后一路发展对于物质的再认识并丰富认识物质的手段和方法，最终发展成为现代科学体系，所以科学并不是思想本身，更不是万能和绝对正确的真理，而是西方哲学基础上的方法体系。因为这种不断发现、分解物质的哲学体系，所以西方社会的发展动能，来自于人与自然之间的矛盾和斗争。当某一阶段，人的认知在矛盾中处于主动一方时，社会就表现为快速发展；当某一阶段，人的认知在矛盾中处于被动一方时，社会就表现为停滞。因此，西方的哲学核心决定了西方文明的前进，来自于永远的不和谐状态，只有在不和谐状态下它才能产生动能。而一百多年前，正是在西方文明中，人的认知在矛盾中处于主动一方的时点上，西方叩开了

泥活字版

中国的大门，对中国文明进行了冲撞。

中国文明的哲学内核是阴阳。中国本土思想基本都是起于先秦时代，称为诸子百家。诸子实际都是在方法论上做文章，没有人在本原问题上驻足，严格来说都不能称为哲学，或者只能称为实践哲学。战国后期出现了阴阳家，阴阳、五行的观念出现，这是本原问题。阴与阳处于永恒的转化过程中，阴中生阳、阳中生阴，阴阳在最无限地接近和谐的过程中产生动能。因此，中国文明寻求和谐，和谐是内部阴阳的平衡造就的，不平衡到平衡再到不平衡再到平衡，循环往复、形成闭环。社会前进的动能由这个循环自身产生、内部做功，它以和谐为目的，是一个稳定的结构，具备极强的融合力但不具备强大的冲击力。从整个文明的角度看是极为合理和可持续的，但从单个时点看，它的应力平均，有可能被单点突破。一百多年前即是如此：靠寻求外部矛盾、制造不和谐提供动力的西方文明，在它最强势的状态下，把内部提供动能、缓慢前行的中国文明冲击得七零八落。由此中国文明开始变得极不自信，开始向西方文明学习、靠拢，开始了一百多年的文明徘徊。

第二节　典籍里的中华

一、两个文明史体系

在文明史的范畴里，西方一方面没有那么多的古代文献可用，另一方面在科学体系下形成了现代考古学，因此文明史的书写就以考古学为支撑，以多种现代学科来构建。中国近一百多年来一直在努力向西方体系靠拢（姑且不论这种靠拢是否正确，这个不在本书的讨论范围内），但毕竟我们还有海量的文献、典籍传承，因此在我们的文明史认识中，实际形成了两个体系的并存：一个是由典籍和古文化传统支撑的文明史体系；一个是由现代考古学和社会学、史学支撑的文明史体系。

每个中国人心里都有一个古代，可能这个古代来自长期对历史的学习，但更可能的是，这个古代只来自于看过的一出戏、一套连环画，甚至是听过的一部评书。这就是我们说的那个由典籍和古文化传统支撑的文明史体系。中国的古代社会一直是一个二元的社会，不是庙堂就是江湖，缺乏多样性和中间状态，因此实际分裂成了两个文化体系：一个是正规的为国家承认的文化体系；另一个是民间的，不为国家承认的文化体系。前者由文化阶层和汗牛充栋的书籍构成，后者由白丁和民间文艺构成。说白了就是文人读书、老百姓听曲，结果殊途同归，干的都是传承中华文化的大事。

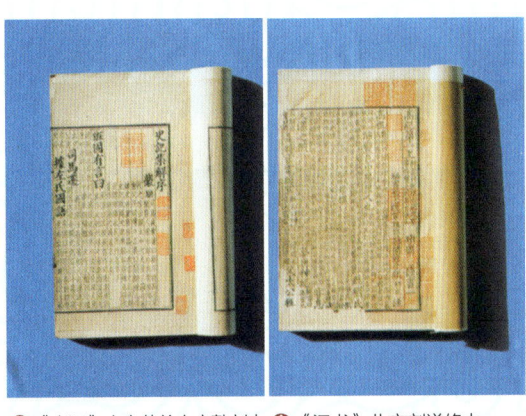

《史记》南宋黄善夫家塾刻本　《汉书》北宋刻递修本

这也是中国文化里的一个很奇特的现象：与西方一样，中国古代也是一种文化垄断的模式，只有占据人口极少数的人拥有识字权，可以掌握文化。这一批人形成士大夫阶层，反过来又加强了对文化的垄断。因此中国古代从文化来分基本只有两种人，一种是文人，一种是文盲和半文盲。但中国自古形成了统一的道德社会，即使目不识丁的老百姓，也接受并恪守着与文化阶层相同的价值标准和道德规范，从而整个社会思想高度统一、结构稳定。在文化垄断的情况下如何做到这一点呢？原因就在于上面说的两种文化体系互为表里，民间文艺虽然是文人看不起的村歌俚曲或者卑词小戏，但它们的核心思想都是圣人之教，它们说穿了都是国家典籍的通俗变体。所以听着小曲、看着小戏长大的人心里的忠孝仁义，和日诵《论语》的士子心里的忠孝仁义是一样的。也因此中华民族才有了几千年一以贯之的文化凝聚力，才根脉不绝，没有亡国灭种。

二、经、史、子、集

经、史、子、集是中华传统典籍的最简练归纳，中国文明史的血脉就是它们。先秦时代的图书因秦始皇焚书坑儒而所剩无多，经过西汉初期对天下书籍的征集才有了一定的恢复，但很不系统。儒家在成为国家意识形态后，就必须对文化典籍进行系统构建了。因此古代第一次大规模的古籍整理，始于公元前26年西汉成帝时，由刘向、刘歆父子先后主持，内容包括搜辑、校勘、分类、编目等，最终编成了中国最早的国家图书馆目录《七略》。《七略》将当时搜辑整理的典籍分为六艺、诸子、兵书、术数、方技、诗赋六大类，加上概论性质的辑略，总题《七略》。

汉代以后，各种官修，私撰的古籍分类目录不断涌现，分类方法也不断有所改进。西晋荀勖的《晋中经簿》将六略改为四部，即甲部录经书（相当于六艺），乙部录子书（包括诸子、兵书、术数、方技），丙部录史书，丁部为诗赋等，这就奠定了四部分类的基础。东晋李充所编《晋元帝书目》根据当时古籍的实际情况，将史书改入乙部，子书改入丙部，这样，经、史、子、集四部分类已略具雏形。四部体制的最终确立，体现在《隋书·经籍志》中，这部实际上由唐初名臣魏徵所编的目录，正式标注经、史、子、集四部的名称，并进一步细分为40个类目。隋朝以后图书分类的主流是沿用四部分类。

🔊 清代文津阁藏《四库全书》

四部分类表：

部类	分类	备注
经部	易类	
	书类	
	诗类	
	礼类	周礼、仪礼、礼记、三礼总义、通礼、杂礼书6属
	春秋类	
	孝经类	
	五经总义类	
	四书类	
	乐类	
	小学类	训诂、字书、韵书3属

续表

部类	分类	备注
史部	正史类	清乾隆年间诏定二十四史为正史
	编年类	
	纪事本末类	
	杂史类	
	别史类	
	诏令奏议类	
	传记类	
	史钞类	
	载记类	
	时令类	
	地理类	
	职官类	
	政书类	
	目录类	
	史评类	
子部	儒家类	
	兵家类	
	法家类	
	农家类	
	医家类	
	天文算法类	推步、算书2属
	术数类	数学、占侯、相宅相墓、占卜、命书相书、阴阳五行、杂技术7属
	艺术类	书画、琴谱、篆刻、杂技4属
	谱录类	器物、食谱、草木鸟兽虫鱼3属
	杂家类	杂学、杂考、杂说、杂品、杂纂、杂编6属
	类书类	
	小说家类	杂事、异闻、琐语3属
	释家类	
	道家类	
集部	楚辞	
	别集	
	总集	
	诗文评	
	词曲	词集、词选、词话、词谱词韵、南北曲5属

第三节 典籍之玉

一、《河图》《洛书》与玉

四大部的古籍各有其源头之作，也各有其重磅之作，在这两类古籍里有很多都涉及了玉的信息，由此可见玉文化的根基很深，玉文化几乎是与中华文明伴生的。经部是中华文明的头脑：不管从思想上认不认可儒家的学说，都要客观地承认，两千年来确实是儒家体系支撑了中国中央集权式大一统的格局；不管从学术上究不究儒家这些经书是"真"是"伪"，都要客观地承认，确实是这些经书保证了两千年来中国在意识形态上的稳定，以及大部分时间里在文化上的领先。

《易经》号称诸经之首，这个"首"说穿了就是，其他的经顶着个"经"的名其实根本算不得哲学，只有《易经》是中国哲学之本，思想之源。可千万别把《易经》庸俗化和世俗化，它绝不是打卦、算命的教科书，它是"大道之源"。《易经》出身向来有两处之说：一为伏羲作易，叫做伏羲八卦或先天八卦；二为周文王改伏羲之易，叫做文王八卦或后天八卦。但不管是哪一个，它们都有一个共同遵奉的源头，就是《河图》《洛书》。《易传·系辞》里自道家门说："河出图，洛出书，圣人则之。"出了《河图》《洛书》后，圣人根据这两张图作出了《易经》。按此说法，《河图》《洛书》简直就是中华文明之源了。当然，《河图》《洛书》到底是什么？怎么解读？它怎么来的？这些都是千古之谜，有各种神奇的说法，不管是古代的学术，还是现代的学科，都没人敢说把这事弄明白了。但有一点，关于《河图》《洛书》的传说都来自于最权威的古代典籍，且这些传说中无一不有玉的影子。在《尚书·顾命》里说到周成王给儿子留下了几样宝贝："赤刀，大训，弘璧，琬琰在西序；大玉，夷玉，天球，《河图》在东序"。这是《河图》第一次出现在中国古籍里，在成王传给康王的八件镇国宝物里与《河图》并列的居然就至少有五件都是玉：弘璧（玉璧）、琬琰（玉圭）、大玉、夷玉（东夷之美玉）、天球（球玉即为美玉）。

《河图》《洛书》

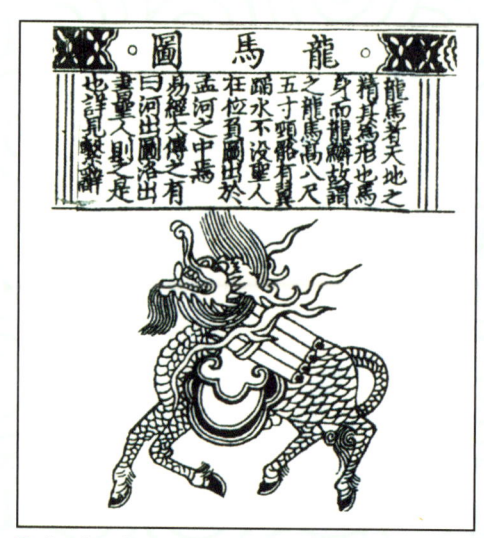

▲ 龙马负图出于河的传说

这还只是说玉的身份与《河图》一样的贵重，从它再往后的典籍里，《河图》《洛书》出现时的场景里就干脆无一不有玉相伴了。《论语比考谶》里讲的故事是："帝尧率舜等游首山，观河渚。有五老游河渚，一曰：'《河图》将来告帝期。'……有顷，赤龙衔玉苞，舒图刻版，题命可卷，金泥玉检，封盛书威……五老乃为流星，上入昴……尧等共发，曰：'帝当枢百，则禅于虞'。"好一个壮丽的故事：尧帝带着舜等一帮臣下游览首山，有五个老人在河里喊："《河图》来喽，来告诉你们下一个帝王应该是谁！"一会儿，赤龙含着玉做的盒子，盒子用玉做检，用黄金做封泥，里面就是《河图》了。五个老人化为流星上了天，原来这是五位天神亲自来送河图啊！尧帝们打开玉做的盒子，里面除了《河图》，还有上天的意旨——尧帝应该禅让于舜帝！在这里不但《河图》出世是由玉来包裹的，顺便地尧舜禅让这个中国最高道德典范也由玉来见证了一下。再往后，《宋书·符瑞志》云尧时："帝在位七十年，修坛于河……龙马衔甲赤文，绿龟临坛而止，吐甲图而去……其图以白玉为检，赤玉为字，泥以黄金，约以专绳"。同一个故事，这次不是尧帝"偶遇"《河图》了，是作为一个盛大的典礼，珍而重之地向上天求来了《河图》，而伴随《河图》而来的依然是白玉与赤玉。还有一个《水经注》，里面记载："黄帝东巡河过洛，修坛沉璧，受龙图于河，龟书于洛，赤文篆字"。再次升级！《河图》《洛书》的领受者直接上升到了中华民族的始祖黄帝。黄帝的声势、气派当然就比尧帝要大得多了，他直接往河里扔了一块玉璧，上天就赶紧派一龙一龟把《河图》《洛书》送了上来，玉璧的威力确乎大矣！从这些半神化的记载里可以看出，作为《易经》之源的《河图》《洛书》始终在用玉作为衬托，玉可谓与中华文明相伴生。

位如父的诸葛亮鞠躬尽瘁也换不回蜀汉不亡，权势比君的多尔衮一朝身死就被政治清算，道德至圣的孔夫子窘不得志只能空游列国。由此足见周公的了不起，所以虽然《周礼》大部分是刘歆为了给王莽改制建理论基础而伪作出来的，也一定要托在周公的名下。两千年来，《周礼》里的制度只在王莽时代施行过短短十几年，别的朝代没人真的全面用它，大概用得最多的也就是"左祖右社、前朝后市"的首都规划原则了。但这并不妨碍历朝历代都拉它的大旗做虎皮，把它吹嘘成最高的政治理想，《周礼》实在是中国政治制度史上建得最巍峨的一座牌坊，玉是这座牌坊上最闪亮的装饰材料。

有关玉的规定主要在《周礼·大宗伯》里，里面很用心地设计了一套礼玉的制度，先安排好了"六瑞"——镇圭、

↑ 商代青玉龙纹璧

二、《周礼》与玉

经部里还有一部《诗经》、一部《周礼》也是玉文化大本营，《诗经》走的是文艺路线，《周礼》走的是思想路线。《周礼》打的是周公旦的大旗，周公是中国历史上第一位有真实存在感的政治圣人，他的家族地位相当于父亲、政治权力等同于天子、道德高度称得上圣人，且善始善终、功成身退还能千古传颂，实在是中国历史上第一人。后世人物，地

↑ 周公画像

↑ 玉圭

↑ 谷璧

↑ 蒲璧

桓圭、信圭、躬圭、谷璧、蒲璧，说是王、公、侯、伯、子、男这些不同级别的大人物手里要拿对应级别的玉，不能想拿什么就拿什么，这样大家可以看玉识领导；其次安排好了"六器"——苍璧、黄琮、青圭、赤璋、玄璜、白琥，祭祀天地四方时要用各自专用的玉，不能错了颜色和方位，否则就对五方帝不敬，祭祀之礼就成了得罪之礼了。大框架有了，又再仔仔细细地规定了六器、六瑞都用什么材料的玉，尺寸都是多大，上面要琢刻什么花纹，如果要加绳子都要用几色丝绳编成，细致入微、不厌其烦，完全微缩体现了中国礼制的繁琐和禁锢（当然，这些都是有历史和思想史背景的，本书的第三编将会详细说这个问题）。不过，规定是规定，后世似乎也从未真正严格地执行过。至少就二十四史里各朝《礼志》里的规定看，就已经大打《周礼·大宗伯》的折扣了，那更别提实际操作起来了。但是，在《周礼》这部中国古代政治制度的最顶层设计方案里，玉作为重要的载体是留下了深厚的印迹的。

三、《诗经》与玉

《诗经》就轻松得多了，如果我们谈《周礼》里的玉要正襟危坐、道貌岸然，那么谈《诗经》里的玉就大可以春风拂面、浅吟低唱。《诗经》在教科书上被称为我国第一部诗歌总集，这个说法没有什么错误但并不全面也不深入。《诗经》远远不是一部诗集那么简单，在历史学界特别是古史学界它更多被作为史料看待，特别是《雅》的部分，记录了很多周代的制度和史实可以与史籍互为印证，对于多缺的先秦史料来说是一个有益的补充。当然对于现在的普通读者来说，它主要还是文学作品，特别是我们不必像古代士子那样拘泥于经师的解释，只是释放心灵去感受上古时代汉字的洗练和朴素，享受质朴之中的沉稳或飘逸。

《诗经》的《雅》和《风》是截然不同的两种文字，《雅》是庙堂之上的纶音，即便是诗也是史诗；《风》是各国之风采，有着自由的灵动和审美。玉的存在也是这样，《雅》里出现的玉多是礼玉，是庙堂制度；《风》里面的玉就多是饰物、信物，后面藏着少女的笑脸、君子的器宇和忽闪的爱情。

1. 我们试看一些《雅》里面的玉：

《大雅·棫朴》——"济济辟王，左右奉璋"；

春秋晚期玉璋

《大雅·韩奕》——"韩侯入觐，以其介圭，入觐于王"；

《小雅·采芑》——"服其命服，朱芾斯皇，有玱葱珩"。

玉珩

2. 我们再看一些《风》里面的玉：

《鄘风·与子偕老》——"玉之瑱也，象之揥也"；

《卫风·淇奥》——"有匪君子，如切如磋，如琢如磨……有匪君子，如金如锡，如圭如璧"；

《魏风·汾沮洳》——"彼其之子，美如玉。美如玉，殊异乎公族"；

《卫风·竹竿》——"淇水在右，泉源在左。巧笑之瑳，佩玉之傩"；

《秦风·小戎》——"言念君子，温其如玉。在其板屋，乱我心曲"；

《卫风·木瓜》——"投我以木瓜，报之以琼琚"；

《郑风·女曰鸡鸣》——"知子之来之，杂佩以赠之。知子之顺之，杂佩以问之。知子之好之，杂佩以报之"。

⬤ 战国早期曾侯乙连环玉佩

在《大雅》和《小雅》里面说到玉不是圭、璋就是璧、珩，跟它们放在一起的场景不是征辟、觐见，就是命服，全都是"大人"之间的故事，煊爀威严。国风里说到玉就迥然不同，清风徐来让人精神一畅，不是玉耳环就是玉环珮，即使有圭有璧也是在比喻美少年的清纯风姿。伴在玉左右的字眼都是"巧笑""心曲""桃李"之属，让人一读就不禁会心一笑，仿佛回想起自己的青涩初恋。玉文化里关乎人性之美的一面在《诗经》里最早得以展现。

四、《左传》与玉

经部是头脑，史部就是文明的躯干，史部的确是中华文化的又一骄傲。在四大古文明里，埃及公元前3200年就已经有了成熟的文字，苏美尔前3100年出现楔形文字，印度前2300年的哈拉巴遗址中发现了至今没有破译的文字，而中国的文字目前为止只能追溯到商代甲骨文。中国人重史，虽然在古文明里中国的文字出现得最晚，但完全不妨碍我们把文字用到最极致和最有生命力。

从甲骨文开始，我们的文字就为记史服务，直到清代，这一传统没有过中断，所以我们有了独一无二的信史体系。建立在考古学基础上的西方历史学体系

⬤ 商代刻字卜骨（甲骨文图）

里暂时不认可我们的五千年文明说，但如果用信史体系来做比较，西方就不得不承认我们比他们优越得太多了。现在存世的正史系统是以二十四史为主干，如果不是秦始皇的焚书，我们的正史系统还可以再往前延伸，但目前二十四史之前的仅有的几部史书里，最早的就是《左传》了，可以说《左传》已经是中国史书之源。

琢磨历史——玉里看中国

《左传》全称《春秋左氏传》，十三经之一。相传是春秋末年鲁国史官左丘明根据鲁国国史《春秋》编成，按鲁国的国君进行编年，起自鲁隐公元年（前722年），讫于鲁哀公二十七年（前468年），中国人熟悉的春秋故事大都源自于此，里面很多都能见到玉的身影，细分下来有几大类。

1.玉作为国家间的聘礼

《桓公元年》："春，公即位，修好于郑。郑人请复祀周公，卒易祊田，公许之。三月，郑伯以璧假许田，为周公祊故也"。鲁桓公即位后，要跟当时的强国郑国修复关系，正好周天子赐给郑国祭祀泰山的祊田在山东，郑国鞭长莫及。郑国就以要鲁国恢复祭祀周公作名义，用离着鲁国近的祊田换了属于鲁国但离自己近的许田。为此，郑国特意送给鲁国玉璧作为聘礼，两国从此邦交正常化。这是第一个故事。

⬆ 玉璧

《僖公二年》："晋荀息请以屈产之乘，与垂棘之璧，假道于虞以伐虢"。
《文公十二年》："秦伯使西乞术来聘，且言将伐晋。襄仲辞玉曰：'君不忘先君之好，照临鲁国，镇抚其社稷，重之以大器，寡君敢辞玉。'"（注：大器，圭璋也。）第二个故事和第三个故事都跟战争有关：第二个故事说晋国要从虞国借道去打虢国，就用了两样知名的宝物送给虞国，其中一个就是垂棘产的玉璧；在第三个故事里，晋国从打人的变成了挨打的。秦国要联合鲁国打晋国，就派大臣西乞术带着玉圭和玉璋去鲁国结盟。鲁国跟西乞术说，秦国一直对我们很照顾，这点事还送这么重的大礼过来，我们实在不好意思收下啊！"国之大事，在祀与戎"，在这三个故事里，一个关乎祭祀，两个关乎征伐，都是最大的国事，所用的聘礼都是玉。

2.表示决心和用来盟誓

《僖公六年》："秋，楚子围许以救郑……许男面缚衔璧"。鲁僖公六年，楚国为了救郑国围困了许国，最后许国的国君把自己五花大绑，嘴里含着玉璧来向楚军投降。

《僖公二十四年》："及河，子犯以璧授公子曰：'臣负羁绁从君巡于天下，臣之罪甚多矣。臣犹知之，而况君乎。请由此亡。'公子曰：'所不与舅氏同心者，有如白水。'投其璧于河"。鲁僖公二十四年，重耳君臣在外流亡多年，终于要回国即位了。渡河时，狐偃跟重耳说，"我一直跟

⬆ 春秋晚期玉圭

着您，干过不少得罪您的事。现在您要成为国君了我有点害怕，怕您以后记起这些事来我要倒霉，还不如趁现在离开吧。"重耳为安慰他，把一块玉璧扔进河里发誓说："我今后绝不会产生害您之心，河神可以作证。"

《襄公三十年》："八月，甲子，奔晋。驷带追之，及酸枣，与子上盟，用两圭质于河"。鲁襄公三十年，郑国内乱，子太叔逃亡晋国。驷带带兵追赶他，到达酸枣后，两人在这里把两件玉圭沉在黄河里结成了政治同盟。

在这三个故事里，请降、起誓、结盟都用了玉作为信物，可见在乱世里，精英阶层普遍认为还是玉最可靠，有它做担保别人的许诺就可信得多。

3. 令人垂涎的宝物

《襄公二十八年》："求崔杼之尸，将戮之，不得。叔孙穆子曰：'必得之……'既崔氏之臣曰：'与我其拱璧，吾献其柩。'于是得之"。在这个故事里，崔氏被灭门，叔孙穆子说必须要找到崔杼的尸体，我们要戮尸，后来崔氏的家臣出来说："把他的玉璧给我，我就把他的棺材交出来。"

《襄公十七年》："宋华阅卒，华臣弱皋比之室，使贼杀其宰华吴。贼六人以铍杀诸卢门……遂幽其妻，曰：'畀余而大璧。'"这第二个故事里的事件与上面类似：宋国的华阅死了，华臣认为皋比家族（即华阅族）力量微弱，派了人去杀他家总管华吴。六个杀手用铍刀把华吴杀死后，幽禁了华吴的妻子，威逼说："把你家的大玉璧给我。"

周代谷璧　中国台北"故宫博物院"藏

这是两个负能量的故事了，一个是为了玉出卖家主，一个是杀了人还勒索人家的玉。虽然令人不齿，但从一个侧面说明了玉在春秋时确实是贵重的珍宝，足以勾人失足。

4. 代表天意的圣物

《昭公十三年》："共王无冢适，适有宠子五人，无适立焉，乃大有事于群望而祈曰：'请神择于五人者，使主社稷。'乃遍以璧见于群望曰：'当璧而拜者，神所立也，谁敢违之？'"这是个有趣的故事：楚共王没有嫡长子，有五个宠爱的儿子，不知道应该立谁为储君。就干脆决定拜托神灵帮他在五个人中做选择，于是他把玉璧展示给名山大川的神明，说："正对着玉璧下拜的，就是神明所立的，谁敢违背？"

"既乃与巴姬密埋璧于大室之庭，使五人齐而长入拜。康王跨之，灵王肘加焉，子干、子皙皆远之。平王弱，抱而入，再拜，皆厌纽。斗韦龟属成然焉，且曰：'弃礼违命，楚其危哉。'"祭祀完毕，共王就和巴姬秘密地把玉璧埋在祖庙的院子里，让这五个人斋戒，然后按长幼次序下拜。康王两脚跨在玉璧上，灵王的胳臂放在玉璧上，子干、子皙都离璧很远。平王还小，由别人抱了进来，两次下拜都压在璧纽上。楚国的公室兼大夫斗韦龟认为平王有当璧之命，就把自己的儿子斗成然嘱托给平王。然而这位斗老爷子还是很有点见识，私下里悄悄地说："抛弃礼义而违背天命，楚国大概危险了。"而楚国后来果然就在平王手里埋下了祸根。在这个故事里，玉简直具有了西方女巫水晶球的功能，当然这是玉从远古文明里继承来的通神属性，这在本书的第二编里会有详细介绍。

玉石进献给当政者子罕，子罕不接受。献玉的人赶紧说："我给玉工看了，确定是宝贝才给您送来的。"子罕说："我是以不贪为宝物，你是以玉为宝物。如果你把它给了我，咱们两人就都丧失了宝物，不如各人有各人的宝物。"献玉的人叩拜后对子罕说："小人我怀揣着美玉，连外乡都不敢去，把这块玉送给您我就不用怕得要死了，能回家了。"子罕就让玉工把这块玉石琢成了玉器，让献玉人卖了玉器踏踏实实回家乡做了富家翁。在这里，玉的"洁"性显露出来，被隐喻为君子不贪的美德，所谓得宝即失宝颇有哲学思辨的味道，玉文化的明道功用表露无遗。

▲ 春秋晚期玉牙璧

▲ 春秋晚期龙形佩

5.玉以明道

还有一个意味深长的故事。《襄公十五年》："宋人或得玉，献诸子罕，子罕弗受。献玉者曰：'以示玉人，玉人以为宝也，故敢献之。'子罕曰：'我以不贪为宝，尔以玉为宝，若以与我，皆丧宝也，不若人有其宝。'稽首而告曰：'小人怀璧，不可以越乡，纳此以请死也。'子罕置诸其里，使玉人为之攻之，富而后使复其所"。

这就是一个充满了哲学和道德意味、有类于寓言的故事了：一个宋国人把一块

第四节　另一个体系

一、考古中国和玉

考古学的源头在西方，虽然我们很多学者和资料把起于宋代的金石学算作中国考古学的起源，但这实在是过于牵强，凡事皆要争一个起源于我们，是文化不自信的表现，就像一定要说足球起源于蹴鞠一样令人莞尔。金石学充其量可以称为文物

学的起点,中国自古只有盗墓,从没有过田野考古。1901年,梁启超在《中国史叙论》中,讲到19世纪中叶以来,欧洲考古学家将史前时期划分为石器时代、铜器时代、铁器时代三期,并将中国古史传说与此相比照。1898年在河南省安阳小屯村首次发现了有字甲骨文;1900年在甘肃省敦煌石窟发现了储存有大量古代写本文书和其他文物的藏经洞,这是近代学术史上的两项惊人发现,并成为中国考古学诞生的前兆。

敦煌藏经洞发现的唐刑部格、水部式

1930年安阳殷墟发掘现场

1926年由李济主持,在山西夏县西阴村遗址进行的发掘,是第一次由中国学者主持的田野考古工作。1928年董作宾前往河南安阳小屯村进行调查试掘,准备大规模地展开工作,这是中国考古学诞生的重要标志。1929年,李济作为当时中国唯一具有近代考古学知识和发掘经验的学者,被聘任为历史语言研究所考古组主任。同年,中国地质调查所新生代研究室及北平研究院史学研究会考古组分别成立。从此,中国有了自己的考古研究学术机构,李济先生可视为中国考古学的奠基者,他的《安阳》一书可视为中国考古学术的第一个丰碑。从20世纪初中国考古学出现之后,一批历史学者开始使用考古发掘出的文物来印证古籍,中国的史学传统开始引入西方基因。20世纪20~40年代,出现了一大批史学大家,奠定了现代中国历史研究的学术原则和学派基础。现代史学是在文献基础上,以考古学成果为重要资料并融合了现代多学科的学术。在此基础上,产生了另一个文明认识体系,在这个体系里,玉也有了不同的身份和含义。

新的文明史体系里,中国的区域里经历了旧石器、新石器时代,然后才进入了可以有历史记载相对应的商、周以至到清代。与文献体系最大的不同就在于,文献中充满神话色彩的三皇五帝时代不再被承认,而代之以能被考古所证明的并用国际通用学术名称命名的新石器时代,或称为史前文明。至于夏,则一直以来是我们与西方的一个重要分歧。我们已经有了确切的史前文明考古发现可以与史书中记载的夏相对应,但因为并没有像甲骨文一样能证明商代存在的文字出土来证明夏的存在，西方并不予以承认，这是当代学术上的一桩公案，与本书关系不大。既然这个新的文明体系是建立在考古学、文物学和新史学之上的，在这个体系里谈玉就应该以玉本身的实物为本，不管这个实物是考古发掘而来还是古物传承而来，在实物的基础上与文献相印证就是这个体系下的方法。

二、玉的神器时期

到目前为止，考古发现中国区域内最早的用玉记录是在兴隆洼文化。兴隆洼文化因内蒙古敖汉旗兴隆洼遗址的发掘而得名，20世纪经过较大规模发掘的同类文化性质的遗址还有内蒙古林西县白音长汗、克什克腾旗南台子、辽宁阜新县查海遗址等，正式发掘出土玉器的总数已达100余件。经放射性碳元素测定，兴隆洼文化的年代为距今7400～8200年，由此认定兴隆洼文化玉器是迄今所知中国年代最早的玉器。从考古学分期说，兴隆洼文化属于新石器时代中期，它出土的玉器主要是玉玦、玉斧、玉锛类，这就意味着中国最早的玉器是两类：一类是装饰品类的玉玦，它的出土位置大多在人耳部，可以被视为一种耳环类装饰物；另一类是兵器类的玉斧、玉锛，这说明玉一定是在石器生产的过程中被发现的。因为石斧和石锛都是新石器时代最常磨制的兵器，就是说玉在很大的几率上是劳动的产物。另外，在这个中国玉器的源头还有一个重要的文化线索，就是玉玦的形状，它是圆的。要知道，在八千年前的生产条件下，把河磨玉这种硬度的石头做成圆形远比把它做成方形或梯形要难得多，而做成圆形之后还要再开一个口子，这又多费一道工，在那个时候多一道工就意味可能多出几个月的时间。而从兴隆洼开始，之后的各史前文化玉器里圆形占了极大的比例。这个圆形的选择很难说不代表着某种古先民的朴素哲学思想，也很难说后来成为中国哲学核心的阴阳圆转认识论没有它上古的源头。

🎧 兴隆洼文化耳饰玦

中国史前文明玉器的高潮属于新石器时代晚期，在距今4000～6000年的时段里，在中国区域的几个方向上同时出现了大规模使用玉器的文化。它们集中在东北地区、黄河中下游地区和长江中下游地区，包括：红山文化、龙山文化、良渚文化、齐家文化、石家河文化等。此时的玉器已经极大丰富，除了璧、玦、环等圆形器和斧、锛、钺、戚等斧形器外，琮、璜等器也已出现，同时象形的人像类和动物类器也有大量的制品。中国用玉的第一个高峰时期来临，玉文化初步产生。

浙江余杭瑶山墓地出土 良渚文化玉琮

红山玉鸮

根据考古发现和传世古玉的研究，我们可以把中国历史上对玉的使用分为三个时期，一个是神器时期，一个是礼器时期，一个是世俗器时期。现在所说的就是第一个神器时期的到来。所谓神器时期，是从原始文化中巫、王合一的文化形态以及玉器的主要功能来命名，玉器在那个时代，首先是神器。为什么说它是神器呢？那是一个王权还没有建立，尚处于萌芽状态的时期，我们现在把它认为是部落时期。部落里面已经形成了等级，部落有首领，他同时还有一个身份是巫师。这也是一个巫的时代，换一个角度来说，就因为他具有了所谓的通神的能力，他才有可能成为首领，这是相辅相成的。

有一句话叫做"国之大事，在祀与戎"。那个时候还不是农耕时期，整个部落能不能活下来，能不能更好地生存，基本上取决于两件事。第一件事是大家认为神允许不允许你活，我们有没有做错什么事会招致神的惩罚，神决定了我们的生死。第二件事，我们有没有足够的生活资料、资源。生活资料从哪来？因为正式农耕还没开始，除了渔猎，另一个就是抢，抢就是戎，就是打仗，一个是抢生活资料，一个是抢人过来，作为奴隶来从事渔猎生产。同时女性本身也是一种资源，原始社会人的死亡率太高了，必须要大量地生孩子，才能发展部落，生孩子就得靠女性，打仗也是要抢点女性回来。在这两件根本大事里，戎体现王权，是否发动一场战斗由首领的世俗权力来左右；祀体现神权，由首领的巫师身份来左右。那个时代都认为玉是通神的，巫师在人与神之间，他是神在人间的一个代言。他怎么跟神灵沟通呢？他需要借助通神的媒介，就是玉。因此玉是神器，那个时期的玉是至高无上的东西。

红山文化最著名的通神之器：勾云形佩

三、玉的礼器时期

众所周知，中国古代的皇帝里有两位

第一编 悠远美丽的"国石"

琢磨历史——玉里看中国

宋徽宗《听琴图》

"玉痴",一位是北宋的道君皇帝赵佶,另一位是清朝的乾隆皇帝弘历。因为徽宗对古玉的喜爱,带动了一批饱学之臣研究古玉和古物,从而兴盛了金石学,同时还催生了古玩的作假行当。乾隆皇帝喜爱收藏、研究古玉是非常著名的,在故宫档案里的乾隆藏玉名录中有大批的古玉被登记为"汉玉"。

是的,在中国的玉文化里汉代确实是一个顶峰,不过准确地讲,我们应该称之为战、汉玉器,战国与两汉在玉文化里是不能够分家的,从用料到工艺、到风格、到用途,它们都一脉相承,这个顶峰的时期是玉的礼器时期。

东汉 透雕"长乐"玉璧

战国和两汉的玉器是考古发现里比较大宗的,这有以下两方面的原因。

1.西周开始,中国以礼立国,开始了所谓封建宗法制的时代。王国维先生在《观堂集林》里面,专门有一篇论文,就是讲商周的立嗣的内容。周人为什么能够战胜商人,能立国,最重要的原因之一是确立了嫡庶的问题,就是嫡长子继承制。首先确立了兄不传弟、父传子。其次在子里面,是嫡长子继承。从这里可以看出礼开始作为国家架构的重要的基础层。礼是什么?两点,一个叫尊

伏羲女娲 山东嘉祥武氏祠堂汉代画像石刻

卑有序，一个叫长幼有序。尊卑和长幼，一个为经、一个做纬，十字一样，基本结构就稳定成型。礼就是构成国家、社会的所有人遵守的秩序。就像一个古建筑一样，我们很早就认识到了国家像一个整栋的建筑，所有人都是这个建筑的构件，构件有大有小，要按一种规矩来安排这些构件，让它们该在什么地方就在什么地方，然后紧紧咬合住，那么整个建筑就异常牢固。那种安排构件的规矩就是"礼"，每个人在生活里就是一个构件，尊卑长幼，循礼而为，礼让它应该在哪儿待着，大家就都在哪儿待着，然后进行榫卯衔接。实际上中国古代建筑全部采用榫卯结构从而极为坚固就是这个思想的具体物化。孔子说："器以藏礼"。玉作为藏礼之器变换了历史角色，六器与六瑞登上历史舞台，是以数量大增。

2. 从张骞通西域，卫、霍驱匈奴开始，和田玉料源源不断地供应长安，使汉代玉器制作从不缺乏高等级材料。加之两汉实行厚葬，特别是诸侯之葬，从国家制度上用玉规格就极高、极多。所以出土的玉器自然就很多。因为这两点，战、汉之玉既多且好，生动地向两千年后的我们讲述着"礼"的内涵，展示着玉的礼器时代。

四、玉的世俗器时期

何谓世俗器呢？从"五胡乱华"开始，经过南北朝长达二百多年的民族大融合、思想大融合，东汉以来的世族政治和著于私门的学术传统已经被彻底打破。第二帝国（隋、唐、宋）的框架是汉代儒学传统被打破后再次重建起来的，虽然核心

没有变化，但经过了血统的混合、文化的冲击，再次构建起来的帝国从政治制度到经济制度甚至到服饰制度都有了深刻的改变。唐代实际是由汉化后的鲜卑贵族建立的朝代，虽然是中华正朔，但风气开放，像唐代的服饰，其实与汉服完全不同，是彻底的胡服进化品。同样，从唐代开始，玉的礼器功能逐步退化，只剩了一部分在国之祭礼上尽尽义务，玉开始实心实意地为生活服务了，一些生活用品开始出现玉制品，一些原有玉器上的图案开始出现带有生活情趣的内容，玉开始走下神器的神坛和礼器的圣坛，成为一种不用太过仰视的世俗之器。人总是贪图享受的，这是人之天性，一旦为享乐服务的大门打开，玉就再也不能回头，回不上神坛了。

🔴 唐代　白玉镶金镯

虽然宋代和明代在意识形态上都大踏步地向纯汉族文化回归，思想上也日趋禁锢和僵化，但在玉的世俗化上却丝毫没有开倒车的迹象和动力，反而题材愈发广泛，图式愈发生活化。等到清王朝到来，世俗化的趋势就完全不可抑制，满人本就是马背上的民族，本就崇尚艳丽、热闹的审美，所以才有瓷器的珐琅彩和粉彩，才有家具的满眼螺钿，繁复而艳俗。这种审美到了玉器上也是如此。到了清代中后期，各种吉祥花卉出现在玉器上，各种有着民

033

琢磨历史——玉里看中国

间吉祥寓意的词汇开始转化成玉器的题材，什么"吉祥如意""福在眼前""马上封侯"等，这标志着玉器彻底成为了一种世俗玩物，与珠宝同列了。至此，中国玉器的历史演进完成。

🎧 宋代　青白玉孔雀形钗

🎧 清　白玉福在眼前挂坠

第三章　玉一样的君子

第一节　二元的世界

一、二元化的社会

2008年，奥巴马当选美国总统，当时有位二十来岁的小姑娘问我："奥巴马是好人坏人？"着实让人哭笑不得。不过认真一想，这又何尝不是两千年来中国人惯常的思维模式呢，即使我们已经实行了三十多年的对外开放，这个模式在民间还是有着它厚重的生存土壤。一直以来，中国社会都是一个二元的世界，准确地说是思想一元，社会结构二元和认识论二元。一元的思想就是我们上一章里说过的那个"统一的道德社会，即使目不识丁的老百姓，也接受并恪守着与文化阶层相同的价值标准和道德规范"，也就是从汉代开始的，以儒学为体构建的意识形态。在这个一元的意识形态之下，社会根本上都是二元结构的，比如城、乡二元结构。

中国从古代直至近代，城市和农村是脱钩的，是两个互不相通的社会。在中国古代，有一个著名的制度叫做保甲制度，就是一个全国联成网的控制方法。

历代保甲制度对比：

朝代	保甲制度特征
汉	五家为"伍"、十家为"什"、百家为"里"
唐	四家为"邻"、五邻为"保"、百户为"里"
宋	十户为一保、五保为一大保、十大保为一都保
元	二十户为一甲
清、民国	十户为一牌、十牌为一甲、十甲为一保

保甲最关键的作用点就是"联保"机制。"联保"就是各户之间联合作保，共具保结，一家有"罪"，九家举发，若不举发，十家连带坐罪。这个制度除了基层治安和监视异端、预防造反的功能外，最重要的一个任务是控制"流民"的产生。在古代社会，"流民"是重罪，一人出走成为流民很可能全家甚至联保的五家、十家都经受牢狱之灾。之所以对于流民如此地防范，怕他们落草为寇还是次要的。重要的是，古代国家的财政收入几乎全部来自土地和农业产生的税、赋。这些税、赋的承担者就是自耕农和佃农，一旦他们不堪重负成为流民，国家就会相应减少一部分税、赋。流民多了，国家自然就没钱了，没钱了自然也就快亡国了。因此，农民的流动是被禁止的。

明·周臣《流民图》(局部)

古代虽然也存在人口迁徙，但那不是现代人这种个体的自由迁徙，而是大规模的强制迁徙，一定是因为某种政治或战争的原因，国家安排统一由一地向另一地进行整体迁徙。像明初的山西洪洞大槐树、明初的江西填湖广、清初的湖广填四川都是这样。另外，城市就是城市、乡村就是乡村，它们之间不存在完全自由的转化，最容易实现城乡转化的社会角色——商人则一直是被压制和限制的，"重农抑商"是中国古代治理天下的金科玉律，是衡量一个帝王是昏君还是圣君的重要标准。

同样地，城市里和乡村里也都是二元结构，城市里是官与民的二元结构，乡村是士绅和农民的二元结构。中国从周代进入农耕社会，从那时起，中国最核心和最根本的社会问题就是农民问题和土地问题。从汉代到民国，解决这个问题，或者更准确地说压制这个问题的方法就是乡村的二元结构。士在周代是最低级的贵族阶层，也就是"王、诸侯、卿、大夫、士"里面的士。春秋时，士大多为卿大夫的家臣，有的以俸禄为生，有的有食田。到了战国后期，贵族垄断政治的局面被打破，一大批著名的草根达人登上核心政治舞台，他

们多被称为卿士，慢慢地士就成了有政治地位的知识阶层的称呼。科举制之后，凡读书应举之人就都被称为士子或士人了。

隋文帝杨坚冕服像

"绅"在《说文解字》里的解释是："绅，大带也"。大带就是从天子到百官腰中最重要的那条大宽腰带，因为多为丝织物制成，其华丽有余而不堪负重，很难加饰金玉，因此后世往往在大带上再束一条革带，上面有装饰性的带板和连接佩饰的带铐，尾部还会配装铊尾。像宋摹唐画《历代帝王画卷》里的隋文帝冕服像就是典型的大带加革带，成为一个完整的腰带。不同级别的人腰带上用的装饰材料不同，数量也不同，高级别的一定是用玉，所以也通俗地被称为玉带。大家看传统戏曲的时候，角色如果是当官的，他腰上有

个吊在官袍上，经常要用手托着的大圈，那个就是根据明朝玉带设计出来的，就是抽象化的绅。所以，绅指代的就是官、是权势。

《清人戏出册·斩子》 《清人戏出册》里的《斩子》，可以看到杨六郎的左手始终端着一个大圈，这就是艺术化了的宋朝玉带

明 玉带铐 这是一套典型的明代玉带的带铐，共十八块，可以想象这条玉带必然松松垮垮，因此才有了戏曲里那个程式化的大圈

那么就很清楚了，士绅就是这样一种人，他有文化同时又有官的身份，至少是有功名。这样，凡是对中国历史有一点了解的人都立刻会把士绅对位到一个阶层上——曾经应过科举并且至少取得了功名，从而成为官员体系里一员的人，至于那些现任官员和卸任官员就更在此列。这些人就是古中国乡村二元社会里占统治地位的那一元，至于他们是否是地主，是否有钱则完全没必要担心。大家别忘了《儒林外史》里的那位范进，落魄到没饭吃被老丈人打了一油巴掌的范进，不过中了个举人，就"果然有许多人来奉承他；有送田产的，有人送店房的，还有那些破落户，两口子来投身为仆，图荫庇的。到两三个月，范进家奴仆丫鬟都有了，钱米是不消说了"。曾经的破落户范进就此有钱有地，进入了士绅阶层。

因此，士绅可视为文化、财富、权势三重垄断的阶层，不是那些小土财主们，同时他们还通常是宗法制下的族长，他们理所当然地是乡村实际的统治者。乡村里的其他人还有几种：一种是托庇于士绅的人，比如家丁、用人、管家等；一种是佃户，他们租种士绅的土地；一种是自耕农。前两种直接被士绅统治，后一种在宗法和道义上被士绅统治。乡村的二元社会就这样被固定下来了两千年，士绅本身就是国家统治集团的一员，在自己的封闭乡村里他们又是直接统治者。古中国就由无数个这样的二元乡村构成，在大部分时间里乡村二元结构的稳定就意味着整个国家的稳定。

二、二元价值观

既然古人不管在哪里生活都是在一个封闭的二元社会里，长此以往自然就会形成一种二元的价值观和评价体系。像一开始说的那个小姑娘，她关于奥巴马是好人、坏人的问题就是一个典型的中国式二元标准——要么是好人，要么就是坏人。与之类似的还有明君与昏君、忠臣与奸臣、清官与贪官、君子与小人等。在这种二元标准下，非此即彼，不存在中间状态，而且每个人都可以被标签化，人性的复杂和鲜活，社会的多维度和可变性都被忽略以致抑制。

浙江武义郭洞村何氏宗祠　　这是位于古代中国核心经济文化区域的一个乡村宗族祠堂，与它类似的祠堂实际是古中国乡村的真正"政府"

这跟二元化的结构一样，都是过早出现农耕文明的必然选择。农耕文明按照各种自然规律来制定农业劳动的内容和规矩：什么时候播种、什么时候除草、什么时候施肥、什么时候收获都是板上钉钉的，不能由着自己的性子胡来，必须要守规矩。守规矩的结果就是不再会跳跃式地思考。种子种下去，按照规矩干活，只要气候不太反常，最终就能收获算得出来的粮食，就能提前知道后面的生活。这是一种稳定，古代社会里稳定是一种很奢侈的待遇，农耕的中国社会最早也最长时间达到了。因此，中国人从基因里就寻求稳定并满足于稳定。当然，稳定的代价就意味着个性的消失，只有个性消失，所有个体趋同，才最容易保证整体的稳定。所以，人不是好的就是坏的、皇帝不是明的就是昏的、官不是忠的就是奸的。去掉了中间那些高低不平的状态，还有那些难以预测的变化，这样才能有可控的稳定。这就是二元价值观和评价体系的渊薮。在这种状况下，如果我们让古人思考诸如"宋高宗的历史功过""怎么多角度认识岳飞"这样的问题，无疑是问道于盲。因为在二元体系里，赵构是昏君、岳飞是忠臣都是著于人心的铁案。但当我们今天能够跳出这个价值体系，以客观、辩证的眼光来做历史分析时，这两个人的形象就不一样了：也许赵构就是一个有政治能力、能审时度势的君主，而岳飞可能只是个缺乏政治素养的优秀职业军人而已。

第二节　崇高的君子

一、君子与小人

在那些二元的对立身份中，关乎所有人的道德评价的有两组名词：好人与坏人，君子与小人。好人与坏人是最朴素的认识，从一开始就代表着人之品质的两个极端，或者说是中国对于人的最简单和最终极的两个判定。好人就应该有好报，就应该上天堂；坏人就应该有恶报，就应该下地狱。君子、小人则不用，首先，他们的本意并不是纯粹的道德标准而是身份地位；其次，他们对于道德的衡量不是强制性的，也并不具有对结果的决定性。

君子在周代指的是贵族里的男子。《说文解字》："君，尊者也"。像战国时期七国的一些大贵族特别是公族，他们的封号就是"君"，比如孟尝君、信陵君、平原君、春申君、马服君等。而"子"，都知道是对一些大思想家和大学问家的尊称，像孔子、孟子、老子、墨子、孙子、朱子等。"君、子"合在一起就代表着出身尊贵而又文化超凡的一群社会精英，是社会金字塔的塔尖。与之相对的小人，其实最初指的就是野人。这个野人可不是传说中的大型类人猿，在西周和春秋时期，贵族分为王、诸侯、卿、大夫、士，非贵族则有国人与野人之分，国人指的是有国籍的自由民，野人实际是半奴隶身份的最底层劳动者。野人只能从事繁重的劳作而不享有任何的权利，连为国打仗的权利都没有，因此野人实际上也就不被统治者视为"人"，他们也就是社会金字塔的最基座，是最卑贱的。最高贵之君子对之以最卑贱之小（野）人，这是完全符合二元化的一种标配。

战国之后，野人这个阶层已经消失，同样地，君这个封号也已经谢幕，君子与小人的内涵就逐渐发生了变化。君与子有一个共同的地方，凡能称子者除思想学问外必是品德高尚足为楷模，而君们则被宣传为天然的具有崇高品质，因此称君子者在道德上自然无懈可击。于是当君子不再具备身份标志物的特性后，它就逐步变成了道德标识，凡具备美好品德者皆可称为君子，不管他是贵族还是草根。而在二元体系下，君子的含义变了，对应它的小人含义自然跟着变化，无德之人便被称为小人了。

君子、小人虽然成为了道德标签，但它却不具备社会行为的强制力。大家认为好人应该得到好报，而提到君子则只是表

宋·晁无咎《老子骑牛图》

达一种景仰；认为坏人应该得到恶报甚至于下地狱，而对于小人则最多只是一种鄙视。坏人应该在国家层面上和法律层面上得到惩罚，而小人则不用，事实是大部分小人都活得很好甚至很体面。这就说明君子、小人者只是一种纯精神层面的标准，是虚的东西，可越是虚的东西就越可能高大上，就越是可以无限拔高，于是君子就是中国人做人的最高理想和道德规范。

二、君子之德

说到这里我们不能不研究一下《论语》，《论语》之名实在是太大，说它是中华第一书也毫不为过。《论语》作为儒经的核心之一，指导了中国人思想教育和修养教育两千多年，现在研究儒家和孔子，它依然是第一材料。不过《论语》并不是孔子自己写成的，即使真的是他的弟子们根据与他的谈话记录编辑而成，恐怕里面夹带的"私货"也不会少，所以《论语》应该被视为儒家早期的集体思想记录。

宋·马远《孔子像》

《论语》成书于战国初期，秦始皇焚书坑儒旧本少存，到西汉时期仅有口头传授及从孔子住宅夹壁中所得的本子，共计有以下三种。

1.《鲁论语》二十篇。

2.《齐论语》二十二篇，其中二十篇的章句很多和《鲁论语》相同，但是多出《问王》和《知道》两篇。

3.《古文论语》二十一篇，就是汉景帝时鲁恭王刘余发飚拆孔子家时在人家墙里发现的。

到西汉末年，安昌侯张禹先学习了《鲁论》，后来又讲习《齐论》，于是把两个本子融合为一，号为《张侯论》。东汉末年，郑玄《论语注》以《张侯论》为依据，参照《齐论》、《古论》，做了《论语注》。我们今天所用的《论语》本子，基本上就是《张侯论》。现存《论语》20篇，492章，其中记录孔子与弟子及时人谈论之语约444章，记录孔门弟子相互谈论之语48章。虽为语录，但大都辞约义富，有些语句、篇章形象生动。孔子是《论语》描述的中心，"夫子风采，溢于格言"（《文心雕龙·征圣》）；书中不仅有关于他的仪态举止的静态描写，而且有关于他的个性气质的传神刻画。此外，围绕孔子这一中心，《论语》还成功地刻画了一些孔门弟子的形象。如子路的率直鲁莽，颜回的温雅贤良，子贡的聪颖善辩，曾皙的潇洒脱俗等，都称得上个性鲜明，能给人留下深刻印象。

《论语》不是一部哲学语录，它里面没有关于世界本原以及人与世界关系的哲学思考，只有人与人之间的关系思考，在这个思考之上构建起来的就是人自己应该怎么做，人与人应该如何相处，人在社会里应该如何自处，国家应该怎么对待人，诸如此类的方法论。孔老夫子被尊为万世师尊，从他的语录里我们基本也就看到了中国从古至今的老师模样：一个循循长者对着一群学生不缓不急地说着，说的都是你们应该怎么想、应该怎么干，或者必须怎么想、怎么干，而不是"孩子们，你们大胆地去想、去干吧"。所以，从《论语》开始，我们的教育就致力于把人变成统一思维和统一道德的人，最理想的就是变成这种人里最好的一类——君子。

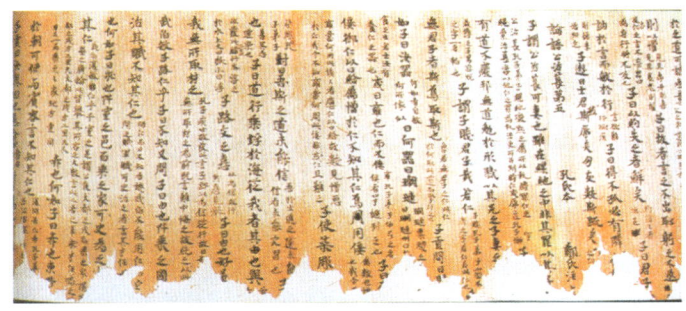

唐代写本　郑玄注《论语》残页

因此，《论语》几乎就是一部"君子修成宝典"，关于君子的论述充斥了这部书的各个角落。君子什么样？君子的标准是什么？君子应该怎么修身？在各种事情和问题面前君子应该怎么思考，怎么做？试看一些《论语》里有关君子的最著名的话：

君子务本，本立而道生。孝悌也者，其为仁之本与。

君子食无求饱，居无求安，敏于事而慎于言，就有道而正焉。

君子怀德，小人怀土；君子怀刑，小人怀惠。

君子喻于义，小人喻于利。君子欲讷于言而敏于行。

质胜文则野，文胜质则史，文质彬彬，然后君子。

君子坦荡荡，小人长戚戚。

君子成人之美，不成人之恶，小人反是。

君子之德风，小人之德草。草上之风，必偃；君子以文会友，以友辅仁。

君子泰而不骄，小人骄而不泰。

君子义以为质，礼以行之，孙以出之，信以成之。

君子求诸己，小人求诸人。

君子矜而不争，群而不党。

君子不以言举人，不以人废言。

君子有九思：视思明，听思聪，色思温，貌思恭，言思忠，事思敬，疑思问，忿思难，见得思义。

细看之下不难发现，我们身边那些公认的，具有良好道德修养和传统文化底蕴的人，身上或多或少都有这些话的影子。特别是里面的很多话都是中国知识分子固守的精神传统，如："君子不党、矜而不争"——这是独善其身；"君子怀德、怀刑"——这是洁身自好、爱惜羽毛；"君子泰而不骄"——这是凡事淡定、不可凌人。还有像"坦坦荡荡、成人之美"——这些都是我们自小就耳濡目染的美德，只不过真正能做到的很少很少。因此，君子也许只是一个理想化的道德标杆，但有它的存在，至少中国人的社会就还存在着变得美好一些的希望，不管是古代还是现代。

041

第三节　玉比君子

一、君子标准

文化开始发展后，一定会把简单的东西复杂化、系统化，而发展到高级阶段又一定会把复杂的东西再次简单化，这种简单是在系统化基础上的简单，极为洗炼但又直指核心。儒家对于君子的标准和要求就是这样，在《论语》洋洋洒洒说了一部书之后，也非常简洁地归纳出了三个词组十五个字：仁义礼智信、温良恭俭让、忠孝勇恭廉。

"仁、义、礼、智、信"是儒家说的"五常"，是做人的处世准则，用以处理与和谐人与人之间的关系，进而组建社会。

仁："仁者，人人心德也"。心德就是良心，良心即是天理，乃推己及人意也。就是说当与别人相处时要为别人着想。怎么着想呢？很简单，把别人当成自己去想，自己不愿意的事人家大概也不愿意，那就不要强求。反之，自己愿意的事人家可能也愿意，那就要多谦让给人家去做。

义："义者，宜也，则因时制宜，因地制宜，因人制宜之意也"。当做就做，不该做就不做。

礼："礼者，体也，得其事证也，人事之仪则也"。进退周旋得其体、尊卑长幼有其序，处事有规，淫乱不犯，不败人伦，以正为本，发为恭敬之心。

智："智者，知也，无所不知也"。明白是非、曲直、邪正、真妄。

信："信者，不疑也，诚实也"。即处世端正，不诳妄，不欺诈。

"温、良、恭、俭、让"指的是温和、善良、恭敬、节俭、谦逊这五种美德，温者貌和，良者心善，恭者内肃，俭乃节约，让即谦逊，做到了自然就处处与人为善，这是儒家提倡待人接物的准则。

"忠、孝、勇、恭、廉"即忠心、孝悌、勇敢、谦恭、廉洁，指的是人应信守、践行的五种高尚品格。

"仁义礼智信、温良恭俭让、忠孝勇恭廉"，这十五个字展开了是绝大的一部人生字典，做到了真可让人高山仰止，这就是中国理念里君子的高度。

玉从出现起就是统治者佩戴的，史前时期它是巫师用以通神的神器，同时也是首领的饰物，进入王权时代以后，它更是王者和贵族专属的饰物。君子的本意就是那些最上层的统治精英，玉和君子之间的关系不言而喻。《礼记》里说："君子无故，玉不去身。"我们知道，在古代，皇帝、贵族和高官们确实是戴着一身的玉，但无故不去其身恐怕不会只是因为喜爱或因为要摆谱。在一切行为都要有义理依据，都要符合国家意识形态的时代，君子和其身上之玉一定是有某种精神层面的说法的。这个说法就是中国的"玉德说"，即"玉有（　）德，以比君子"。之所以在里面放了一个括号，是因为这居然是一道填空题。玉到底有几德，可以将其比拟为最让人敬仰的君子呢？至少有三个数字可以填到那个空里去，五、九和十一。

二、玉比君子

"玉有五德，以比君子"的说法来自于《说文解字》："玉，石之美。有五德：润泽以温，仁之方也；鳃理自外，可以知中，义之方也；其声舒扬，専以远闻，智之方也；不桡而折，勇之方也；锐廉而不技，洁之方也"。这里的仁、义、智、勇、洁，跟儒家的五常和五德比较接近，君子的品行和玉的五个美无缝链接。

"玉有九德，以比君子"的说法来自管仲，他说："温润以泽，仁也；邻以理者，知也；坚而不蹙，义也；廉而不刿，行也；鲜而不垢，洁也；折而不挠，勇也；瑕适皆见，精也；茂华光泽并能而不相陵，容也；叩之，其声清抟彻远，纯而不杀，辞也"。仁、智、义、行、洁、勇、精、容、辞，这是管仲所言的可以从玉上看到的和君子贴近的九种品性。管仲的时代早于孔子，是法家的祖源，因此他不可能受儒家学说的控制。同时管仲是著名的重商和注重现实致用的政治家，他在玉的身上发现的君子之性还有精、容和辞，这三样用现代话说就是做事极致、胸怀包容和善于宣传，这明显就是一个优秀的领导或企业家所应具有的要素。看来，对于玉的理解确实也深刻地体现了这些当事者的背景和思想，作为辅佐春秋第一霸的齐国大当家，管仲眼中的君子不但要有高尚的品德，还要有经世实干之才。我们发现玉在中国文化里真的可以作为时代的表记，管仲以盐、铁专卖，吸引行商，创行女闾三件事闻名中国经济史，是一个著名的不受道德观羁绊的实用主义政治家，

因此他看到的玉和君子就和后世的儒者很不一样。

🎧 春秋玉带钩 孔子说"微管仲，吾其被发左衽矣"。管仲定华夏的功劳其大矣，但管仲的功业却来自于早年一段"射小白中钩"的际遇。当然，姜小白腰间被管仲射中的多半是个青铜带钩，但在春秋时代，玉却是最顶级的带钩材质，是高贵的象征

🎧 明代 苍龙教子玉带钩

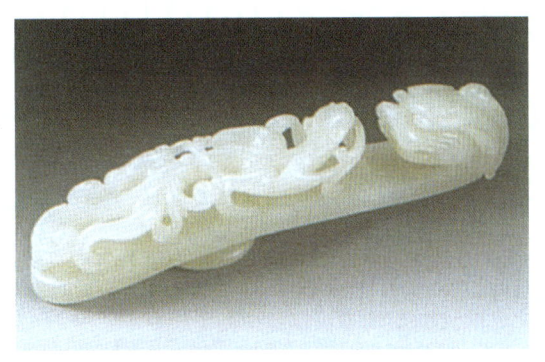

🎧 清代 苍龙教子玉带钩

"玉有十一德，以比君子"的说法来自孔子，子曰："君子比德于玉焉，温润而泽，仁也；缜密以栗，知也；廉而不刿，义

也；垂之如坠，礼也；叩之，其声清越以长，其终诎然，乐也；瑕不掩瑜，瑜不掩瑕，忠也；孚尹旁达，信也；气如白虹，天也；精神见于山川，地也；圭璋特达，德也；天下不贵者，道也"。仁、知、义、礼、乐、忠、信、天、地、德、道，这是孔子所说的十一德，里面其实有四个跟个人品行无关，是更为宏大的概念，就是天、地、德、道。这是中国文化定型后绝大的几个概念，是汉以后两千年王朝史里最顶层的意识形态。皇天后土，道化德行，在传统思想体系中，一个王朝具不具有存在的合理性，以及还会不会继续存在都取决于这四件事。在至圣先师的眼里，这事关国家法统的四件大事都可以着落在玉的身上，玉之德其大也已。

第四章 不能不说的人玉缘

第一节 缘之为物

一、"缘"之本意

一个人毫无征兆地毫无理由地与另一个人相遇、相知，无论后面演绎出来的是唯美的爱情，还是肝胆相照的友情，中国人都习惯把这种毫无征兆和毫无理由叫做"缘分"。化蝶的梁山伯与祝英台是一种缘分，摔琴的俞伯牙和钟子期也是一种缘分。一个人莫名其妙地见到一件东西就心有所感、不能自已，必欲得之而后快，这种莫名其妙也被我们叫做缘分。缘分之玄妙是中华文化又一标注。殊不知，"缘分"本非本土货，实在是件舶来品而融入了我们的文化，成了经常拨动一下我们心弦的那个东西，成了我们文化中最温情与最包容的元素。

清青白玉"携琴访友图"玉山子

"缘"在我们的文化里本没有那层如纱如雾的玄妙感。《说文解字》："缘，衣纯也"。《礼·深衣》："纯袂、缘、纯边，广各寸半"。先说深衣，深衣是从周代开始一直到两汉的标准服装，为诸侯、大夫等阶层的家居便服，也是庶人百姓的礼服。《孔氏正义》曰："所以称深衣者，以余服则上衣下裳不相连，此深衣衣裳相连，被体深邃，故谓之深衣。"说白了，深衣就是一个连体大袍直垂至脚面，将身体全部包裹住，然后左领压右领，最后领露于右肋称为右衽，腰间一大带分出上下身。想象出来了吗？没错！它在当下有个炙手可热的名字——汉服。不过它在历史上的正式名字就只是深衣，远没有被提到汉民族标志这么神圣的地位。等到五胡时代来临，穿起来下不得田也骑不得马的深衣，就自自然然地被短打扮的裤褶赶下了历史舞台。深衣用一圈一寸半宽的与衣体不同颜色的布镶在它的边上，这圈布称作纯或缘，这就是缘最早的本意，边缘这个词就是这么来的。因为缘都是丝织物，丝线通常用来系连物品，于是这个字后来又被引申出连接、连络之隐意，这就给后来变身为缘分埋下了伏笔。

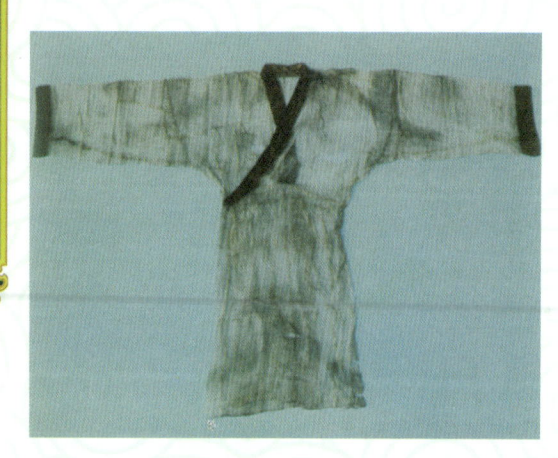

长沙马王堆出土素纱单衣 这应该是我们能见到的最早的标准深衣了,那几圈黑色的宽边就是"纯""缘"

二、华夏佛"缘"

东汉有一位皇帝叫做汉明帝,他是光武帝刘秀的儿子,还算是个有作为、有思想的帝王。有一天晚上,他做了一个奇怪的梦,梦见一高大的金人,头顶上放射白光,降临在宫殿的中央。明帝正要开口问,那金人又呼的一声腾起凌空,一直向西方飞去。梦醒后,汉明帝百思不得其解。第二天朝会时,他向群臣详述梦中所见,大多数人都不知其由。后来,他有个博学的大臣(傅毅)说那可能是西域的佛陀。明帝听说西域有神,其名曰佛陀,于是派使者赴天竺求得其书及沙门,并于洛阳建立中国第一座佛教庙宇——白马寺。这就是著名的夜梦金人的故事,也是中国佛学的起点。其实佛学东来最早在什么时候并不是定案,《三国志》裴注引鱼豢《魏略·西戎传》的记载,说西汉哀帝元寿元年(公元前2年),大月氏使者伊存口授博士弟子景卢以佛经的材料,这就比明帝的求法早了66年,但这个记载因为没有什么故事性,远没有夜梦金人那么深入人心、流传广布。

那时,大乘刚刚在印度兴起不久,中国佛学的起点就是小乘与大乘并行。最早的一批佛教经籍分别由汉桓帝时候的安世高和支娄迦谶译成汉文,这两个人都来自西域,一个是安息的王子,一个是大月氏人。安世高译的是小乘的佛经,支娄迦谶译的是大乘的佛经并且着重于"般若"学说。般若是现在大家最熟悉的佛教名词之一了,哪怕只是细读过《西游记》的人都知道,里面乌巢禅师传给唐僧一部《心经》,这部《心经》的全称就是《般若波罗蜜多心经》。凡是爱看古装神魔剧的还知道有一部经书是鬼见鬼怕、妖见妖愁的,就是《金刚经》。《金刚经》的全称是《金刚般若波罗蜜经》。般若是智慧的意思,波罗蜜多是到彼岸,般若波罗蜜多就是通过智慧达到涅槃之彼岸,简称般若。在佛学中,就属这个思想有一丝丝的中国味道,因此最后汉地佛学的主干就是般若,我们要说的缘从衣服镶边向缘分的转化也附身在般若之上。

唐咸通九年刻《金刚经》卷首

佛学进入中国不久,适逢魏晋南北朝的大激荡时代,是其不幸,也是其大幸:不幸,乱世强者为王,思想者不得不依靠王者传法,就得屈身改辙地去迎合一个又一个的强者;大幸,若不大乱,儒学地位无可撼动,没有佛、道生存空间。东汉儒学著于私门,大乱打破了格局,世族流离、经学失据,就给了佛教和道教上位的机会,三家互相融合最终形成了后一千多年中国的意识形态结构。

魏晋南北朝可称中国思想史上第二个伟大的时代,是一场延宕四百年的舞台大戏。东汉学术讲究"家学",儒家经典的研究和传承分别存留于各高门大姓中。南北分裂后,这些高门一部分南渡,一部分留在北方,这就使儒家分成了北南两个支流:留在北方的儒学坚守了汉儒的传统,特别是推崇经纬和义疏之学;南下的儒学以《周易》为宗加上《老子》和《庄子》,形成了风靡二百年的"玄学"。

麦积山石窟菩萨与比丘塑像

此时的佛教、道教二家,佛教还处于刚进入中国的水土不服期,道教则处于黄巾起义失败后的低迷蛰伏期,此二家都需要在乱世思想分裂的环境下找到崛起的机会,因此他们都需要向王权和主流意识形态靠拢,释道安就很直白地说"不依国主,则法事难立"。不过,此时的佛教、道教面前都有两道坎难以逾越。一、从与王者的关系来说,佛教的印度传统是"沙门不礼王者";道教更麻烦,它因为黄巾起义的"前科"被视为贼教,是专给王者捣乱的。二、从思想体系说,佛教的理论颇不服中国水土,而道教当时只以五千字的《老子》为宗也显得很是寡淡。佛教、道教两家必须进行改造才能生产出符合当时市场需求的"产品"。

三、"缘"之涅槃

在与王者的关系方面,佛教的改变要更纠结和更不情愿一些:北方的政权比较强势,姚秦开始就设置僧官,直接以行政手段管理佛教,到了北魏明元帝时,僧统法果就带头礼拜皇帝,并说"能鸿道者即为人主,我非拜天子,乃礼佛也"。在南方,桓玄命令僧团必须礼拜皇帝,慧远写了著名的《沙门不敬王者论》。它实际说明的重点是"佛有自然神妙之法,化物以权,广随所入,或为灵仙转轮圣帝,或为卿相国师道士",说白了就是皇帝可能就是佛转世而来,那么拜皇帝即拜佛,听起来拽拽的,其实跟法果一个论调。相比于佛教,道教要识时务得多,寇谦之在改革北方五斗米道时,直接宣称国君就是道教的总首领,因此道民"不得叛逆君王,谋害国家",从而让道教从贼教直接变身为顺民教。

在思想体系的改变方面,"玄学"本来就是儒家和道家合资的产品,道家又实用主义地引入了"因果报应"和"三世轮回"等原属于佛教的说法,以让道教变得更适合成为意识形态工具一些。佛教的改变就远比道教深刻得多，在北方，从《涅槃经》里译出了"一切众生皆有佛性"而"心性本净"论，这大大地契合了儒学"性本善""重修心"的传统。重点是在南方，南方是玄学的天下，佛教要积极向玄学靠拢，这就要"般若"出马了，般若的那一点点中国味道就是它和玄学有相似之处。

玄学的发轫是王弼、何晏用《老子》解儒家的《易经》和《论语》，学说的主张是从无生有，也就是"无"是本原。这正投般若彀中，般若的核心正好是"缘起性空"，将将合适。此时佛学就像市场经济里的推销员一样，盯着大客户的思想动态搞推销，不惜改变自己产品的外观也要符合客户的审美。这时的客户就是这些玄学大师，因为他们同时也是政治世族，掌握着国家大权。《世说新语·假谲类》里记载了一个故事：东晋成帝时，支愍度来江东之前，曾与伧道人商量到江东怎么讲般若的问题，伧道人说"用旧义往江东，恐不办得食"，两人"便共立心无义"说。几年后伧道人又寄信给在南方的支愍度说"治此计，权救饥耳，无为遂负如来"（这里的道人实际指的是僧人，在东汉至南北朝，佛教沙门在中国也被视为求道之人，亦称道人）。可见，后世那些不食烟火般的大德高僧们，他们的前辈在创业时也是为了五斗米折腰事权贵、人家爱听什么就说什么的。于是在南朝，最后就形成了一种局面，即佛学玄学化同时佛学也反向地影响着玄学，二者融合得十分愉快。

可知佛学的中国化就是从般若开始的，一路发展下来后，最终发展出了最本土的佛学门派——禅宗，这是中国人最为熟知的佛学，虽然它的真实身份更接近于儒、道化的佛学，而这一些的源头都是般若的"缘起性空"。在佛教里，各种经论和各个宗派均以"缘起"作为自己全部世界观和宗教实践的理论基础，成就菩提觉悟、达成佛的境界亦依赖于对缘起的认识。

🔸 谢灵运画像

🔸 明·戴进《达摩至慧能六代像》

"缘起"的梵文音译比较烦，叫做"钵刺底医底界叁温钵地界"，谓一切事物均处于因果联系中，依一定条件生起变化，以此解释世界、社会、人生以及各种精神现象产生的根源。之所以在最初的译经中把它意译成了"缘起"，大概上面说过的"缘都是丝织物，丝线通常用来系连物品，于是这个字后来又被引申出连接、连络之隐意"起了很大的作用。因果联系是佛教中一个核心的观念，缘字的被使用应该就是一种合理的选择。至此，缘在佛学中完成了意思的转化，从衣服饰件这种纯粹的物质名词上升为精神名词，开始蜕变成一种只可意会的境界。之后搭在般若的顺风车上，随着佛教在中国的生根落地，随着因果、轮回、三生、报应这些最直接、最通俗的理念在各阶层人心里的扎根，缘就越来越像我们文化里自主生长的因素。最终，当我们无法解释任何一种相互的关系，而又主观地想赋予它美好意境时，我们就会由衷地说——缘分啊！

第二节　人玉缘分

一、天人合一

关于玉，有一种说法自古有之，叫做"人和玉是讲缘分的"。不管你是玩玉的藏家，还是不懂玉的普通消费者，都会经常听到这句话，有的人认为这句话虚无缥缈，但更多的人还是深以为然。玉来自于自然界，它和人之间的缘分首先是人与自然的故事，其次才是它和人之间的故事。

🔊 红山文化三连璧

中国文化里还有一个著名的观念叫做"天人合一"，这个观念近年也甚是被推崇。2008年北京奥运会开幕式，文艺表演部分的第一个场景，全场一片静寂，一束光打下来，古琴家陈雷激着白色古袍踞坐于光束之下，一几一琴，万籁俱静中一声古琴散音划破空寂。太古遗音回响，那一刻相信亿万人的心灵都微微颤动，都有与天地相合的感动。这是中国文化向外展示自信的开篇，除了古老空灵的琴声，传递给世界的就是天人合一的意境。

人与自然的关系是中国哲学中的一个根本问题，用古代的名词来说，就是所谓"天人关系"。春秋时代孔子讲"天命"，战国初年墨子讲"天志"，其所谓天指世界的最高主宰；战国中期，庄子以天与人对举，战国末期，荀子强调天人之分，其所谓天都是指广大的自然；汉代董仲舒以天为"百神之大君"，所谓天指有意志的上帝；王充则以为天即是包括日月星辰在内的天体；宋代张载所谓天指广大无限的太虚，实即自然的总体；程颢、程颐所谓天指宇宙的最高实体。总之，多数思想家所谓天是指广大的客观世界而言，实即广大的世界。至于所谓人，则是指人类，亦即指人类社会。天人关系的问题即是人与自然的关系问题。强调天人统一的学说，用传统名词来讲，叫做"天人合一"。这种学说导源于孟子。孟子提出"知性则知天"的命题，以为人的性是天所赋予的，性出于天，所以天与性是相通的。到宋代，张载明确提出"天人合一"的命题。张载所谓天人合一，主要是指天道与人性的统一。程颐的学说与张载有所不同，他断言天道和人道是同一个道。他所谓天道指自然的普遍规律，他所谓人道指人生的最高准则，他认为二者具有同一性，以为自然的普遍规律与人类的道德原则之间，有一定的相应关系。《易传》提出天人协调的思想观点，《易传》的思想被认为是孔子的思想。《易传》中的《文言传》提出"与天地合德"的人格理想："夫大人者，与天地合其德……先天而天弗违，后天而奉天时"。大人即崇高伟大的人格，其品德与天地相合。先天即在自然变化之前加以引导，后天即在自然变化之后加以顺应。既能开导自然的变化，又能适应自然的变化，这样就达到了天人的协调。

——以上摘自张岱年先生《中国哲学关于人与自然的学说》。

从张先生的研究中可以看出，中国文化之"天人合一"有两个核心观念，一个是天道与人之性合，一个是天道与人之德合。"道"是中国哲学与文化里至大的一个概念，最早老子《道德经》提出了道，

还显得极为云山雾罩、不好理解，等发展到心学大师王阳明就说得简单易懂了，文成公说："天理入于人心即为道"。这个已经是儒、道两家的合资产品，基本就是天道与人性合的意思。天道与人的道德相合则是自古"以德治国"的理论渊源，德通天道自然国泰民安。用我们现在的话说就是，社会的行为准则都尊重并符合自然的规律，那么现代文明病那些违背自然、破坏自然的病根当然就有得救了，这怎么能不好呢。所谓玉与自然与人的缘分也就是在这个与道德合的天人合一观上。

○ 王守仁（阳明）画像

二、玉缘的源流

玉是什么呢，是一种自然的遗珍，用了上亿年的时间形成、沉睡，就为了八千年前和兴隆洼人偶遇，这怎么看都是上演的"缘分"的戏码。玉是石之美者。其实我们理解美，有两个含义，第一个是漂亮，第二个美是认为它硬。为什么漫长的旧石器时期没有发现玉，人和玉的缘分非要等到很久以后的新石器时代才到来？因为旧

石器时期是打制石器，用的是打和砸的方法，在这些动作下，因为闪石玉分子之间的结构相对比较松，一砸很容易碎，俗话说"宁为玉碎、不为瓦全"即指此特性。所以在旧石器时代，在砸制石器的时候，玉石和普通的石头没区别，甚至还没有普通的石头好制作，因为它易碎，自然也就不惹人注意。

🔸 许家窑文化石器

新石器时代是磨制石器，玉才脱颖而出。这里就要顺带纠正一个关于玉的错误观点：常听人说某件玉器雕工不错，雕是绝对的错误，从古至今，制玉的工艺里面没雕的概念，只有一些工艺技法上带有雕字，像镂雕、透雕、圆雕，那也是借鉴了别的雕刻艺术进行的工艺技法命名。玉的

🔸 北阴阳营文化七孔石刀

基本工艺就两个字：琢、磨。《诗经》里面说："有匪君子，如切如磋，如琢如磨"。玉比君子，君子怎么出来的，琢、磨出来的，玉不琢不成器。到了新石器时代，有需要磨的时候，发现磨不动

🔸 龙山文化玉钺

它，因为它的硬度很大。普通的石头磨着磨着就成型了，出了自己想要的东西，而这个石头，磨了好长时间了，费了好大的力气却没有变化。我们把自己还原成一个原始先民，此时的第一反应肯定是要仔细看看这个石头怎么回事，一看之下发现它与一般的石头不一样，漂亮，有光泽，有颜色，再用手一摸它挺油润，再摸一会儿它还会变温和，这就跟其他石头不同了，那个永远是凉的和涩的。这都是美感，视觉的美感，触觉的美感，石之美者就被发现了，而这些都是因为硬度才被逐一发现的美感。这些美感是什么呢？对，就是上一章说过的玉之德，自然里的遗珍通过人的劳动得以呈现，而它表现出的美又与人的德行紧密契合，这不就是上面所说的与天地合德的"天人合一"吗。

接下来的问题就是，考古发现，全世界的发展史都经历了新石器时代，也就是说，全世界的人，原始先民都干过这些磨石头的事情。全世界也有很多地方都有玉

琢磨历史——玉里看中国

料,这个我们已经知道,不光是中国,很多的地方都有玉料。所有的文明里面,只有中国和玛雅发展出来玉文化,但是玛雅文化消失了。所以全世界只有中国有玉文化,只有中国人,玩玉、赏玉、懂玉、爱玉,这是为什么?这在逻辑上颇难说通:到处都有玉料,都经历了新石器时代,唯一只有中国和玛雅,发展出了玉文化(也有学术观点认为北美大陆的先民是远古从中国区域迁徙过去的),为什么呢?也许有这样一个基本概念:一种基于实物的文化形成,要具备两个基本要素,一是东西要够多,二是人要够多。东西不够多体验者就不够,它就形成不了一种认识上的共性,没有这种共性就不会有文化起源;同样,东西够多,人不够多也形成不了这种共性。就是说可能是在那个时期,很幸运地只在我们这片土地上,既有一大堆很好找到的独籽玉料,同时又有一大堆必须天天磨石头的人,所以我们的玉文化才萌芽了,这简直就是缘分这个词的绝好注释。

玉文化一直伴随着中国文化生长,它不光体现在思想史的变迁和典籍的记载里,有些民间的通俗认识更有生命力,一直延续下来。当时代让玉走下神坛,那些和传统哲学伴生的文化因素不再具有实用性,进而成为文明的印迹只是供人瞻仰,而民间的这些反而愈发地鲜活,愈发地被现代人所遵循。像我们熟知的"人和玉讲缘分",像"人养玉、玉养人",这些也许没有什么哲学和文化史上的论据,更没有矿物学、化学和工艺学上的依据,但它们确实存在。去购买玉器时,大部分中国人都似乎凭着一种缘法,某一块玉可能一见就觉得冥冥中似曾相识,觉得必须把它带走,而这种感觉又分明地和单纯的喜爱不尽相同;而有些行家尽力推荐的玉自己反而死活没有眼缘,不愿接受。人、玉互养也是这样,毫无道理可讲,但很多人都有实际体会,自己身上所戴之玉和身体的状态非常贴合:人不精神玉便干涩;人的精神焕发玉便光润可见。这些或多或少都有一些神秘色彩,或至少是浪漫的色彩,但生活与生命不就是因了这些色彩才有情、才有趣的吗?人和玉的缘分,确实是不可说而又不能不说啊。

凌家滩文化玉人

清 福禄寿玉坠

第二编

神的力量与王的威仪

  自古玉就伴随着高贵与威仪，是文明核心权力的象征。

  玉文化的源头在远古的新石器时代。距今5000至6000年前，中国大地的各个方位都发展出了高度发达的史前文明，玉见证了它们的交融和华夏文明的萌芽。"国之大事，在祀与戎"，祭祀代表的神权、征伐代表的王权都集中在一个人身上，这个人是兼任巫师的部落首领，他的神权和王权则附着在两类玉器上：用于祭祀的玉神器；脱胎于兵器的玉斧。

  历史前行、国家出现，君主的时代来临。帝王们只要主持国之祭礼即可证明神权在握；王权也更多地靠礼教、尊卑秩序来体现。史前时代的两大类玉器就此改变：神器演化成了礼器继续体现君主的神权；体现王权的则发展出帝王和贵人身上繁缛的玉佩饰。

  本编即从王权之演化入手，探究从神、王一体到王大于神的历史轨迹。并以玉在其中的地位转变为线索，讲述中华文明里关于宗教、神祇、礼教的思考，并兼及古代服饰制度和官僚制度的流变和思想背景。

第一章　四方皆玉：文明起点

第一节　三皇五帝新石器

一、三皇五帝与皇帝

小时候听评书，说书人神气得紧，手中一块醒木"啪"地一拍，先念两句定场诗压住阵脚，诗曰：自从盘古开天地，三皇五帝到如今。就这两句，好像整个中国历史马上就立体地竖在了眼前，让人直接就被他带到了古代，带到了故事里。三皇五帝就是中国人心目中那个历史的源头，虽然这个源头朦朦胧胧的，大部分人也说不大清楚，但我们一直就稀里糊涂地把这八个人当远古的皇帝崇敬着，把他们视为中华文明的远祖。

古籍里和大部分人得到的概念里，中国古代是这样一个序列：三皇→五帝→夏→商→周→秦→汉→魏晋南北朝→隋→唐→五代十国→宋→元→明→清。这个序列里的商以后部分没有任何问题，商以前的部分则很有问题，问题又分为外国人的问题和中国人的问题。在西方学术界看来，夏和夏以前的时代统统都是问题，原因很简单，就是没有商代以前的文字出土来做证明；在中国学术界看来，为了证明我们的五千年文明说，由国家组织了"夏商周断代工程"，至少我们自己已经确定了夏的存在。因此夏不是问题了，但三皇五帝真的是个大问题。说起来，三皇五帝到现在为止，就只能在故纸堆里追寻他们的踪迹并缅怀这几位始祖。而最具幽默感的是，在我们的古籍里，居然给我们自己挖了个不浅的陷阱：三皇和五帝各自有好几套人马，这难免不让我们发出莫名之叹。

关于三皇五帝有一个很著名的典故是说：秦统一六国后自信心爆棚，觉得干成了这么彪炳千秋的伟业，我们的大领导怎么还委委屈屈地，跟被我们灭掉的那六位一样叫"王"呢？肯定不行！那他应该叫什么才好呢？既然他的功绩盖过了三皇五帝，那就叫做"皇帝"吧！于是，秦王政就成了"始皇帝"。

秦始皇画像

其实，这个故事的真实说法是这样的，根据《史记·秦始皇本纪》："秦初并天下，令丞相、御史曰：'……今名号不更，无以称成功，传后世。其议帝号。'"。秦王统一天下后，让手下几位最大的官商量自己应该改个什么职称。其实这本身就很矫情，一个至高无上的王者，让手下人来建议应该怎么称呼自己，这明显是想听听他们说奉承话。果然，这几位毫不犹豫地把马屁拍到了顶峰。《秦始皇本纪》里接着说："丞相绾、御史大夫劫、廷尉斯等皆曰：'昔者五帝地方千里，其外侯服夷服诸侯或朝或否，天子不能制。今陛下兴义兵，诛残贼，平定天下，海内为郡县，法令由一统，自上古以来未尝有，五帝所不及。臣等谨与博士议曰，古有天皇，有地皇，有泰皇，泰皇最贵。臣等昧死上尊号，王为泰皇。命为制，令为诏，天子自称曰朕'"。在此时的三皇不是人，而是神明，分别是天神、地神和一位最高的"泰神"。嬴政大概也觉得王绾、李斯他们马屁拍得有点过了，让自己位压天地实在过于狂妄，于是王曰："去'泰'，著'皇'，采上古'帝'位号，号曰'皇帝'，他如议。"是的，还是只跟作为人的五帝比一比较为保险。但嬴政又实在舍不得皇这个跟神沾边的字眼，于是就创出了"皇帝"这个中国历史上最牛的词。

二、话说三皇

看来直到秦汉，三皇都是神不是人。所以二十四史打头阵的《史记》，第一篇是《五帝本纪》而不是《三皇本纪》，因为史书还是要记人事，而不是神话。《史记》成书于西汉，其以五帝开篇就证明，直到西汉三皇都还是神。那我们就可以把秦国君臣议论的三皇，叫做三皇的天神版。三皇的另一个版本是人王版，他们就从神变成了上古时代给人民带来了绝大福祉的领袖。作为人王的三皇至少有三套班子：一是羲皇（伏羲）、娲皇（女娲）、农皇（神农）；二是燧人氏（燧皇）、伏羲氏（羲皇）、神农氏（农皇）；三是伏羲、神农、黄帝。最终伏羲氏、神农氏和燧人氏的组合占了上风，成了最主流的三皇，这个人王版本的源头是东汉的纬书。

"纬书"是相对于儒

第二编　神的力量与王的威仪

❶ 宋·马麟《伏羲图》

❶ 南阳汉代画像石刻《女娲捧璧》

055

家的"经书"而言，东汉的纬书也称"谶纬""纬候""图纬""图谶"等，此学被称为"内学"。纬书里仅有少部分内容是与经义有关联的，大部分都与经义无关。一部分是记录或编造一些古代帝王、圣人的符瑞故事，以说明圣人感天而生的道理，里面也夹杂着一些历史记载、神话传说；还有很大一部分是预言、占验的内容；当然也有不少古代地理资料和古人对地理的认识。谶纬的起头是西汉末王莽、刘歆这一伙人。王莽是中国祥瑞学的第一位大师，他摸准了领导都愿意听喜报、老百姓都喜欢听故事的心理，隔三岔五地就造出点符瑞向王太后报喜，也向全国昭示。在这一次次的符瑞引导下，他不断地加强着自己最能治理天下的舆论形象，隐喻着天命已经从汉转到了他的身上。最后他一路从"安汉公"到"假皇帝"，终于顺理成章地做了"真皇帝"。

刘歆这些人就常年地负责给王莽的符瑞提供理论依据和文化注解，这些东西就成了纬书的源头，到东汉居然成为显学。里面自然就有越来越多的古代圣人出现，这些圣人都给人民带来了极大的好处，说白了就是让有政治需要的王莽类人物，好攀附古圣以成今圣。伏羲氏结绳记事、制易制乐、教人渔猎、穿衣；神农氏遍尝百草，启万世农业之源；燧人氏教人用火，人民从此不再茹毛饮血。这几位的功绩用现代话说就是改变了文明进程，叫一声皇自然是毫不为过。不过，这几位是否真的存在就大可怀疑了，比如说教人取火的燧人氏。考古学告诉我们，两三万年前的山顶洞人已经可以熟练使用火，难道燧人氏居然是山顶洞人的一个首领？难道就此可以说，旧石器晚期中华文化就已经开始形成了？这明显是一种臆语。

三、话说五帝

五帝跟三皇待遇相似，也是两个版本数套人马，两个版本依然是神的系统和人王系统。神的系统大名鼎鼎，叫做五方天帝：中央黄帝、东方青帝、南方赤帝、西方白帝、北方黑帝。请让我们简单说一说中国的五行体系，因为五帝这个事盘根错节，完全建立在五行学说上。

五行是金、木、水、火、土相生相克：木生火，火生土，土生金，金生水，水生木；木克土，土克水，水克火，火克金，金克木。就是一正一反两个连环套，中国所有的事你都能套在里面说。然后在这个已有的连环套上又加了两层，一个是方位、一个是颜色，最终形成了一个三层结构的连环套，可套万物（包括玉器），里面集大成的就是这个五方帝。五方帝是最典型的三层五行结构：中央（方位）黄（色）帝属土；东方青帝属木；西方白帝属金；南方赤帝属火；北方黑帝属水。这个五方帝属于意识形态的总结构，它成型后开始统辖古代生活的方方面面，只要你能把一类事物切成五份或凑成五份，就能用它来套。

在道教里，五方帝的活学活用到达极致，有所谓"在天中则称五老上帝，在天文则称五帝座及五方五星，在神灵则称五方五帝，在山岳则称五岳圣帝，在人身则称五脏神君"之说。看看，是不是包罗万有、通天彻地了。还有一个集大成的说法：

1. 东方青灵始老天君，号曰东方木德青帝太昊伏羲，木帝也，其精岁星，下应泰山神仙；

2. 南方丹灵真老天君，号曰南方火德赤帝炎帝神农，火帝也，其精荧惑，下应衡山神仙；

3. 中央元灵元老君，号曰中央土德黄帝轩辕，土帝也，其精镇星，下应嵩山神仙；

4. 西方皓灵皇老天君，号曰西方金德白帝金天少昊，金帝也，其精太白，下应华山神仙；

5. 北方五灵玄老天君，号曰北方水德黑帝颛顼，水帝也，其精辰星，下应恒山神仙。

五帝有一点跟三皇还是不同的，三皇系统里的两个版本之间无交集，神就是神、人就是人。如果一定要说有交集，也就是在东汉，三皇里的泰皇一度被人皇代替，人皇就可以说是人王了，也就是说人王版本曾经是天神版本的一个子系统。五帝系统就不一样了，它的两个版本交集很大，五帝本来只是五位传说中的帝王。后来五德终始说大行其道，这五位就开始对应天上的五帝，开始有五行之德，开始有主祀的方位。他们既保持着在老儒家里的古圣人的身份，又一头扎进新儒家的五行学里做起了大旗，看看上面列举的那一大串五方帝名衔就知道了。

作为人王的五帝依然保持着多套班子的作风，至少有五套：

1. 黄帝、颛顼、帝喾、尧、舜（《大戴礼记》《史记》）；

2. 庖牺、神农、黄帝、尧、舜（《战国策》）；

3. 太昊、炎帝、黄帝、少昊、颛顼（《吕氏春秋》）；

4. 黄帝、少昊、颛顼、帝喾、尧（《资治通鉴外纪》）；

5. 少昊、颛顼、帝喾、尧、舜（伪《尚书序》）。

出现这么多套班子的原因跟三皇一样，是为后世的政治服务的，同样跟三皇一样，最终有一套班子较为权威被广泛承认，就是《史记·五帝本纪》里的五帝：黄帝、颛顼、帝喾、尧、舜。《五帝本纪》里说这五位的关系是这样的，前四位是一家人，最后一位不是血亲但也可以算作自己人。黄帝不用说了，中华始祖公孙轩辕；颛顼是他的孙子；帝喾是黄帝的曾孙也就是颛顼的堂侄；尧是帝喾的儿子。本来天子之位好好地在自己家里往下传，不知道为什么，到了帝尧就死活看不上自家儿子丹朱，而看上一个不相干的贤人叫做舜。可能尧自己也觉得把天下直接给个外人说不过去，就把两个女儿嫁给了舜，所以说白了伟大的禅让还是老丈人传给女婿罢了。

陕西黄帝陵

四、三皇五帝与新石器时代

说了这么多的三皇五帝，其实是想看看，这个中国古史传说中的时代，到底是我们已知的哪个时候。舜后来把帝位传给了禹，禹的儿子启建立了夏朝，因为考古发现的二里头文化已经被认定为夏朝中晚期，夏确实是存在的，那么我们按照时间来推一推禹之前的三皇五帝都是什么时候的人。《史记·五帝本纪》里说：舜为尧守了三年丧而正式践帝位，在位三十九年而崩，也就是舜的时代有四十二年；尧立七十年得舜，二十年而老，令舜摄行天子之政，荐之于天，尧辟位凡二十八年而崩。这样算下来尧的时代一共有一百一十八年，虽然这有些不可思议。尧以前的帝王没有在位时间记载，我们就把尧和舜的在位时间做一个平均值，把它当作从黄帝到舜的各代帝王的平均在位世间吧，这个值是八十年。从黄帝到禹一共历六代，也就是从黄帝到禹共有四百八十年。我国史学界现在对夏的认定是约前21世纪～约前16世纪，就是距今大概四千年，那么从黄帝到禹，如果存在，他们是距今大概四千到四千五百年的人物，那个时候是什么时期呢——新石器晚期。

结论有了，古籍和传说中的五帝时代就是现在考古学里的新石器晚期。而在三皇系统里曾经有黄帝入选过，由此可知，三皇时代如果存在也不会距离五帝时代太远，我们就可以做出这样的判断：三皇五帝就是从新石器中期到晚期的这么一段时间，也就是从兴隆洼文化到良渚文化、龙山文化之间的这段时间，就是中国玉文化的史前时代。那么，大概就可以说，如果三皇五帝确实存在，他们就是以各史前文明里最大牌的几位部落首领作为原型，而艺术加工出来的。

第二节　文明玉之源

一、史前"五朵金花"

三皇五帝的神秘面纱已经被我们拨开得差不多了，其实，我们甚至可以知道他们大概都是哪个史前文化里的人物，方法并不复杂：首先，根据《史记·五帝本纪》里五帝各自管辖地盘的四至，对照《水经注》《山海经》等古代地理典籍来确定大概是现代的哪个区域；其次，跟已有的考古发现进行对照，看看这个区域里有哪些史前文化；最后，再用时间这个参照系一比对，也就有了结论。结论大致如下：（一）三皇五帝的控制区域基本在黄河中下游一带，也就是山东、河南、山西以及河北南部；（二）用时间一对位，原来三皇五帝的原型都是出自于仰韶文化和龙山文化。

不过，我们的书面古史系统里有一个很不好的习惯，总是要把那些上古的正能量大人物拉扯成亲戚，并且大都是直系血亲，我们上面说过的五帝之间的关系就是明证。这样，就等于在传递着一种观念：

宋·马麟《夏禹图》

华夏从来都是大一统的，华夏文化是一源的，因此是多么的伟大和纯正。而那些被视为在华夏文化之外的"蛮夷"，则会发配一个失败的反面教材给他们做始祖，最著名的就是被定为苗族始祖的蚩尤。这是非常错误的，充分体现了古代汉族士大夫对待其他文化的颟顸态度。现代考古学已经证实，华夏文化绝不是一源的，而是多文明起源融合而成。历史也一再证明，华夏文化具有极强的融合能力，也正是这种能力使它数次化险为夷，成为了四大古文明中唯一不绝而兴盛者。融合才是我们的文化基因，也是我们面对其他文化的正确态度。

蚩尤 汉代画像石刻

三皇五帝时代，也就是距今4000～7000年的时期，在中国区域内有多个史前文化存在、发展，东、西、南、北、中都有。这好像又是一个准五行的分布，似乎中国文化从源起时候就跟五行有缘似的。在东边是龙山文化：龙山文化因首次发现于山东历城龙山镇（今属章丘）而得名，距今约4000～4600年。大部分龙山文化遗址，分布在山东半岛，而河南、陕西、河北、辽东半岛、江苏等地区，也有类似遗址的发现。西边是齐家文化：分布在甘肃、青海省境内的黄河及其支流沿岸阶地上，距今大约3500～4500年。以甘肃省兰州一带为中心，东至陕西的渭水上游、西至青海湟水流域，北至宁夏和内蒙古，遗址有三百多处。南边是良渚文化：是一支分布在太湖流域的古文化，距今4000～5300年，因首先发现于浙江省杭州市余杭区的良渚、瓶窑两镇而命名。北边是红山文化：红山文化以辽河流域中辽河支流西拉沐沦河、老哈河、大凌河为中心，分布面积达20万平方公里，约为公元前4000～前3000年，主体为距今5500年前，延续时间达两千年之久。中央是前仰韶文化、后龙山文化：1921年在河南省三门峡市渑池县仰韶村被发现，所以被命名为仰韶文化。持续时间为距今约5000～7000年，以渭、汾、洛诸黄河支流汇集的关中、豫西、晋南为中心，北到长城沿线及河套地区，南达鄂西北，东至豫东一带，西到甘、青接壤地带。从区域来说，仰韶文化基本上等于龙山文化的河南、山西部分。1931年，梁思永先生在河南安阳后冈遗址，第一次发现了小屯（商代）、龙山、仰韶三种文化遗存上下依次堆积的"三叠层"，明确了三者的相对年代关系。

这"五朵金花"似的五个史前文化有着各自的文化特征，但有一些地方是相近或相通的。比如它们过日子靠的都是原始农业、原始畜牧业和渔猎；它们都是新石器晚期，有些进入了铜、石共用阶段，但主要还是使用石器；它们的主要文化类器物遗存都是陶器和玉器；它们都形成了灿烂的玉器文化。所以在传说般的上古史里，把三皇五帝安排在这个时段是完全可以理解的。应该说，探究这"五朵金花"基本就是在管窥中国文明的起源。

观察史前文化跟研究商、周以后的历史，角度和方法肯定不一样。为什么呢？很简单，没有文字。在影像技术出现以前，文字这个东西是最具可信度的，所谓白纸黑字铁证如山，有文字记载直接研究史料就能还原历史。但反过来看，文字也可能是最不可信的，它受人的主观意识影响太大，是一把随手就可以使用的刷子，可以随意粉饰或涂鸦历史，特别是官修正史之后。有一种辩证叫做越简单的越可靠，没有文字的史前文化，只有依靠出土器物进行研究，反而更让人接近真实的文明进程，因为文字可以作假但东西不会说谎。这五个史前文化的遗物里，可以在现代当古董文物收藏和研究的就是陶器和玉器，这两种东西成系统，是"大件儿"的器物。还有最重要的一点：它们是中国玉文化和陶瓷文化的源头。因此，通过它们就可以看出文明萌芽时候的一些信息。

二、史前陶器的文明密码

想把自己的生活和对世界的看法固化下来、传递出去可能是人类的共性，也是文化的出现基础，至少全世界考古的成果都说明了这一点。在没有文字之前，这种固化和传递就一定是附着在远古先民制作和使用的重要器物上。陶器在五个文化里普遍存在而且水平不低。笔者本人除了收藏古玉之外，同时还是烧制青瓷的世家，从陶瓷专业的角度看，那个时期的一些陶器甚至在当代工艺下都难度颇大。最典型的是龙山文化的蛋壳黑陶，即使现在，要把泥坯拉到如此之薄，并且在一千度中温窑里烧到完全不变形，也是件很了不起的事情。

这五个文化里的陶器分两大类，一类是仰韶式的彩陶，另一类是龙山式的素色陶。还有另外一种方法也可以把它们分成两类，就是按照纹饰、图案来分，那么它们一种是简单的几何纹饰类属于抽象派，另一种就是各种类似绘画的图案类。应该说最重要的文化信息是在这第二种，也就是各种彩绘的图画上。要知道这些陶器统统都是实用器，也就是日常生活用具，也就那几大类：盛水的罐子或盆；做饭的鼎或者鬲；吃饭的杯、盘、碗、盆、罐、鼎、甑等。既然是过日子用的东西，上面的图画就反映了很多当时的真实生活内容和场景，就等于是留给后人解读他们生活的密码。这很好理解，就好像20世纪，结婚送礼喜欢送脸盆、暖水瓶类，这些东西上就一定会有双喜字或者鸳鸯鸟，这就把当时的婚俗投射到了器物上。这些原始彩陶上的绘画也一样向后世的我们传递着这些文化信息。

山东胶县（今胶州）三里河遗址出土
龙山文化蛋壳黑陶高柄杯

彩陶器上常见有鱼纹、鹿纹、蛙纹与鸟纹，这些传递出来的大概就是他们的渔猎生活，鱼和蛙是渔的对象、鹿和鸟是猎的对象。有一个最著名的仰韶文化彩陶器很说明问题，就是国宝级的鹳鱼石斧图彩陶缸，它是中国六十四件不允许出国的顶级国宝的第一件。此件彩陶缸高47厘米，口径32.7厘米，腹部用黑白彩绘有"鹳鱼石斧图"，为一只站立的白鹳，通身洁白，圆眼、长嘴、昂首挺立。鹳嘴上衔着一条大鱼，也全身涂白，并用黑线描绘鱼身轮廓。右侧竖立一柄石斧，斧身穿孔，柄部有编织物缠绕并刻划符号等。白鹳的眼睛很大，目光炯炯有神，鹳身微微后仰，头颈高扬。鱼眼则画得很小，身体僵直，鱼鳍低垂，毫无挣扎反抗之势，与白鹳在神态上形成强烈的反差。这种底部有圆孔的深腹陶缸属于仰韶文化时期的瓮棺葬具，因在河南伊川附近出土较多，故又被称为"伊川缸"。普通伊川缸大多造型简单，素朴无彩。鹳鱼石斧图彩绘陶缸不但施彩，而且构图复杂，为原始绘画艺术之珍品。所绘石斧修治精细，绑缚规整，应为青铜时代斧钺的雏形。鹳衔鱼纹，有氏族图腾之说。

● 河南临汝（今汝州）阎村遗址出土鹳鱼石斧图彩陶缸

● 齐家文化双大耳彩陶罐

目前考古界的主流意见认为此陶缸应该是氏族首领的葬具。首领生前曾经率领白鹳氏族同鱼氏族进行了殊死战斗并取得胜利。人们将这些事迹寓于图画当中，通过图腾形象与御用武器的顶级组合来表现重大历史事件。当然，主流意见并不一定是真理，史前文化的解读有很大的想象空间，只要不是被考古证明绝无可能的想法，都应该允许存在。比如这只叼着鱼的鹳与这把石斧，我们如果把它做另一种解释一样逻辑通顺，即：这个部落已经能够饲养水鸟用来捕鱼，因此鹳叼着鱼代表渔，石斧代表征伐。这个缸既然是首领的葬具，这幅画就是在记述首领一生的主要工作，就是带领族人打鱼和打仗。当然，我们要说明的只是一个朴素的推论：因为陶器都是实用器，完全是为人服务的，它上面的文化信息必然都是反映人的物质生活。因此，原始陶器必然代表着物质层面的文明源流。且看，由它发展出来的几千年的陶瓷文化基本都停留在日常实用器上，在日常实用器的性质上才又由时间给它们叠加了文化内涵。

三、史前玉器的文明密码

玉器就与陶器截然不同了，不同在两个地方，一个是它的出身，另一个是它的用途。我们说过，玉的发现是因为它的硬度和美，因为硬度高、磨不动而被关注，因为关注而发现了它的美：色彩漂亮，有油性，温润，有光泽，声音清越。这就意味着，玉虽然是在磨制石器的生产活动中被发现，但它一经发现一定就已经脱离了日常用品的行列。里面的逻辑很明白：其一，玉是具有多种美感的石头，而这些美感都是愉悦人心理而非直接给人的生活带来方便；其二，玉可以归入的生活用品类型就是石器，但玉的硬度决定了它的磨制要比其他石头费力得多，如果费了极大的功夫，得到的只是和其他石头一样的日常用品，显然是一种不可理喻的选择。所以说，玉从一出现就不会是一种实用器，它既不能用来渔猎，也不能用来装盛东西，更不能用来烧煮食物。那么在玉的发源时期它到底是干什么用的呢？答案是两个：一是装饰物，二是通神之器。

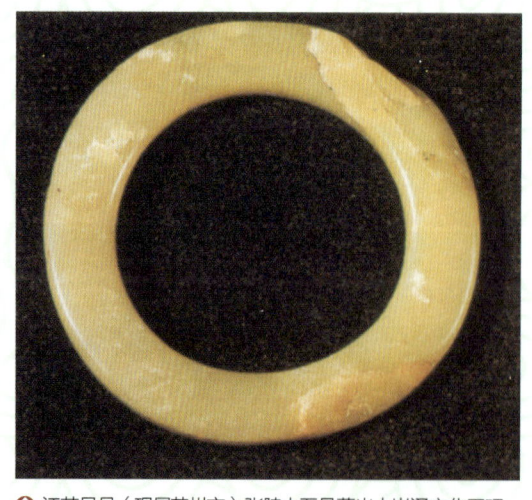

红山文化勾云形玉佩

这时候的饰物可跟几千年后我们的饰物不能划等号，别看它比我们现在的饰物鄙陋得太多，但它在当时的身价和地位可是现在饰物无法仰视的。一种饰物身价高不高由两个因素决定，一是什么人能戴，二是稀缺不稀缺。说白了就是：有钱就能买的，和有钱就能买到的，都算不得高贵。从这一点说，现在的玉并不高贵。而远古时期的玉就不同了，即使只是一个拴在麻绳上的简单玉管，如果不是在部落里拥有很高的地位也不能佩戴；如果没有专人耗费几个月甚至一年的时间，这个玉管也诞生不了，这就证明了玉作为饰物的高贵。当然，说到底饰物不是日用品，不当吃不当穿，不论是为了美观还是为了护身，它给人带来的都是精神层面的东西。至于通神之物，那是那个时代的特有现象，部落首领也是巫师，天与巫师之间要有一些东西作为交流中介和信息寄托物，于是就选定了玉。这个话题我们在下面一章里重点来说，这里不再展开。总之，玉器在史前文化里是代表着精神层面的文明源流的，这作为一个重要基因一直贯穿着玉文化的生成和发展。

江苏吴县（现属苏州市）张陵山五号墓出土崧泽文化玉环

红山玉管串

第三节　融合出文明

一、文明融合的见证

文明的进程一定是有一种延续性的，不大可能在两三千年的时间里出现断层，像中原地区在1931年就已经由梁思永先生发现了仰韶文化、龙山文化和商文化的三层堆积，证明了在纵向的时间轴上各文化发展是未中断的。那么横轴呢，在三皇五帝时代的"五朵金花"又如何呢？毕竟在史书里，从夏开始就是一个有文化主干的中华文明体了，在此之前的那些史前文化不可能毫无理由地一下子就从五个变成一个。我们简单地一推理，只有两种解释：（一）其中的一个文化把另外的文化消灭了；（二）几个文化之间互相融合，最后形成了统一的文明体。

很明显第一种解释是不存在的，在我们传说般的上古史中说："轩辕乃习用干戈，以征不享，诸侯咸来宾从。而蚩尤最为暴，莫能伐。炎帝欲侵陵诸侯，诸侯咸归轩辕。轩辕乃修德振兵，治五气，艺五种，抚万民，度四方，教熊罴貔貅䝙虎，以与炎帝战于阪泉之野。三战，然后得其志。蚩尤作乱，不用帝命。于是黄帝乃征师诸侯，与蚩尤战于涿鹿之野，遂禽杀蚩尤。而诸侯咸尊轩辕为天子，代神农氏，是为黄帝"。虽然黄帝征伐了炎帝又擒杀了蚩尤，但那是因为他们俩一个有野心"侵凌诸侯"，另一个是直接叛乱，解决他们更多的是为了让大多数诸侯都能好好过日子。就是说当时的天下是在一个名义上的天子下，有很多诸侯分治各地的。翻译成考古学的概念，这些诸侯肯定就是各个不同的史前文化，或者更细一些是各文化中的不同部落。从考古学角度看就更为直接，各个文化都是在一至三千年的时间里有序地发展着，不存在某一时间段里突然同时中断的迹象。因此，这东西南北中的各个文化只能是遵循着第二种解释，就是在漫长的岁月里不断地融合，最终形成了一个共同的文明体，这就是中国文明的源头。

这种融合表现在几个方面：原始农耕的方式和种植品种，陶器的制作工艺和纹饰，玉器的品种、形制和材料。在这几方面里玉器的身上体现得尤为明显，那时的玉器大概就那么多种：璧、玦、琮、斧（钺、戚）、环、佩、管、人物类、动物类。跟陶器一样，这些玉器是普遍存在于各文化，个别种类特别多见于某个文化。最著名的是这么几个品种。

（1）龙。这个几乎是红山文化的标志了，大家都知道的"中华第一龙"，就是那个绿色的C形玉龙。如果把那个噘着嘴的长鬣马头视为龙的起源还算说得通，那么把另一种拱着猪鼻子的圆形动物也视为龙,称作"猪龙"就难免让人大跌眼镜了。其实这个形象在其他文化中也有出现,比如在龙山文化里它被命名为"兽形玦",这就让人心里舒服多了。

🔺 马家浜文化玉玦 浙江嘉兴马家浜遗址出土

(3)琮。琮是从南方的文化发源的,最早的玉琮发现于崧泽文化,那是良渚的上一期文化。到了良渚,玉琮大放异彩。虽然北边的几个文化里除了齐家文化以外,其他几乎未见玉琮,但到了周代,玉琮就已经是极主流的玉器。可见中国文明史上,国家的形成过程就是一个史前文化相互融合的过程。

🔺 红山玉猪龙 牛梁河第二地点出土

(2)璧。璧从红山文化开始现身后就再没有退出历史舞台,直到今天还有那么多的人脖子上都挂着最小的一种璧——平安扣。4000~6000年前,到处都有璧的影子,"五朵金花"无不有它,说明两种可能。一种,玉璧是各文化之间交流和互通的直接证据;另一种,璧所代表的宇宙观和人、神观是各文化都认可的观念。当然了,比璧还要古老也是到处都有的一种玉器,是跟璧非常相似的玉玦。玉玦形象地讲就是在玉璧上开了一道口子,也许在从兴隆洼到红山的三千年里,古先民对宇宙的认识就是从玉玦的围而不合走向了玉璧的浑圆一体。

(4)动物。这个是各个文化都有的,只不过有的多有的少,有的形象有的抽象。动物中最多的种类是鸟、鱼和蝉,这几样也都从此在玉文化舞台上坚守不再退场,一直到清代。特别是各历史时期的玉鱼和玉蝉极成体系,体现着不同时代的民族性格和文化背景,也一直见证着文化的融合。

🔺 西周玉鱼 陕西宝鸡茹家庄渔伯墓出土

二、远古的玉料之旅

制作玉器必须有玉料，在八千年前的兴隆洼，那是玉刚从石头里被发现的时候，磨制玉器的玉料必定是在当地得到的。四五千年前的各文化制作玉器是不是也一定是这样呢？史前文化玉器"就近取材"曾经是主流的观点，这个观点至少用在红山文化的身上是贴切的，已知的红山玉器确实基本来自于它本身的核心所在地岫岩。但是，随着另外几个文化被发现的玉器越来越多，这个"就近取材"的判断正在越来越被修正。

这里有这样一个逻辑：如果"就近取材"是唯一的方式，那么在这几个文化的区域内就一定要有大型的玉矿源，而且这些玉矿源一定现在依然存在。因为史前没有能力组织大规模的山料开采，不可能把玉矿区的山料全部采绝，一定会留到现在还有，至少还有遗存。按照这个逻辑，这几个文化所在区域内依然有大型玉矿存在的，就是辽宁的岫岩和河南的南阳，有玉矿遗存的最明显的就是江苏的溧阳梅岭。可以推定，红山文化和部分的龙山文化、部分的良渚文化是"就近取材"的，其他文化的玉料一定存在着其他来源，这种来源就是文化间的交流甚至是原始的通商。

最近十几年，通过对越来越多的史前文化玉器进行研究，学术界得到了如下一些新的认识。

（1）龙山文化。20世纪30年代就已经明确，归属于龙山文化的遗址不仅有黄河中、下游的，还包括了杭州湾地区，当时根据地区差别，划分为山东沿海、豫北

元代玉鳜鱼 江苏无锡大浮乡钱裕墓出土

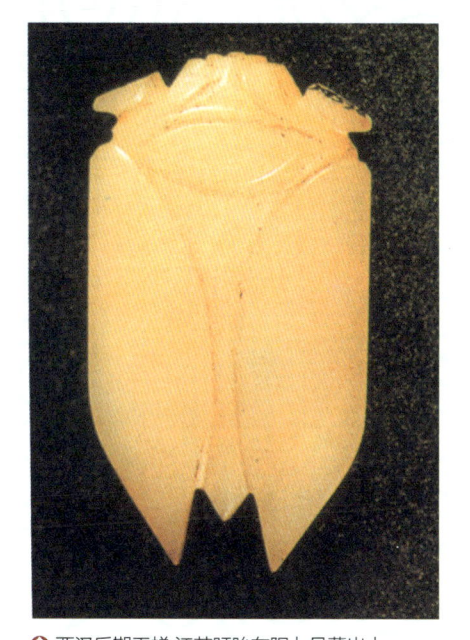

西汉后期玉蝉 江苏盱眙东阳七号墓出土

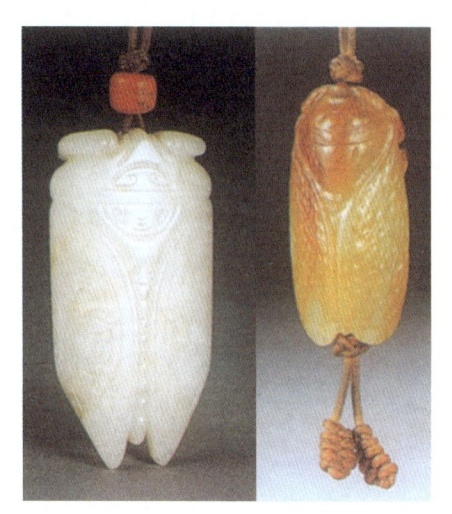

清代白玉蝉　　清代黄玉蝉

和杭州湾三个区。大部分龙山文化遗址，分布在山东半岛，而河南、陕西、河北、辽东半岛、江苏等地区，也有类似遗址的发现，也就是说它向北离红山文化已经不远，向南和良渚文化已经接壤甚至有了重叠。龙山文化的所用玉料里，有一部分可以被认定为是来自岫岩的河磨玉。

（2）良渚文化的玉料应该有两个来源，一个是就近取材，来自于太湖流域的一些闪石玉矿脉，其中最主要的一个就是江苏溧阳的梅岭。另有一些良渚玉器，其更接近于岫岩的闪石玉。根据良渚与龙山接壤而龙山有岫岩玉料存在来推论，很容易得到一个结论，岫岩的闪石玉料是从辽东半岛出发而到达山东半岛，再向西南进入山东腹地，折向南到江苏北部进入良渚文化分布区。

（3）齐家文化玉器。从玉质来看，玉料也是来自邻近不同地区，玉器的形制也有北方红山、山东中原龙山，甚至南方良渚玉器的影子，那么它就肯定是一个大融合的产物。

可见，在传说中的三皇五帝时代，玉就是当时各文化融合的一个重要的成果，也是中华文明由融合而来的绝对证据。

在这个融合的成果里还有一个重要的证据，就是绿松石。经过对史前出土的绿松石进行初步研究发现，北方先民比南方先民更喜爱绿松石。这就是个有趣的现象了，因为中国绿松石的主产区是在湖北，古称"荆州石"或"襄阳甸子"，北方是不产的。而史前文物里的绿松石居然北方远多于南方，这只能解释为它是源源不断从湖北向北方输入的。除了证明各文化之

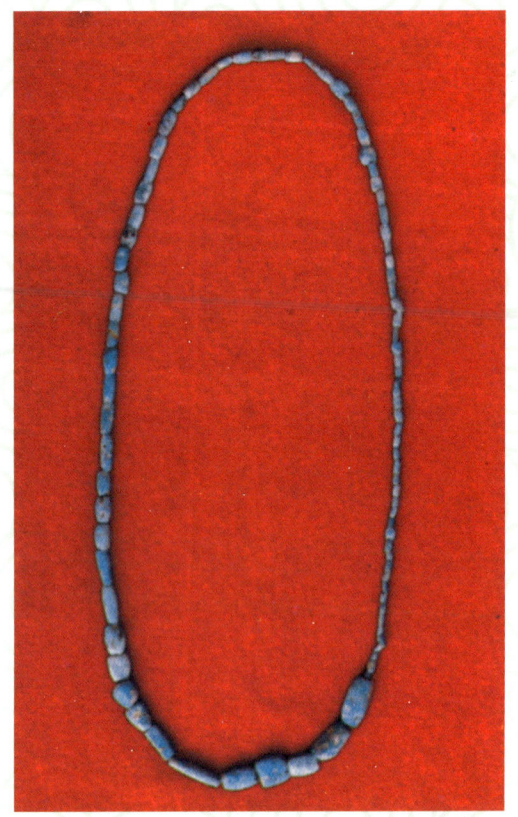

🔺 河南偃师二里头遗址出土绿松石项链

间的融合是一种常态以外，它几乎还证明了，不同文化之间会因为对某种东西的需求而萌发最原始的商业。说到这里，我们又必须谈另一个问题了。因为一定会有读者发出疑问：不是说玉吗，提松石干嘛？我们说了，玉的本意是石之美者，在上古的时代，实际凡美石皆称玉，毕竟在无法开采山料的时候，人们肯定会使用所有容易捡到的符合"石之美者"标准的原料来使用，做出的东西就都称其为玉。

已被发现的史前文化玉器总量应不少于20万件，其玉质按矿物岩石学的概念归纳有闪石玉、蛇纹石玉以及绿松石、玛瑙、玉髓、萤石、煤精、石英岩、大理石等，个别有孔雀石等，至于那些致密的玄武岩、硅质板岩等古人甚至也有视其为玉

者。虽然史前古人使用玉材不像今天这样规范，但主要还是闪石玉、蛇纹石玉、玛瑙和绿松石最为突出。在和田玉还未大规模进入中原的时期，高等级闪石玉还只有岫岩河磨玉一家供应四方的文化，肯定存在某种程度上的不敷使用。在这种情况下，其他的美石被大量采用就在情理之中。我们可以看到，在早期的出土玉器里，玛瑙和绿松石扮演着闪石玉"第一备胎"和"第二备胎"的角色。不过即使在那个时代，人们也清楚地认识到玛瑙和松石是无法与真正的玉相比的。在一套玉饰品中，最核心的部分一定是由玉来担当，其他的玉管和小配件才会用另两种材料来充任。这也是为什么最近被市场炒得火热的所谓老玛瑙、"战国红"基本都是管状的原因。到了和田玉正式登上历史舞台，玉这个概念就跟我们现在的认识基本一致了，而玛瑙、松石等这些曾经的"玉"就退出了玉的行列而转移到"宝石"的舞台上去了。

🎧 广西合浦西汉墓出土玛瑙珠

第二编 神的力量与王的威仪

067

第二章 红山、良渚：神与王

第一节 南北辉映

一、历史的南、北

中国文化里一直有一个南北情结，这个情结有关乎地理的，也有观乎历史的，更有关乎人文的。所谓"淮南为橘，淮北为枳"，隔着一条淮河，南北分明，同种之物判若两途。这句话出自《晏子春秋·内篇杂下第六》，在2500年前的晏婴时代，南和北就是一个标志性话题。以淮河为界，中国分为北方与南方。北方风冽山险、气魄如刀，南方山灵水秀、风韵若丝；北方驰马而南方行船；北人多慷慨悲歌，南人多诗意婉转；北方多出壮士而南方多出文豪。宋代人评论柳永词与苏轼词时曾说："柳郎中词只好十七八女郎按执红牙板，歌'杨柳岸晓风残月'；学士词须关西大汉执铁绰板、铜琵琶，唱'大江东去'。"这虽然是在评论文学风格，但却可作为中国南、北强烈人文对比的一个注脚：十七八女郎对关西大汉，红牙板对铜琵琶，晓风残月对大江东去！

清·王翚《江南早春图》

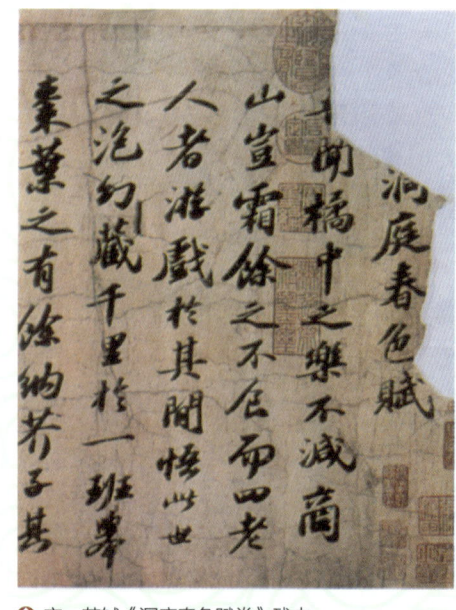

宋·苏轼《洞庭春色赋卷》残本

在中国历史里，也有一个关于南、北的铁律：在两千年的王朝更迭中，能获得成功并长期保存成果的都是由北向南的征服；由南向北的征服成功率极低且都短暂。东汉末三国鼎峙，居于北方的曹魏始终最强，在平西蜀后司马氏篡魏，不数年"王濬楼船下益州，金陵王气黯然收"。嗣后数十年五胡乱华晋室南渡，开始长达200余年的南北对峙。东晋十六国时双方各有攻伐，南方还曾经攻克过洛阳甚至长安，但旋即退回江南；到南北朝格局形成，北朝就始终对南朝形成压迫态势，到北周取蜀、北齐取江淮，南方的陈朝就难逃被征服的命运。不久隋文帝灭陈统一全国，几十年后唐继承了隋祚。

南京石头城遗址 东汉建安十七年（公元212年），孙权在扬州丹阳郡秣陵县筑石头城，从武昌迁都于此，命名建邺，西晋避愍帝司马邺之讳改称建康。从东晋开始，建康成为数百年南中国的首都，南京（金陵）也从此成为中国历史名城

唐末天下割据，北方的中央王朝从周世宗开始积极向南进取，收江淮十四州为宋做好了准备。不久，宋即扫荡江南。之后的三百年里，宋先被北方的金赶过了长江，再后来南宋朝廷在抵抗了数十年后，终于顶不住元朝的压顶之势灭亡，元建立了人类历史上从所未有的大帝国。明末清兵入关后以区区十数万之众直趋江南。在这一大部北方征服南方的历史中仅有两个例外：朱元璋由南向北征服元朝和蒋介石由南向北征服北洋政府。但洪武身后不久，朱棣就从燕京来了一次北向南的再征服，并将国都迁至北京，大明王朝的长期基业实际建立在这次由北向南的征服基础上。1928年6月8日，北伐军第三集团军商震部进入北京，20日改北京为北平特别市。至此，蒋介石实现了名义上的"打倒北洋军阀"，南京正式成为唯一的"首都"。不过21年后就被解放军摧枯拉朽地清出了大陆，从北而来的征服力量再次书写了"人间正道是沧桑"。

中国南方的开发远晚于中原，直到春秋，南方的三大政权：楚、吴、越都自称蛮夷。至汉武帝完成对整个南中国的郡县化，南方才算得上正式开发，并在孙吴时形成了真正能与中原抗衡的政治、经济区域，由此中国历史上的北、南板块碰撞才成局。到了晋与宋两次南渡，大批的北方文化豪族移居江左使先进的文化和技术南迁，再加上南方优良的自然条件，让江南成为汉族文化和农耕经济最繁荣的核心地区。这样北、南两大板块的碰撞，实际就是掠夺型资源配置模式，与循环再生型资源配置模式的碰撞。很显然，一个有序、精细化生产的政治经济体，总是敌不住一个野蛮扩张性的政治经济体入侵的。但是这种常态化的北向南的征服是辩证的，随着政权的稳定建立，文化和经济上的南向北反向征服都会逐渐开始，并最终在上层建筑中体现：几乎每个王朝的高级官员群体在最初都由北人组成，而最后都演变成以南人为主，直到又一个野蛮扩张性实体由北而来，开始一个新的循环。

二、史前文明的南北双峰

这就是中国历史的南北宿命，其实这个南与北的源流还要更早，从史前文化时期就已经是双峰鼎峙，一北一南两个文化辉映了国家的萌芽时代，北边的是红山文化，南边的是良渚文化。

红山意为"红色的山峰"，它位于内蒙古自治区赤峰市东北郊的英金河畔。传说内蒙古赤峰的红山，原名叫"九女山"。远古时，有九个仙女犯了天规，西王母大怒，九仙女惊慌失措，不小心打翻了胭脂盒，胭脂洒在了英金河畔，因而出现了九个红色的山峰。蒙元时代，蒙古族人叫它为乌兰哈达，汉语译为"红色的山峰"，所以，后来都叫它"红山"。20世纪初，中国处于军阀割据的年代，当地喀喇沁蒙古王公聘请了一位名叫鸟居龙藏的日本学者来讲学。据日本人回忆，当年他越过辽上京（今巴林左旗）来到红山，在附近地面上发现了一些陶片。1919年，来了一位法国人，名叫桑芝华。他来到热河省林西县，无获而归。还有一位法国人，名叫德日进，他在红山一带发现一些旧石器时代晚期的细石器。

1930年冬，从辽北省通辽来了一位梁启超的儿子，叫梁思永，他收集了一些鸟居龙藏的资料后，参加了中国科学院考古组，到过林西、沙拉海、锅撑子山一带，仅发现一些陶片后就回北平了。1933年，日本占领了当时热河省省会——承德。随后来了一批所谓的日本考古工作团，叫满蒙考察团。有个叫滨田的，是当年东京大学校长。他们来的动机是：欲征服中国，必先征服满蒙。想在热河北部蒙古族地区找出不属

梁思永

于中国历史文化的凭据。结果。在红山30多处遗址仅发现一些陶器残片和几件青铜器，都属于中国历史文物，让日寇枉费了心机。解放后，梁思永先生为中国考古所副所长，中国考古学家尹达先生出版《中国新石器文化》一书，梁先生作序。尹达先生认为：红山文化是北方细石器文化和仰韶文化的结合。两位学者论述了东北这一文化现象，属于长城南北接触产生的一种新文化现象，并提出定名为"红山文化"。

红山古玉的正式发现，是20世纪70年代的事情。1971年5月，辽宁省昭乌达盟（1969年～1979年，昭乌达盟曾划归辽宁省）翁牛特旗三星他拉村在北山植树时，意外掘出一件大型碧玉雕龙。从此，人们开始意识到，中国玉雕艺术的源头可能发生在红山文化时代的西辽河流域。玉器的使用和丧葬的礼仪是红山文化的一大特点。从考古发掘来看，一般红山人的墓地多为积石冢，是规划的墓地，处于中心的大墓唯玉为葬，而墓地越向边缘规格越低。大墓附近的墓葬有的也葬有玉器，但是数量和规格明显较中心大墓低，但同时

还葬有数量不等的猪、狗等，再低等级的墓葬只有陶器陪葬，个别的墓葬没有陪葬品。这说明红山文化的社会结构等级制度严格，已经出现了阶级分化，贫富差距很大，有了私有制的概念，甚至已经形成了原始的国家。

专业化，琢玉工业尤为发达；大型玉礼器的出现揭开了中国礼制社会的序幕；贵族大墓与平民小墓的分野显示出社会分化的加剧；刻划在出土器物上的"原始文字"被认为是中国成熟文字的前奏。

号为"中华第一龙"的红山文化C形玉龙，内蒙古自治区翁牛特旗三星他拉出土

江苏武进寺墩良渚文化三号墓出土状况

在红山文化最鼎盛的时候，在南方的太湖流域还有一个灿烂的良渚文化。良渚遗址于1935年在浙江湖州吴兴被发现，1936年开始发掘。良渚的陶器中有引人注目的黑陶，当时被认为与山东的黑陶相类似，因此，当时也被当作龙山文化。1939年，有人把龙山文化分为山东沿海、豫北和杭州湾三区，并指出杭州湾区的文化相比山东、河南的有显著区别。1957年，有人认为浙江的黑陶干后容易褪色，没有标准的蛋壳黑陶，在陶器、石器的形制上有其自身的特点，于1959年提出了良渚文化的命名。考古研究表明，在良渚文化时期，农业已率先进入犁耕稻作时代；手工业趋于

良渚文化所处的太湖地区，是我国稻作农业的最早起源地之一。在众多的良渚文化遗址中，普遍发现较多的石制农具，如三角形石犁和V字形破土器等。这表明良渚文化时期的农业已由耜耕农业发展到犁耕农业阶段，这是古代农业发展的一大进步。由此带动了当时生产力的高度发展，

上海青浦福泉山九号墓出土良渚文化玉锥形器

更促进了手工业的发展，因而，制陶、治玉、纺织等手工业部门从农业中分离出来。尤其是精致的治玉工艺，表现了当时手工业高度发展的水平，其他诸如漆器、丝麻织品、象牙器等，均表现出当时生产力的一定程度的先进性及其所孕育的文化内涵。在社会生产力发展的基础上，良渚文化时期的社会制度发生了激烈的变革，社会已经分化成不同的等级阶层，这在墓葬遗存中表现得尤为突出。

在浙江的反山、瑶山、汇观山等贵族墓地，大都建有人工堆筑的大型墓台。大型墓台的营建工程量巨大，需要一定的社会秩序来加以保证，否则是难以想象的。而建立这种社会秩序，又是与当时社会等级差别的产生有着密切的联系。可以说，在良渚文化时期，在氏族和部落里已经出现了具有很高权威的领袖人物，有着组织大量劳动力进行这类大规模营建工程的社会权力，因此，也可以视为国家的雏形已经出现。

第二节　玉文化的起点

一、红山玉器

红山玉器的特点主要有如下几方面：其一，创作题材广泛，主要包括仿生和摄像两大类。其中，仿生类是主要部分，指摹仿并被神化了的动物形玉器和人物形玉器等，尤以动物形玉器独具特色。摄像类指摄取自然现象又经过艺术加工的璧、环、箍形器和勾云形玉佩等。其二，造型手法多样，既有浅雕又有浮雕。红山文化玉器造型上最突出的特点就是讲求神似，大都以熟练的线条勾勒和精湛的技艺碾磨，将动物形象表现得活灵活现，极具古朴苍劲的神韵。红山文化玉器多通体光素无纹，动物形象注重整体的形似和关键部位的神似。

红山文化玉器主要有玉猪龙、C形龙、玉箍形器、勾云形玉佩、玉璧、玉镯、玉丫形器、玉匕形器、玉玦、玉臂韝、玉鸮、玉龟、玉蝉、玉凤、玉人、串珠等。相对来说，在红山文化玉器种类中，玉猪龙、玉箍形器和勾云形玉佩为三大重器，一般出土于墓地的中心大墓中，数量也最少；而玉匕形器、玉玦、玉鸮、玉龟、串珠等则见于大小墓中，数量较多。玉龙、玉猪龙（考古学命名，在其他文化的考古命名中也有被称为兽面玦的）、勾云形玉佩可谓最具代表性的玉器。

牛梁河第二地点出土红山文化玉箍形器

红山文化兽面纹玉丫形器

胡头沟文化墓地出土　阜新胡头沟文化墓地出土
文化玉鸮　　　　　红山文化玉龟

1971年，在内蒙古翁牛特旗三星他拉村出土了一件红山文化玉龙，这是我国迄今发现最早、保存最好的龙的形象。该玉龙用整块墨绿色软玉雕刻而成。它可能是红山先民的神灵崇拜物或氏族部落的象征及保护神，也可能是祭司祈天求雨的法器。玉猪龙是红山文化玉器的典型代表，其形制极富猪的特征。猪在原始社会中占有极其重要的地位，在各种祭祀活动中，以猪作为人神之间媒介物是很自然的事情。它既可能是氏族部落的图腾，也可能是祭司的法器，还可能是财富、身份、地位的象征物。勾云形玉佩也是红山文化代表性玉器之一，它不是一般性的装饰品，也不是对于某种使用工具或具体动物的直接摹仿，而是为适应当时的宗教典礼需要专门制作的。从勾云形玉佩通常出土于等级较高的中心大墓，并且多放置于墓主人的胸部等人体关键部位来看，它可能是当时祭司的专用物品，可能被用于沟通祭司与上天或祖灵之间的媒介，具有其他器物不可替代的特殊地位和作用。

二、良渚玉器

良渚文化玉器，达到了中国史前文化之高峰，良渚玉器包含有璧、琮、钺、璜、冠形器、三叉形玉器、玉镯、玉管、玉

上海青浦福泉山六五号墓出土良渚文化玉璧

浙江余杭瑶山墓地出土良渚文化玉三叉形器

珠、玉坠、柱形玉器、锥形玉器、玉带及环等，相当精美。玉器的加工是一个复杂的多工序的劳动过程，因此，玉器是手工业专门化以后的产物。良渚文化玉器中除玉珠（管）、粒、璧等少数器形外，大都雕琢有精美繁密的纹饰，表示着每件玉器上凝聚着多量的劳动成果，制作者必须从日常的以获取生活资料为目的的那种劳动状态下摆脱出来，从事单一的玉器加工制作，而其生活资料则需要广大社会群体为其提供。同时，玉器器形比较规范，图案花纹雕琢规范，体现其制作过程中脑力劳动成分的增加，出现相对独立于简单体力劳动的趋势，脑力劳动与体力劳动的分工差别已经形成。良渚文化的玉器制造业，

承袭了马家浜文化的工艺传统，并汲取了北方大汶口文化和东方薛家岗文化各氏族的经验，从而使玉器制作技术达到了当时最先进的水平。

↑ 江苏武进寺墩出土良渚文化多节玉琮

↑ 上海青浦福泉山七四号墓出土良渚文化玉钺

↑ 浙江余杭反山墓地出土良渚文化玉鸟

↑ 浙江余杭反山墓地出土良渚文化玉鱼

单就良渚文化遗存之一的反山墓地，出土的玉器就有璧、环、琮、钺、璜、镯、带钩、柱状器、锥形佩饰、镶插饰件、圆牌形饰件、各种冠饰、杖端饰等。还有由鸟、鱼、龟、蝉和多种瓣状饰件组成的穿缀饰件，由管、珠、坠组成的串挂饰品，以及各类玉珠组成的镶嵌饰件等。值得注意的是，出自同一座墓的玉器，玉质和玉色往往比较一致，尤其成组成套的玉器更

为相近。选料有时是用同一块玉料分割加工而成的。反山墓地出土的玉器中有近百件雕刻着花纹图案，工艺采用阴纹线刻和减地法浅浮雕、半圆雕以至通体透雕等多种技法。图案的刻工非常精细，有的图案在1毫米宽度的纹道内竟刻有四五根细线，可见当时使用的刻刀相当锋锐，工匠的技术也是相当熟练的。大至璧琮，小至珠粒，均经精雕细琢，打磨抛光，显示出良渚文化先民高度的玉器制造水平。玉器的图案常以卷云纹为地，主要纹饰是神人兽面纹，构图严谨和谐，富有神秘感。

三、红山、良渚玉文化比较

当然，说红山和良渚是整个文明起源的两个支点是有些过了，毕竟同时期还有中原的龙山文化存在，但说它们是玉文化的两个起点绝对当之无愧。红山玉器、良渚玉器之间有一个大同，两个差异，反馈出来的就是中华玉文华的同一本原和不同发展。同一个本原就是，玉在起点上它所承载的文化信号就不一般，就已经是有关哲学和宇宙观的思考，这从根子上就把玉与整体文明的核心联在一起。以至于后面的几千年里，谈玉就不能不谈它背后的哲学体系以及文化体系，这才是玉"文化"的真正内涵。否则只是浮于表面地说些什么戴玉的讲究啊、某件玉后面的典故啊之类的东西，实在是太委屈了"文化"二字。两个差异就是，红山与良渚在玉器的种类、风格和侧重上是完全不同的两股劲，一目了然，俨然就是日后南、北两种人文基因的祖源。概括地说就是：红山玉器重形象、良渚玉器重抽象；红山玉器以外观

表意、良渚玉器以纹饰表意。

可以看出，红山文化的玉器更喜欢直接用形象来表达人的意愿和想法，几千年后的我们就可以最直观地进行体会：龙也好、猪也好、人形也好、鸟也好，我们很容易知道它们是什么，进而去判断它们要表达的是什么。这就好比欣赏画作，当面对达·芬奇的《蒙娜丽莎》时，我们很清楚地知道自己面对的是一个妇人的画像，这个妇人微笑着很迷人。至于在这个迷人微笑背后有什么含意和玄妙，可以引发出各种解释和探讨，但至少我们清楚地知道引发这些探讨的是个妇人。但是，如果我们面对的是毕加索的抽象派作品，恐怕连我们见到的到底是什么都成为了不确定，良渚玉器就接近于这种感觉。良渚玉器的器形大部分都是几何形的，红山文化中常

浙江余杭瑶山墓地出土良渚文化玉牌饰

见的动物和人形很少，但动物和人的内容并不是没有而是很多，它们以玉器上的纹饰图案形式存在。这些纹饰图案往往又不是直观的，而是用一种类似抽象画的方式表现出来，以至于研究的起点必须是它们画的到底是什么。两相对比：红山玉器重实，而良渚玉器重虚；红山玉器重外形，而良渚玉器重内容；红山玉器重气势，而良渚玉器重精细。这哪一点不能投射到后面几千年北方与南方的文化比对上呢？说红山玉器与良渚玉器是北、南人文基因之源应该是不为过的。

第三节　神器与巫王

一、原始的哲学观

那个时候的人到底有没有哲学和宇宙观了呢？当然有了。别忘了中国哲学核心的《易》，它最早的根就是伏羲八卦，也就是起于三皇时代，我们上面一章已经分析了，三皇时代大致指的是兴隆洼文化到红山文化之间的这三四千年间。《易》的存在是事实，伏羲制易即使只是个传说，我们也知道所有文明里的传说都是有一定

红山文化玉猪龙

075

依据的，都在反映远古时代的一些文明密码。易学家通过对红山文化考古遗迹的观察，就曾经得出了红山文化已经具有了简单易学认识的结论，说明红山人具有了成熟的盖天宇宙观。

知名学者朱成杰先生曾经在其《红山文化与易学探源》一文里，揭示了牛河梁红山遗址的易学架构，其中指出："遗址的布局是按着伏羲先天八卦的方位，取四阳卦和四阴卦中阳生与阴生的震巽两卦为代表，用一条巨大的S形太极曲线将这两卦的方位连起来，构成牛河梁遗址的主体布局。震卦就是女神庙和大型祭祀山台的位置，震就是太阳，表示阳生卦，日出之象；巨型金字塔形建筑就是巽卦的位置，是阴生卦，日落之象。而连接震巽两卦的中间，则按着标准S形曲线精心选址，在绵延数公里、高度相近的山岗上分布的正是那些随葬精美红山玉器的积石冢。由此我们可以看到，在震位的女神庙，供奉着比真人大三倍的女祖神及其女儿们，以及陶塑的龙凤侍神。神庙后面是近万平方米的大型方坛，构成庙圆（圆形主室）在南以象天；坛方在北以象地。在坛上祭天法祖，正是把天与祖先神视为等同，天的象征是太阳，人民受其恩泽类为万物，以象大地，故而在大型山台上人民祭天法祖，正是天地人三才合一的隆重写照。巽位的大型金字塔形建筑，因还未彻底发掘，性质不详，但其土石工程所动用的人力使这个建筑已构成遗址西南端的重心，与女神庙正好成东北西南正方位对应。而在震巽这两个方位之间，便是以S形曲线分布在各山岗上的积石冢……阴阳之中，这条S形曲线是表达这个阴阳持中理念的最好图形。它成为后来阴阳太极图的主线条。"

根据考古报告，最顶级的红山玉器就与它们的神秘主人埋藏在这些积石冢内，现在需要我们知道的是，这些有权利拥有最好玉器的人是干什么的？也就是在那个时代能佩玉的最高身份是什么，连带着那个时代玉是用来做什么的也就清楚了。

一切考古证据表明：这些人是可以沟通天地阴阳的神巫，他们可以与象征太阳天的祖先神沟通；他们还可以与象征大地的人民沟通，可以向祖神表达万民的民意，还可以代表在天祖先神向万民传达神意。他们所佩的玉器也就起到与他们的身份相一致的作用，是人与天（神）、与地（王）沟通合一的法器、神物。考古还发现这条曲线上的第二地点的东侧是圆形冢坛，最精美的大型玉器就出自这个地点。把精美的玉器与使用它们的地位显赫的神巫葬在穹窿天的左右，就说明神巫与玉，是现实中拥有最高权力的王者，与其故去的祖先神实现最后与天合一的媒介。

神巫在当时认为是懂得阴阳法度、合和天地具有心身与阴阳两界沟通的至上圣者。他们具有类似于佛教天目之说的天眼，可以洞悉神灵世界。所出土的玉人因此在前额处就有一个竖起的眼状凹坑，实则为天目也。这尊玉人就是一位神巫的形象原型，双手抚于胸前是一种祭祀仪规。可知，红山先民的信仰理念是实现地、人、天三者的合一。这也透露着中华的文明密码——"天人合一"和"皇天后土"，玉是这个密码的附着物，是神器和文明化石。

二、巫王的时代

在很多人的认识里，考古学所说的史前文化，很难跟大家从小在评书里，或者在史书里看到的五帝时代对应得上。我们通常乍一想史前文化，脑子里总是出现一群半裸的、披头散发的原始人，拿着木头削成的矛偷偷跟在野兽的后面；而书里描写的五帝时代，则是帝王将相俱全，帝王衮冕、臣子峨冠博带，这跟上一个印象的差距多么的大啊！其实，这两个印象都不对，前一个把史前文化想得太过鄙陋，后一个又把它想得太过发达，把它俩取一个中倒是颇为得当的。

总体说来，那个时代，以部落为主，有了部落联盟，从黄帝到舜的五帝就是各个大型部落联盟的盟主，这些部落联盟就是国家的雏形，这些盟主就是王的雏形，自然各个部落的首领也就是他们的"臣"，也就是诸侯的雏形。在各个部落里：有首领，有阶级；大家也不是衣不遮体，虽谈不上已经有衣冠文明了，但至少不会是想象中的天天半裸着；原始农耕早已开始，虽然工具和加工技术极为简陋，但肯定不是我们想象的天天只是在火上烤肉吃；龙山文化遗址里就已经发现了最早的酒具，所以那时的"君臣"们大概还能时不时地喝上两杯，当然喝的一定只是自然发酵的略带酒味的饮料。这很明显是一个初步稳定、日子过得还不错的小社会，在这样的一个小社会里居于顶端的人物就是那个能通神、能佩玉的巫，在五帝这样的"王"面前他可能是"臣"，但在他自己的部落里他就是"王"。那么，我们就有必要介绍一下那时候的宗教和巫了。

🔴 山东潍坊姚官庄遗址出土龙山文化陶鬹

宗教来源于人对于自身无法控制力量的敬畏，只要人开始有了思考能力就会有宗教的萌芽。著名宗教学学者于锦绣先生认为："原始宗教从产生至今已经有大约10万年的悠久历史，它的特点是，人类血缘和地缘的群体对自然力的集体信念和相应实践活动的统一体。原始宗教大致可分为三个阶段：第一阶段为图腾崇拜，亦可称为图腾教，相当于早中期原始社会，即自晚期和中期母系氏族公社，也就是蒙昧时代，实行天（自然崇拜）、人（祖先崇拜）浑一崇拜；第二阶段为自然崇拜、祖先崇拜分离，形成自然教或祖先教，相当于晚期原始社会，也就是野蛮时代，举行天人分立崇拜；第三阶段为天神（帝）崇拜和社神崇拜，已进入阶级社会，包括稳固性村社部落联盟、奴隶制社会与国家、封建领主制和地主制的国家，也就是文明时代（含黎明期），实行天人合一崇拜。"

第二编 神的力量与王的威仪

很明显，红山和良渚时代的原始宗教位于第二阶段晚期和第三阶段早期，不管他们进行的是自然崇拜还是祖先崇拜，都要有执行人，这个执行人就是巫。巫字，唐兰先生根据《诅楚文》厘定其在甲骨文中的写法是"✠"，也就是两玉作交叠状，说明它是巫以玉事神的象形。也有学者认为"王"字和"玉"字的本原都是"巫"，因为远古时王必通巫术、巫必用玉通神。其实，巫有两种，一种是巫、另一种是觋。《说文解字》巫："祝也，女能事无形以舞降者也"。觋："能斋肃事神明也，在男曰觋"。从性别上看他们的区别只是一男一女，但重点是要看他们的职责区别：一个是负责降神的，也就是要搞鬼神"附体"，这一类人的地位不会很高，在后世发展成了"跳大神"和"扶乩"一路，大部分成了民间神棍；另一个是主持祭神和宗教仪式的，也就是祭司，这一类人的地位是很高的，高到什么程度呢？在古埃及和印加，国王都是太阳神的最高祭司。在我国还存在较为原始宗教的少数民族里，比如彝族、佤族、纳西族等，到现在还是由族长、寨长或村社长来担任祭司。从这些西南少数民族的风俗上基本可以窥见远古文化的一些遗存。那么在史前时代，一个部落的首领必然同时是祭司，我们也可以形象地把他称为"巫王"。

三、巫觋的现代思考

关于巫觋，好像是一种太过久远的，与我们的现代文明无法兼容的现象，而实际上并不一定。在笔者身边的朋友中，就曾经有一位男性和一位女性，分别讲述过少年时的某种经历和感觉。在他们的描述中，他们都曾有过一种突然之间漂浮于时空之上的感受，所不同的是：那位女性朋友，在此时会清晰地看到某种真实场景，然后下意识地写下来，之后会与某一事件丝丝相扣，当然这样的感觉很多人都曾有过，但大多是现于梦境而不是在自己醒着的时候；而那位男性朋友，则是会感到自己处于虚、实之间的一个状态里，从而神思清明。

应该说，这两位的感受都不应该被归为"迷信"或"灵异"，随着现代物理学的发展，很可能会把这种感觉归于四维空间或者平行宇宙理论。也就是某一种人在某一种特别状态下，进入了一个更高的维度来看低维度的事物。那么同样用这种眼光来看，原始的巫觋或许就很容易理解。上面所说的两位朋友：女性朋友的感受，似乎很符合上古女性之巫的所谓"降神"的意思；而那位男性朋友的感受，也似乎可以与上古男性之觋在祭祀仪式中的状态类比。

这也许在告诉我们，从古至今，确实有一部分男性和女性，是可以在某种情况下偶尔到达高维度的，而且他们到达高维度的方式也确实因性别而不同。现代人因为生活环境和认知环境不同于古代，因此幼年有此际遇者往往成年后就丧失了这种能力。而在上古，具备此种际遇者一定是相反，会去努力巩固这种能力。或许他们巩固的方法是一种物质加持法，也就是通过某种意念修炼把自己进入高维度的记忆转移或附着于物质之上，当需要再次进入这种状态时，就通过这些物质来对自己进行强烈的暗示，从而唤醒自己的记忆进入高维度，也就是"通神"。这些人就是上古时代的巫觋，而这些物质他们选择了玉器。久而久之，巫觋因为熟练掌握了进入高维度"通神"的能力而成为了巫王。

第四节　神人与神徽

一、玉神物

巫王能左右整个部落首先依靠他身上的神权，跟神权一体的玉当然就是"玉神物"。"玉神物"的说法出自《越绝书》卷第十一《越绝外传记宝剑第十三》，是风胡子向楚王讲述兵器演进的历史时的一段话："轩辕、神农、赫胥之时，以石为兵，断树木为宫室，死而龙藏。夫神圣主使然。至黄帝之时，以玉为兵，以伐树木为宫室、凿地。夫玉亦神物也，又遇圣主使然，死而龙藏"。果然又见黄帝！看来红山和良渚时代，玉为神物是板上钉钉了。

🔹 河南安阳妇好墓出土玉刀

🔹 河南安阳妇好墓出土玉戈

🔹 山东大汶口遗址出土玉铲

🔹 河南偃师二里头遗址出土玉戈

至于这个玉神物有什么内涵，学术界有这样几种解释：（1）玉是神灵寄托的物体或外壳；（2）玉是神之享物，也就是供神灵吃的食物；（3）玉是通神之物。这三种解释的层次是不一样的，区别就在于用玉的主体是谁。第一个的主体是神，神把自己寄托在玉上，当然这还要看神到底是个什么。如果史前时代对神的理解大部分是其无形，可能是天代表的自然和祖先的魂灵相交织而成的，那么玉几乎就相当于神的躯体了。但如果史前的神跟后世的神相类，本身是有躯体有形的，那玉就是它发给俗世的代表证，就像《封神演义》里的"番天印"一样。第二个的主体是神和人，是人供给神的食品，让神吃好喝好后好好保佑这个部落。从这个角度讲，玉跟猪头三牲没什么区别。当然区别也还是有点的，就是后世的供品大部分"上供人吃"，而玉这个供品人是万难嚼动的，我们也很难理解，神为什么一定要嚼一嘴石头渣滓来充饥。第三个的主体是人，人用它通神，玉也就是人敲开神之大门的敲门

079

砖或者通行证,当然这个人不是普通人,是巫王。

二、最早的自塑像

巫王是如何用玉通神的呢?这要先问一个有趣的问题:在中国历史上,最早的自塑像是什么?答案是红山的玉人,上面说过2002年牛河梁第十六地点出土的玉人就是一位大祭司的形象原型,双手抚于胸前。红山文化出土的玉人,基本都处于最高等级墓葬,也就是巫王的墓中,实际上大部分都可以视为是墓主自己的形象,因此可以说红山玉人是中国最早的自塑像,也因此红山玉人各有各的长相,并不是统一的。不过它们样貌虽然不同,姿态却是基本相同的,就是牛河梁第十六地点出土的那个玉人的姿态:双手抚胸。如果一堆巫王的自塑像用的是同一个姿态,那就必然证明这个姿态就是他们的职业特征,就是他们所从事的共同工作的标准动作。这些人都是巫觋,都主持祭祀,双手抚胸无疑就是一种祭祀的标准仪规。

红山文化玉人

双手抚胸是否就只是拿手摸着自己的胸肌即能通神了呢?显然说不通,因为到目前为止这个仪轨里还没有玉,没有那个敲门砖。这个答案要到红山大墓里去找,在红山的出土玉器里,勾云形佩是绝对的重器,它的出土位置都在墓主的胸部。既然墓主都是巫王,毫无疑问,勾云形佩就是那个敲门砖,是双手交于胸前郑重执着的那个玉神物。难怪在所有红山玉器中,勾云形佩是最为抽象,长得最不讲道理的,是红山写实玉器风格的另类。就因为它是通神的核心法器,所以一定是以只有神能看懂的形式存在着,它就是上古时代巫王们跟神交流的"密码本"。而在墓主们的身上通常还有一些玉器,像头顶的马蹄形的玉发箍、胳膊上的玉镯等,看来巫王们在通神时浑身皆玉,似乎生怕神因为嫌弃自己不舍得用玉而不肯理睬他们。

牛梁河第二地点出土红山文化玉勾云形佩

三、最早的Logo

再来问一个更有趣的问题:中国最早的Logo是什么?可能有人会脱口而出说是龙,但要注意,所谓Logo首先得是一个纹饰，其次它要作为一个标识广泛存在于同一类物品上，最后成为此类物品的标志。从这三点看，龙显然不是。答案是良渚文化玉器上的神徽。良渚玉器里最多也最著名的就是玉琮，玉琮里最著名的除了那个十三节大琮以外，就是那个上有神徽的大琮了。

良渚文化大玉琮

这个神徽的形象很容易让我们想起两个东西：一个是玛雅文化里的神像，它们的风格相近，都具有印第安式的大头饰和标志性的非中国式的大龇牙，当然这个形象我们不能说就不是中国的，但肯定是非汉文化的，在西南少数民族的傩戏和请神仪式上我们还是依稀可见它的影子；另一个联想有意思，看到它总是能想起扑克牌里的老"K"，因为它们一样，上下都能看，看着都有理。

这个神徽遍布于良渚的各种玉器，样子有复杂和简单两种：复杂的就是大玉琮上这种毫发必现，精细入微的纹饰，多见于大器和重器；另一种则是把这个复杂的徽记提炼出核心，把它的精神洗炼地表达出来，但纹饰本身变得十分简洁，大概给人的第一印象就是两个大眼睛和一张阔口，这种简单纹饰多见于小型玉器上。这个神徽广泛用在良渚玉器上，有变形、有提炼，形成整套的标识系统，以至于一见到它大家头脑里马上反射出"良渚"二字，这些都是Logo的绝对要素，因此称其为中国最早的Logo名副其实。

那么这个神徽到底是什么意思，又反映了什么内涵呢？有如下两种说法。

（1）认为这就是良渚文化崇拜的主神的形象，上半部那个戴着大头冠的人形就是神，下面那个面目狰狞的是怪兽，寓示着神力广大可以轻易地制服怪兽。要知道在所有的原始文化里，能制服怪兽是神必备的能力，这从一个侧面反映着先民们捕猎的艰辛以及面对猛兽时所冒的危险，他们希望神的力量可以帮他们制服那些庞大的巨兽。

（2）认为这表现的是巫王自己，就像红山文化玉人一样是巫王通神时的自画像。在良渚巫王墓葬里发现的玉器种类远比红山为多，头部有玉梳背、三叉形冠饰、半圆形饰、三叉形饰、锥形饰，颈下有璜、串饰，腰上有带钩，腕上戴镯，身边还有琮、璧和钺。可知良渚巫王通神时

带神徽的良渚玉器

身上遍布玉器，比他们的红山同行要阔绰得多。有学者推测出良渚巫王事神时很可能是这样的：头上戴倒立梯形而三面插著草的面具、上裸文身、下骑由人装扮的怪兽。这就是那个神徽了，也许在这种情况下更应该叫它"巫徽"。不过，不管是哪一种情况，这个最古老的Logo都一定是定型在玉上而附着于神与巫王之上的。

这就是玉在中国文明史上的第一个时代，就是巫王与神器的时代。在这个时代里，玉拱卫着文明的蒙蒙亮光，这蒙蒙的亮光也同样照射着玉那至高无上的地位，而另一个时代——"王"的时代，已经在叩响文明的大门了。

第三章　被玉包围的天子

第一节　王权驾临

一、大玉之王

在我国国宝级的玉器里，有两件体量最大的。一件是放置在北京北海公园团城承光殿前玉瓮亭里的元代渎山大玉海，它高70厘米，口径135～182厘米，最大周围493厘米，约重3500公斤。这件东西是个玉瓮，说白了就是个大玉缸。于至元二年（1265年）完工，奉元世祖忽必烈之命，置元大都太液池中的琼华岛广寒殿，明末移至紫禁城西华门外真武庙。至清乾隆十年（1745年），高宗弘历命以千金易得，于四年后迁于今北京北海公园团城上的承光殿前，配以汉白玉雕花石座作衬托。他又命四十名翰林学士各赋诗一首，刻于亭柱之上，并建亭保护至今。这件东西虽然被一些专家称为"镇国玉器"，但这只是从它的文物价值来评定，就其作为玉器本身来说还当不得大型玉器之王。因为说到底它使用的是南阳玉，如果古代不再有新疆的大玉巨作，它就能名正言顺地称王。可惜还有！就是第二件国宝级大玉，这个大型玉王的称号便只能是属于第二件东西的，那就是清代的大禹治水图玉山子。

⊙ 渎山大玉海

这座大禹治水图玉山子一直摆放于北京紫禁城中，它高224厘米，宽96厘米，座高60厘米，重5000公斤，是世界上最大的玉雕作品。"玉禹山"工程浩大，费时费工。光是整块

⊙ 清乾隆"大禹治水"玉山子

083

大玉料从新疆运到北京就历时三年多，乾隆帝制此器的目的是通过颂扬大禹治水的功绩，表白自己师法古代圣王之心，并以此显示国力的强盛。此器的图景稿本系根据清宫旧藏宋或宋以前的画轴摹绘修改而成的，在宫内先按玉山的前后左右位置，画了四张图样，随后又制成蜡样，送乾隆帝阅示批准，随即发送扬州。因担心扬州天热，恐日久蜡样熔化，又照蜡样再刻成木样，由苏扬匠师历六年时间琢成。玉山运达北京后，择地安放，刻字钤印，又用两年工夫，颇费周折，才大功告成。此玉山可谓国之重宝，尊为玉之王者实至名归。而此玉山上所琢刻的故事则大有来头，选择它作为玉山的题材更是大有讲头。

二、开启王权时代

玉山上的"大禹治水"故事中国人家喻户晓，虽然很多人并没有阅读过相关文献，但这个故事里的三个要素是耳熟能详的，一个是鲧用"堙"治水失败、禹用"疏"治水成功，一个是"三过家门而不入"，一个是舜禹禅让。先说鲧和禹的关系。大家都知道鲧是禹的父亲，鲧治水失败被帝舜处死，帝舜死其父而用其子。后来舜按照尧留下的传统传天下于外人禹，禹也想把这个传统继承下来，死前指定了益来接位，没想到这次人民和诸侯没有像前两次那样，拥戴法定继承人，而是一窝蜂地拥护禹的儿子启。于是启得了天下，建立了夏朝。

↑ 汉代石刻大禹像

↑ 河南偃师二里头遗址宫殿建筑基址

如此说来，鲧和禹就都应该算是夏朝追尊的"先王"。其实，禹未必是夏的始祖，鲧也未必是禹的父亲，在《诗经》和《书经》里，禹差不多是一个神，而且并没有跟夏朝扯上关系。一直到《国语》里才有了"夏禹"这个叫法，鲧这个名字更是直到《墨子》里才第一次出现。也就是说，禹为夏祖、鲧为禹父的说法应该是在战国时期形成的。不过这没有关系，在考古学没有最权威发现之前，我们姑且按史籍里的记载来理解鲧、禹和夏吧。

在《史记·夏本纪》里这样说："夏禹，名曰文命。禹之父曰鲧，鲧之父曰帝颛顼，颛顼之父曰昌意，昌意之父曰黄帝。禹者，黄帝之玄孙而帝颛顼之孙也"。这又是我们前面说过的那个坏毛病，一定要把这些古圣王都攀成亲戚。看，禹又直达黄帝了，按《史记》说法鲧就是帝喾的堂兄弟，是尧的堂叔；而禹是尧的堂兄弟，是舜妻子的娘家堂叔。结果我们发现，按这个世系，舜杀了自己爷爷辈的鲧而又把天下传给了自己叔叔辈的禹。好血腥、好混乱的一个家族，这大概是那些强拉亲戚的古人没想到的。但总之，再血腥和混乱，禹反正是轩辕直系，夏反正是黄帝宗裔了，否则这华夏的"夏"字可怎么办呢？要知道，据《简明不列颠百科全书》，"夏"可是意为"中国之人"啊！

其实，按照史学大师顾颉刚先生在20世纪的考据，禹的传说应该是起源于西戎，也就是生活在今河南嵩山以西地区的"九州之戎"。除了夏的姒姓，著名的姜姓也出于九州之戎，是为"姜戎"。戎在先秦一直是少数民族之谓，可见从第一个朝代的建立开始，民族融合就是文明成型的内因。《史记·夏本纪》后面的"太史公曰"记载："夏"是姒姓夏后氏、有扈氏、有男氏、斟鄩氏、彤城氏、褒氏、费氏、杞氏、缯氏、辛氏、冥氏、斟灌氏十二个氏族组成的部落的名号，以"夏后"为首，因此建立夏朝后就以部落名为国号。唐朝张守节则认为"夏"是大禹受封在阳翟为"夏伯"后而得名。"夏"是从"有夏之居""大夏"地名演变为部落名，遂成为国名。

夏氏族原姓姒，但从启开始改用国名"夏"为姓。同时启不再使用伯这个称号而改用后，即"夏后启"。启能歌善舞，常常举行盛宴。其中最大的一次是在钧台，此即钧台之享，还在"天穆之野"表演歌舞。《山海经·海外西经》记载到启在舞蹈时"左手操翳，右手操环，佩玉璜"。甚至有些文献传说启曾经上天取乐舞，中国古老的乐舞文献《九辩》《九歌》与《九招》均称启为其原作者。要知道，文艺派十足的启可是名副其实的中国第一"王"啊！因为从他开始，部落联盟变成了国家，最高领袖有了自己的正式职称"后"，也就是王。王的位子也不再禅让，而是名正言顺地直系世袭了。中国的王权时代就此正式来临，而这一来就五千余年，直到1911年。当然，如果没有他父亲那宏伟的"大禹治水"，这一切都不会发生。因此，"大禹治水"才是开启王权时代的钥匙。所以在乾隆皇帝那彰显王权的玉山子上才会琢刻这个故事，爱新觉罗·弘历心里要追比的是那个至尊权位的源头。

夏后启

三、商代

"王权"是我们的一个统称，它的含义包括"王""天子""皇帝"。当然，这里面的王指的是夏、商两代的王，而不是后世王朝的诸侯王。这个"王权"就是区

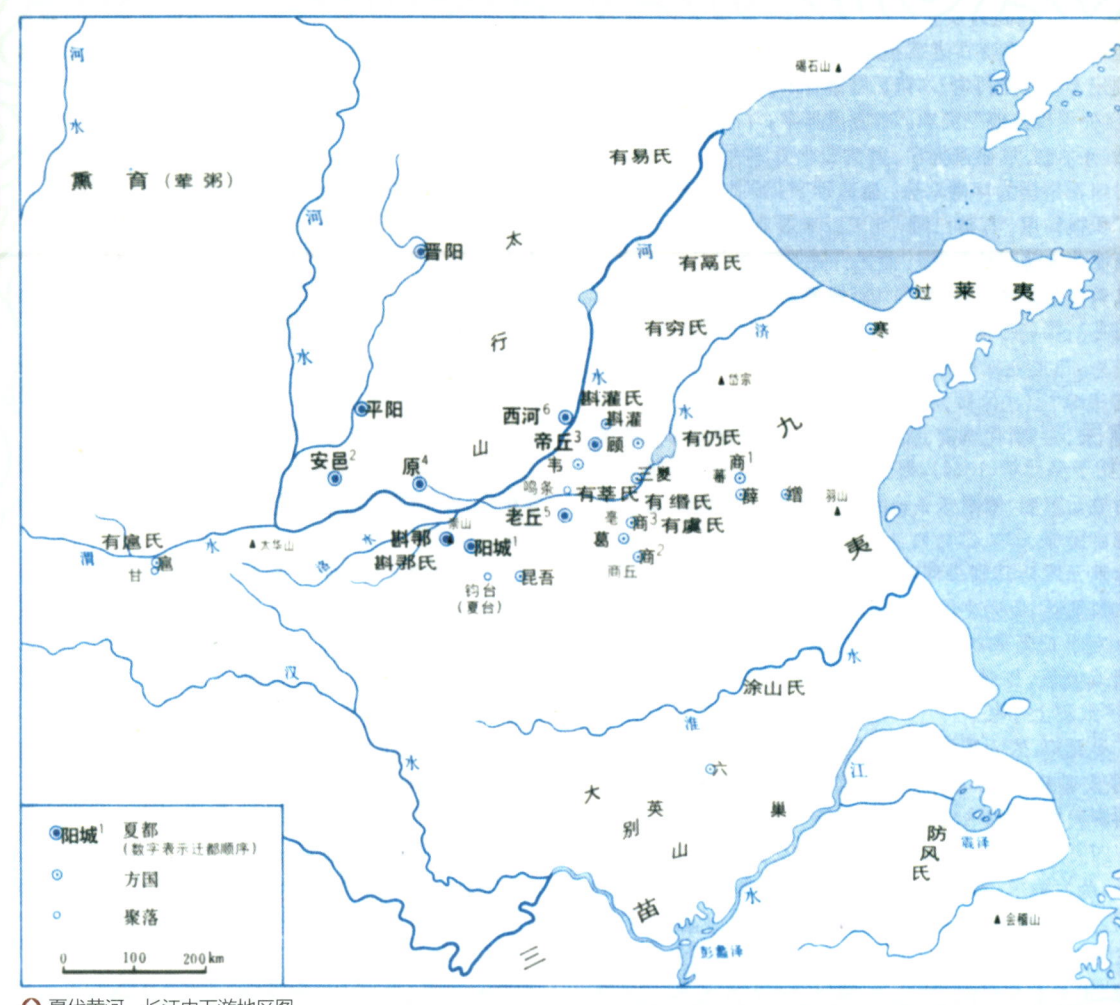

夏代黄河、长江中下游地区图

别于史前时代的巫王，它是世俗一元化的而不再是必须有神权的加持，神权缩小为被王权所领导。当然，王权的发展也一定是分阶段的，夏、商是它的萌芽阶段，周是它的定型阶段，秦以后则是它的成熟阶段。

商代作为已知的文字源头，也可以视为信史的起点，不过这个起点还是在考古学和古文字学范畴内来说。只有等到将来，甲骨文或者有铭文的商代青铜器发现得越来越多，多到上面的古老文字足以将殷商各个时期都能串联起来时，才可能有一部真正的商代历史呈现出来。在此之前，与夏代一样，可资凭证的也仅仅是《史记·殷本纪》，而它也同《夏本纪》一样是语焉不详、大而无当的。也许，我们只能无奈地承认一件事，大部分中国人对于商代的认知居然是来自于一部著名的神怪小说《封神演义》，这确实令人很是忍俊不禁。

有了前面五帝和夏的经验，就算不看《殷本纪》我们也大致知道，商的王室也一定会被收纳为那个大家族的一员，是黄帝的一支后裔。果然，《殷本纪》里这样说:"殷契,母曰简狄,有娀氏之女,为帝喾次妃。三人行浴,见玄鸟堕其卵,简狄取吞之,因孕生契。契长而佐禹治水有功。帝舜乃命契曰:'百姓不亲,五品不训,汝为司徒而敬敷五教,五教在宽。'封于商,赐姓子氏"。商的祖先是帝喾之子,于是按辈分契就应该叫鲧一声堂叔,叫禹一声堂哥。不过,因为中间隔了四百多年的夏,商王离他们的老祖实在太过久远,黄帝的光芒照耀到商王的身上已经是余辉斑驳了。因此,商王的直接祖先契的身上就必须再有一层神迹的色彩,他居然是母亲吞食了玄鸟之卵而生出来的,岂不是神的后代吗,商王家族的光芒立刻又耀眼起来——是啊!他们不但是黄帝的后裔,而且还是黄帝家族跟神的混血呢。

殷墓出土商代玉鸟 商代的玉鸟格外多,特别是这种可以看做"玄鸟"之形的玉鸟。这也从某种角度证明了,有关商人起源的"玄鸟"传说,确实可能来自于商人自己而非太史公

安阳妇好墓出土甲骨

安阳妇好墓出土青铜鸮尊

由契的故事开始,我国史书里的又一大特色或者叫毛病出现了:从此以后,所有朝代的祖先或开创者,再后来蔓延到所有的著名帝王将相,出生时无不有神迹存在。从周朝始祖后稷母亲的踩巨人脚印,到汉高祖刘邦母亲的"蛟龙于其上",全是这样,最不济的也得是出生时红光附体、异香满室。这个站在现代角度看无比可笑的毛病,病根就在商的祖先这里。

契被禹赐姓为子而封于商,所以商朝的族名和国号就来自于祖宗的封地,这个"商"就是今天的河南商丘。契之孙相土首先发明了马车,六世孙王亥又发明了牛车。这便是史书上"立皂牢,服马牛,以为民利"的记载。农牧业迅速发展,商部落很快强大起来,他们生产的东西有了过剩,于是王亥服牛驯马发展生产,用牛车拉着货物,到外部落去搞交易,开创了华夏商业贸易的先河。久而久之人们就把从事贸易活动的商部落人称为"商人",把用于交换的物品叫"商品",把商人从事的职业叫"商业",由此衍生的文化称为"商文化"。由此,商代应该是一个充满创造力和活力的王朝,可能是中国古代史上唯一一个重商主义的时代。

个王朝覆灭了,而商族变身为周天子分封的宋国继续留在周朝版图里。

◊ 浙川青铜酒禁 这是周代宴会上承摆酒尊的重器。其称为"禁",正是因为周初武王即发布《酒诰》。不可酗酒贪杯遂成为周代的"祖训",但事实上它也并没有真的具有约束力。从青铜酒禁的华贵庞大,几乎就已经看出:它根本不会是一种戒酒的儆示,更应该是一种助酒兴的奢侈品

◊ 河南安阳郭家村商代车马坑

我们可以想象得出,一个商业活跃的社会,人民大概会相对自由一些,生活会相对市井一些。但同时,这样一个商业社会大概也就会具有享乐主义倾向,结果就一定是纪律涣散、战斗力下降。所以几百年后,当农耕文明的周人在西边崛起,很快就打败了享乐主义的商业文明。周武王灭商之后,马上颁布了一篇《酒诰》,这是中国历史上第一个禁酒令。里面严厉告诫自己的族人和追随者,绝不可重蹈商人的覆辙,以致纵酒享乐而亡国。这篇禁酒令被收录在《尚书》里,被后世的读书人诵读了几千年,也顺便把商朝人享乐的脸谱牢牢地画在了历史上。就这样,商作为一

第二节 天子和皇帝

一、周人始祖

公元前1046年,是一个重要的年份,这一年周武王在牧野打败了商朝的军队,迫使帝辛也就是纣王带着自己所有的玉器自焚而亡,商朝灭亡,周朝建立,是为"牧野之战"。这一年的重要,首先,因为它开创了一个新的时代而不仅仅是一个新的朝代,这个新时代就是"王权"由萌芽时代进入了固化的时代。其次,这一年的重要还因为1046这个数字得来的成本太高,来头太大。

中国历史的准确纪年起始于公元前841年,就是有名的"共和元年"。西周共和时期是指周厉王逃离镐京后至周宣王登位前的一个时期,即约前841至前828年。周厉王胡暴虐侈傲,宠信虢公长父、荣夷公等佞臣。大夫芮良夫曾加劝谏,指

出荣夷公好"专利"（霸占土地山川的产物），会酿成大难，厉王不听，终以荣夷公为卿士，执政用事。芮良夫又告诫执政诸臣，不可"专利作威"，否则国人将"为王之患"，也未得结果。国人对厉王不满，"谤王"，厉王大怒，命卫国之巫监视国人，有"谤"者杀，致使诸侯怨恨不朝，国人不敢谈论政事。大臣召穆公虎进谏，指出"防民之口，甚于防川"，厉王仍不听。经过三年，国人愤而起义，攻袭厉王，厉王逃奔到彘。太子静藏在召穆公家，被国人包围，召穆公以自己之子代替，太子才得免难。厉王出奔后，由大臣召穆公、周定公同行政，号为共和。共和十四年，厉王死于彘，周、召二公共立太子静，是为周宣王，共和乃告结束。共和元年（前841年），为中国古史有确切纪年之始。

在北京世纪坛有一条大道，上面用西元的年份对应中国历史纪年，逐年地标注着中国历史的每一时刻，而它的起点就是"公元前841年——西周共和元年"。在此之前的年代因为没有确切纪年无法换算为西元，所以我们无法准确知道在此之前的某件事到底发生在哪年。比如著名的"牧野之战"，史书记载是发生在武王十二年，可问题是没人知道武王十二年是哪一年，因为武王元年是哪一年就无从知晓。这个问题直到规模宏大的国家级工程《夏商周断代工程》才得到解决，最终将其定为公元前1046年，这一年正式成为周朝的起点。

周是来自于中原以西的民族，它与商族截然不同，是中国历史上第一个农耕民族。从周朝开始，史书的记载开始像真的历史了，而不再和夏、商那样，历史看着如同神话。当然，我们总结出来的那两个毛病是必然存在的，在史书里周还是黄帝的苗裔，始祖的出生也依然伴随神迹。《史记·周本纪》记载："周后稷，名弃。其母有邰氏女，曰姜原。姜原为帝喾元妃。姜原出野，见巨人迹，心忻然说，欲践之，践之而身动如孕者。居期而生子，以为不祥，弃之隘巷，马牛过者皆辟不践；徙置之林中，适会山林多人；迁之

○ 利簋 于西周武王时期铸造，1976年3月陕西省临潼县零口镇南罗村出土。该器最有价值的是腹内底部铸的铭文，4行32字铭文，铭文很简略："珷征商，唯甲子朝，岁鼎克，昏夙有商。辛未，王在闌师，赐右史利金，用作檀公宝尊彝。"该铭文记载了周武王伐纣的史实，也有人称其为"武王征商簋"。它是目前确知的最早的西周青铜器，也是有关牧野之战的唯一文物遗存

而弃渠中冰上,飞鸟以其翼覆荐之。姜原以为神,遂收养长之。初欲弃之,因名曰弃"。原来,夏、商、周的祖先都是堂兄弟,商祖契与周祖弃还是同父异母的亲兄弟!这两个兄弟都很神奇,一个是母亲吞食了玄鸟之卵就生了出来,一个是母亲踩到了巨人脚印就生了出来。我们简直看不出在这两个孩子的生命里,他们的父亲帝喾做了什么贡献。不过弃没有他的兄弟契幸运,他被视为不祥之人而多次遭到遗弃,可总是有各种神迹保护他无恙,于是他才被重视起来,才得以长大。

这位弃是一个农业天才,《周本纪》里说他"弃为儿时,屹如巨人之志。其游戏,好种树麻、菽,麻、菽美。及为成人,遂好耕农,相地之宜,宜谷者稼穑焉,民皆法则之。帝尧闻之,举弃为农师,天下得其利,有功。帝舜曰:'弃,黎民始饥,尔后稷播时百谷。'封弃于邰,号曰后稷,别姓姬氏"。他还是个孩子时玩的游戏就与众不同,喜欢种菽和麻。"菽"就是豆类,是粮食;"麻"在古中国有两大类普遍种植,一是大麻、一是苎麻,主要用来提取纤维做衣服,但大麻籽也曾经作为粮食被食用过,周人所在的甘肃、陕西一带应该主要种植的是大麻。弃从小就喜欢种豆子和大麻,长大以后成为了中国第一位农学家,因此被帝尧聘用为农师教人民种植粮食,因此他被称为后稷,是后世尊奉的"农神"。

周族从根上就是一个农耕文明的民族。后稷在他堂兄禹手下当"农业部长",死后他的儿子不窋继承了他的职位,可惜好景不长,不久"夏后氏政衰,去稷不务,不窋以失其官而奔戎狄之间",不窋丢了官,为了不再丢命他只好带领族人逃到了野蛮民族出没的地区。这个地方在哪里呢?《史记》的注说"不窋故城在庆州弘化县南三里",也就是现在的甘肃省庆阳市庆城县。

二、从公刘到亶父

在周人的祖先里,一共有三位是划时代的,一位是后稷,一位是公刘,一位是古公亶父。公刘是不窋的孙子,他"虽在戎狄之间,复修后稷之业,务耕种,行地宜,自漆、沮度渭,取材用……公刘卒,子庆节立,国于豳"。公刘虽然身在戎地,但坚持恢复了本族农耕的传统,没有让周人戎族化,并带领族人南下,渡过漆水、沮水、渭水三条河流,最后来到了陕西境内找到了适于农耕的地方豳定居下来,从而奠定了周人繁衍的根基,这个"豳"就是现在陕西彬县一带。公刘之后周人在豳生息了九代,直到古公亶父。

古公亶父是公刘九世孙,《周本纪》记载:"古公亶父复修后稷、公刘之业,积德行义,国人皆戴之。薰育戎狄攻之,欲得财物,予之。已复攻,欲得地与民。民皆怒,欲战。古公……不忍为。乃与私属遂去豳,度漆、沮,止于岐下。豳人举国扶老携弱,尽复归古公于岐下。及他旁国闻古公仁,亦多归之。于是古公乃贬戎狄之俗,而营筑城郭室屋,而邑别居之"。在古公亶父的事迹里,已经有了后来周朝立身的几大要素:一是明确提出了"君"的概念,这就已经把一族首领的地位从族长提升到了"王"的级别,有了君臣之分；二是人民追随和其他氏族归附古公亶父的原因是"仁"，这已经是周以"礼"立国并最终产生儒学的前奏；三是古公亶父最后止于岐下，这个岐就是"凤鸣岐山"的那个岐；四是古公"贬戎狄之俗，而营筑城郭室屋"，开始建城盖房，原始氏族时代过去了，周人开始以一个国家的形态存在于世。

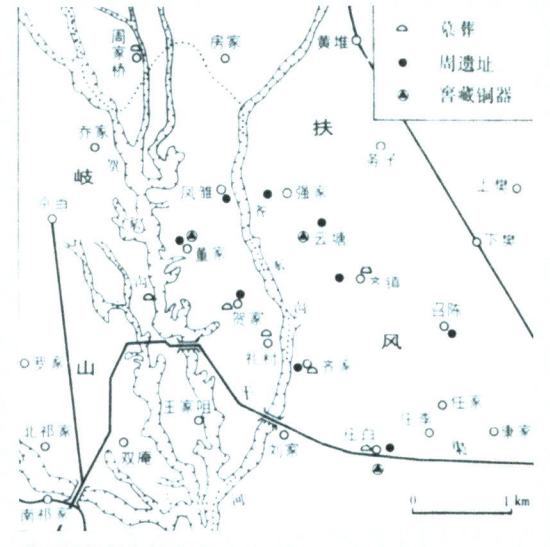

↑ 周原遗址分布图

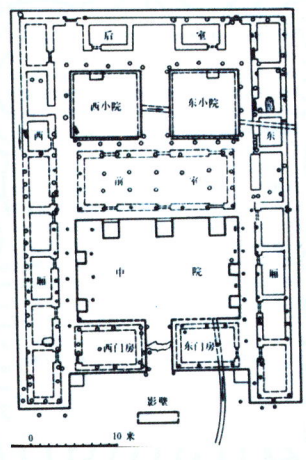

↑ 周原遗址凤雏甲组建筑基地平面图

三、天子来了

武王克商之后开始分封诸侯，中国历史书上所说的"诸侯"从此时起含义有了质的变化。在史书中，从三皇五帝到夏、商，都一再地提及"诸侯"：黄帝的崛起是因为神农氏世衰、诸侯相侵凌，黄帝几经征伐，诸侯咸来宾从；尧、舜、禹禅让天下，无不是诸侯争相朝觐拥戴；启得诸侯拥戴而立夏朝；成汤率诸侯伐桀而有殷商。这些"诸侯"我们既看不到他们的封号，也看不到他们的封地，更看不到他们的名字，究其实他们不过是部落联盟里的各小部落首领。国家的形态尚未完全形成，成体系的政治制度也未建立，所以，"诸侯"二字大概是史家把后来的政治名词类比到了上古时期的部落首领身上。到了西周的分封就不一样了，完全是一种正式的国家形态下的政治体系构建，诸侯分为公、侯、伯、子、男五等，周初分封共七十一国，其中与周王同姓的姬姓有四十国，兄弟之国有十五国。

主要姬姓诸侯的封地如下。

受封者	封地	今地
季历之兄太伯、仲雍的后人	吴	江苏苏州
文王弟虢仲	东虢	河南荥阳
文王弟虢叔	西虢	陕西宝鸡
文王子	管	河南郑州
文王子	蔡	河南上蔡西南
文王子	霍	山西霍州西南
文王子	卫	河南淇县
文王子	毛	河南阜阳
文王子	聃	河南阜阳
文王子	郕	山东成武东南
文王子	雍	河南修武西
文王子	曹	山东定陶西
文王子	滕	山东滕州西南
文王子	毕	陕西咸阳西北

续表

受封者	封地	今地
文王子	原	河南济源西北
文王子	酆	陕西西安市长安区西北
文王子	郇	山西临猗西南
武王子	晋	山西翼城西
武王子	应	河南平顶山
武王子	韩	山西河津东北
周公子	鲁	山东曲阜
周公子	凡	河南辉县西南
周公子	蒋	河南固始西北
周公子	邢	河北邢台
周公子	茅	山东金乡西北
周公子	胙	河南延津北
周公子	祭	河南固始西北
召公子	燕	北京

主要的异姓诸侯则有：殷贵族微子启封于宋（今河南商丘附近），姒姓封于杞（今河南杞县），嬴姓封于葛（今河南宁县西北），妫姓封于陈（今河南淮阳）等。

有封地，有封号，有爵位级别，在一个大国家下存在着一大批小国家，各个小国家有自己的政府、军队和经济，中国进入封建时期。封建者，分封建制。能建自己的制度体系和政权体系是关键，而给予了诸侯封建地位和作为诸侯国共主的周王，此时有了一个更为高贵的称呼——天子。

正是因为周已经是一个真正的国家了，有了体系化的政治制度和意识形态，它所分封的诸侯才比上古那些所谓的"诸侯"高贵和正式得多。也因此，周王自然也就不满足于还跟以前的夏王、商王们的职称一样，无论如何也要比他们听起来更高级一些才好。于是，在"王"这个正式的职称之外，周王又有了一个非正式的但却是最常用的称呼"天子"。这个称呼可以说是王权发展史上的一个分隔符，以它为标志，王权彻底切断了远古部落联盟盟主的余脉，向着后来那个唯我独尊的地位大踏步地前进，那个至尊的称呼是"皇帝"。

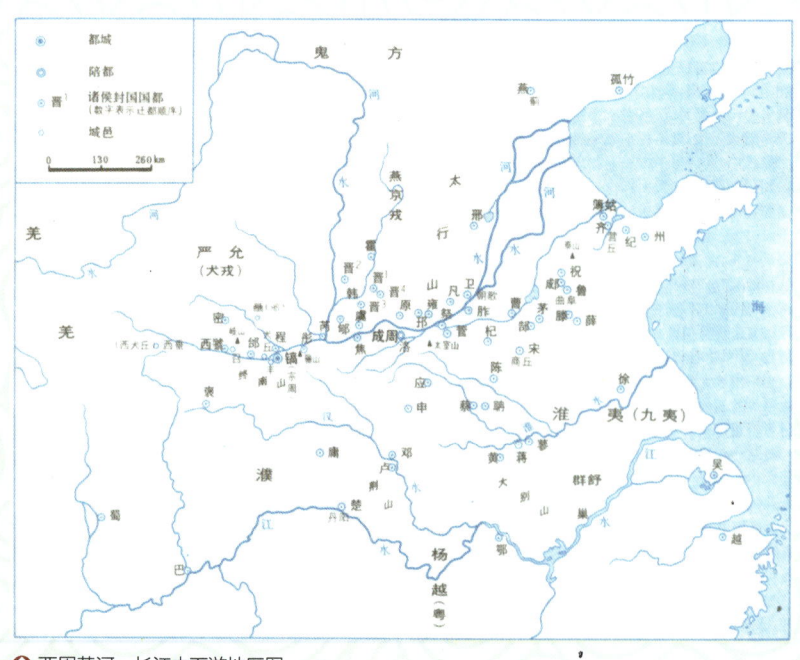

宋·马麟《武王图》

西周黄河、长江中下游地区图

中国的封建时代其实只有短短的八百年，也就是西周与东周，这八百年的封建，在"天子"这个盖子的掩护之下，王悄悄地走在向皇帝转化的路上。东周历经春秋、战国两个乱世，诸侯国从大大小小近百个变成只有七个——秦、楚、齐、燕、赵、魏、韩，这七个国家已经不再愿意顶着"诸侯"这样一顶小帽子了，于是他们都称了王，七个王加上一个已经气息奄奄的周天子，怎么看都是一个蠢蠢欲动的格局。潮流的涌动是谁也阻挡不了的，谁都明白七个王里总有一个会升级成天子，这就是两千多年前的天下大势。最终，还是来自西方那周人祖地的王——秦王升级成功，秦国扫平六国统一了天下。在前面我们讲过嬴政君臣议帝号的典故，天子所附着的王权，它的正式职称终于变成了皇帝，它所代表的就是一个王权新时代的来临。始皇帝废分封、立郡县是封建结束的开始，在汉初反复了一下后，以汉武帝的推恩令为标志，中国的封建时代正式结束，随之确立的就是运行两千年直至1911年的，世界上独一无二的中国式政治体系——中央集权。

第三节　天子·神·玉

一、天子和神

自从巫王变成王，神就开始倒霉，开始走下坡路，等到王再变成了天子，神就彻底降格，从王者的上级变成了王者的下级。在中国和西方的不同文明里，神与王的关系是不同的，西方文明里的神与王始终纠结不清，从古希腊的神话体系开始，神就高于王并一直延续到中世纪。虽然西方的神已经换了几茬，但这个基本关系没有变化，到封建时期，代表上帝的教皇地位远在国王之上，各国国王的地位合法性都需要教皇予以确认。中国文明里神与王的关系不同，经历了一个变化过程，二者的地位居然像坐过山车似的：在新石器时代，巫王们集神权与王权于一身，此时的神权绝对大于王权，各个部落的首领们首先得具有向神汇报工作的能力才能拥有领导人民的资格。三皇无一不是半神化的人物，直到汉代的画像里伏羲和女娲还都是人首蛇身，用明、清以降的审美标准看那就是妖精，可在上古那是半神的样子。

伏羲女娲　山东嘉祥武氏祠堂汉代画像石刻

新石器后期开始，王权上升，原因是时代已经进入了国家的萌芽时期，城墙修起来了，屋子盖起来了，也有了叫作宫的专给王住的大屋子。一开始，王还兼任着祭司，等到农业和商业从萌芽走向稳定，渔猎越来越不重要，神的谕旨跟以前比开始没那么重要了，此时王开始偷懒了。特别

第二编　神的力量与王的威仪

093

是夏朝建立以后，王的位子来自于出身而不是神通，所以王也就没必要修炼巫术再做兼职巫觋，巫觋已经降职为王的臣属，根据王的要求、命令进行祭祀和卜筮。考古出土的大批商代甲骨文就刻在占卜所用的龟甲之上，证明着王与巫关系的转变。但此时至少王还承认神的地位，最多认为自己与神平级可以役使神的代理人巫觋而已；等到王正式成为天子后，情况就完全不同了，因为"天子"这个名字本身已经说明了问题，王者自称"天之子"，而不是"神之子"。

这时候，在中国文化里至大至虚的一个概念就完全成熟——就是"天"。天是世间一切事物的主宰，它至高，高高在上地注视着人间。天是虚的，并不是一个具体的神明，它的灵魂叫作天理，天理是最高的是非标准。当人的灵魂和天的灵魂无缝对接，这个状态就叫作"道"。"道"是万事万物运行的指导以及最高境界，这就是所谓"天理入于人心为道"。因此，王者作为天之子，就是天化身成的一个具体的人形，代表天在管理尘世。而神不过都是天的臣仆或家将，王者作为天之子，那是少主人一样的身份，当然就已经成为神的领导了。

二、代天封神

当天子具有了少主人的身份，王权对于神权的优势地位也就不言而喻。优势到什么程度呢？有一个标志性的事情，就是神的身份由谁来定。我们今天在中国大地上见到的各种神祇，除了从上古时代继承下来的一部分以外，大部分都是从汉到清这两千年里出现的。这些神分为"正祀"和"淫祀"。所谓"正祀"就是国家承认其"政治正确"而予以鼓励和资助的神祇，相当于"官营迷信事业"。这些正祀里面的神是怎么来的？答案是封出来的。原来，代表"王权"的皇帝是可以代天封神的，这样看来神与人臣一样，不过是王权的奴仆了。在皇帝所封的神里有两大类，一类是给自然安排神祇，像山神、水神、火神等；还有一类是把某些人封成神。前一类的代表就是"五岳"，特别是东岳大帝；后一类的代表赫赫有名，就是关圣帝君。

《东岳大帝启跸图（局部）》山东泰安岱庙壁画

五岳，即东岳泰山、西岳华山、北岳恒山、南岳衡山、中岳嵩山。唐玄宗、宋真宗曾封五岳为王、为帝，明太祖封五岳为神。当然，五岳并不是最早就是这地理位置分明的五座山，汉宣帝时第一次确定五岳，是东岳泰山、西岳华山、北岳恒山、南岳天柱山、中岳嵩山。要注意的是这里面的南岳不是湖南的衡山；北岳的恒山也并不是山西的恒山，而是河北的恒山。山西的恒山是后来取代河北恒山的，而一直到明代，湖南的衡山才取代安徽的天柱山成为南岳。

之所以要说五岳，是因为中国皇帝的

帝，也就是遍布中国古代各城市的东岳庙的庙主。东岳大帝的全名是"东岳天齐仁圣大帝"，据说掌管人之生死，唐玄宗封其为"天齐王"，宋大中祥符元年封为"仁圣天齐王"，大中祥符四年封为"东岳天齐仁圣大帝"。从封禅与封东岳大帝的关系可以明确看出，神确实是天的臣仆，是由皇帝这个天之子来代天而封的。

山

封神之旅，就是从五岳之首的泰山开始的。泰山能为五岳之首，甚至是中国名山之首，跟"封禅"二字有着绝大的关系。封禅是最隆重的大典，古书里似乎古圣王无一不要到泰山行封禅礼，封禅几乎成了一个王者是否具备成为圣王资格的过滤器。但实际上，在中国历史上真正干过封禅这件事的不过寥寥数人，秦始皇是始作俑者，汉武帝、隋文帝、唐高宗、唐玄宗、宋真宗是后来者。封是指祭天，禅是指祭地，封禅乃圣君在绝高之所祭祀天地之礼，这个绝高之所就是泰山，因此每行封禅必封泰山之神，这就是著名的东岳大

泰山岱庙天贶殿

关羽，关老爷，关圣帝君，这已经是一个重要的中国文化符号。其从北宋开始被历朝皇帝册封，封号"侯而王，王而帝，帝而圣，圣而天"，最后成了一位又主义气，又主发财的全能大神。他的封号演变简直可以列一张表。

朝代	皇帝	时间	封号
北宋	宋徽宗	崇宁元年（1102）	忠惠公
	宋徽宗	崇宁三年（1104）	崇宁真君
	宋徽宗	大观二年（1108）	昭烈武安王
	宋徽宗	宣和五年（1123）	义勇武安王
南宋	宋高宗	建炎二年（1128）	壮缪义勇武安王
	宋孝宗	淳熙十四年（1187）	壮缪义勇武安英济王
元	元泰定帝	天历八年（1335）	显灵义勇武安英济王

续表

朝代	皇帝	时间	封号
明	明神宗	万历四十二年（1614）	三界伏魔大帝神威远镇天尊关圣帝君
明	明思宗	崇祯三年（1630）	真元显应昭明翼汉天尊
清	清世祖	顺治九年（1652）	忠义神武关圣大帝
清	清世宗	雍正三年（1725）	三代公爵、圣曾祖、光昭公、圣祖、裕昌公、圣考、成忠公
清	清高宗	乾隆元年（1736）	山西关夫子
清	清高宗	乾隆三十一年（1766）	灵佑二字
清	清仁宗	嘉庆十八年（1813）	仁勇二字
清	清宣宗	道光八年（1828）	忠义神武灵佑仁勇威显关圣大帝
清	清德宗	光绪五年（1879）	忠义神武灵佑仁勇威显护国保民精诚绥靖翊赞宣德关圣大帝

　　其实在《三国志》里，关羽连自己独立的传都没有，是在《蜀志》里跟张飞、赵云等人挤在一起有一个合传而已，不过区区千余字耳，比之古名将在二十四史里的记载差得太远了。不过，一旦入了皇帝们的法眼，关二爷就扶摇直上，以目不暇接之势成了一位超迈古今所有名将的神祇。这就是王权对神权的完胜：皇帝不封神，关羽不过史书中无独立传记之二流名将；皇帝一封神，便从此在万家神龛上享受着香烟缭绕、猪头三牲。

三、神玉的转化

　　既然神已经沦为了自己的下属，天子们自然就不用总拿那些天下至宝的美玉去应酬他们，于是，在王权稳固之后，玉的作用发生了变化。首先，虽然神成了下级，不用太拿他们当回事了，但王者把自己的权力来源以及合法性交给了更大的"天"，当年祭祀神都用了那么多的玉，如今侍奉更了不起的"天"当然不能小气。玉里最为抽象的、最具神秘主义色彩的一类祭神之器，摇身一变成了祭天以及祭地、祭四方的礼器。这是配合着国家意识形态改变而形成的一整套礼玉制度，我们将在本书第三编里系统介绍。其次，远古时代在巫王们身上帮助他们通神的那些玉器，此时开始回归它们的原始属性，就是饰物。但是它们又不是纯粹的饰物，因为在神器时代，这些玉饰物在协助巫王通神之余，也在帮助巫王们显示自己高贵的地位。等到了天子的时代，这些玉饰物自然继承了这个功能，它们必须肩负起彰显王者身份和风采的责任。王者之玉就成了中国古代服饰制度的重要一部分，至尊的天子开始浑身上下被玉所包围，甚至成了一种重负。

玉璧

玉圭、玉琮

第二编 神的力量与王的威仪

第四章　至尊的重负

第一节　华夏衣冠和天子六冕

一、华夏衣冠文明

现年四十岁以上的人，如果问他古代人穿成什么样，他脑子里跳出来的多半是戏曲里的形象：纱帽、长袍、水袖、高底靴子。同样一个问题若是问四十岁以下的人，他脑子里跳出来的八成是古装电视剧里常见的样子：披着帅气的头发，穿着开襟大氅，里面是箭袖长袍，关键是肩膀上居然还有上翘的垫肩。

这两个形象当然都不对，前一个好歹还是根据明朝人的装束艺术加工出来的，后一个则完全是无知的剧组服装师按照现代审美臆造的。真正的古人，他们的服饰是极其严格和严谨的。首先，不同的朝代都有着各自鲜明的特点，这些特点由各自后面的历史背景决定；其次，古人绝不是想穿什么就能穿什么，也不是穿得起什么就能穿什么，着装有着一整套的规定，这套规定由它后面的意识形态背景决定。总之一句话，古人穿什么、戴什么都是有人管的、有讲头的。这也是中国文化的一个基本特点：凡事都有规矩、讲究，所有规矩、讲究都能溯源到思想体系。穿衣戴帽的这套讲究就叫做"华夏衣冠文明"。

清朝入关不久就强推"剃发易服"，要求汉人剃头梳辫子，脱下交领深衣款的长袍改穿圆领对襟款的旗装，"留发不留头、留头不留发"的政策在历史上留下了极为蛮横的一笔。一般人理解清朝的这个政策，多停留在"野蛮""血腥"这种情绪化的判断上，殊不知这实在是清初统治者极为高明的一个政治手段。满洲以区区十几万八旗入关，自己都没想到能这么顺利地捡到如此大的一个"漏"，居然不旋踵得了天下，当然它也立刻要面对汪洋大海般的汉人的仇视。对于多尔衮这样的厉害角色来说，如何能迅速击溃汉人的心理，让他们成为满洲人的顺民是当务之急，"剃发易服"就是最厉害的一招。

汉文化素来讲究"身体发肤受之父母，不可损毁"——这是孝道。而汉人素以孝为百善之先，为立身、立国之本，"剃

京剧《铡美案》之包拯

发"便是让汉人在自己的生命和立身、立国之本之间进行选择，也就是在命与义之间做选择。果然，事实证明大部分人还是更在乎生命，无法"舍生取义"。那么自然，在满人面前活下来的汉人，实际已经自认为一群偷生舍义之徒，他们还凭什么扮演反清的"义士"呢？

而"易服"则是逼汉人在生命与"虏"的身份之间进行选择，因为脱下的不只是一件交领长袍，而是汉民族的身份认同，就是要抛弃华夏的"衣冠文明"；穿上的也不仅仅是一身简单的长袍马褂，而是曾经无比鄙视的胡虏标志。如此一来，汉人自己也就变成了胡虏，那就乖乖地做新朝顺民吧。两千多年前，孔子曾说"微管仲，吾其被发左衽矣"，连披着头发、右领压左领都是华、夷之间的红线，更别提这"剃发易服"了。可见，"华夏衣冠文明"处于古代中国文化的多么核心的位置上。

◉ 新疆阿拉尔出土宋代灵鹫球纹锦袍
◉ 清乾隆明黄缎绣五彩云十二章金龙朝袍

说到底，如何穿衣服能成为事关华、夷和民族气节的大事，绝不在于这套衣服的式样本身，而在于服装款式以及穿戴规则背后的礼制。礼制之行首先在明尊卑，然后再处以礼。明尊卑最直观的方式之一就是服饰，在这里我们已经不单单说服装，而是说服饰了，因为除了衣服、鞋帽，与它们相配的饰品也担负着表明身份等级的工作，特别是玉器。给不同等级的人规定不同等级的服饰，这就是明尊卑；同时又规定了相同的人，在不同的场合应该穿着不同的服饰，这就是处以礼。

《二十四史》里，每一个朝代都会有一部《舆服志》，里面会详细说明本朝的服饰制度，通常会这么分类：按人员分为皇室和文臣、武臣；按等级分为皇帝、太子、皇后、皇子、后妃、宗室；然后是按品级分成的官员；按服饰使用的场合分为礼服、吉服和常服，当然这三种还要再划分为冬服和夏服。可以说不厌其烦、异常精细，足见尊卑之分必须无微不至，服饰上的一点点小变化后面都有"礼"的眼睛在看着。

二、天子六冕之玉

作为这些服饰制度最高级别也是最集大成的就是天子的冕服制度，玉在这个制度里堪称重量级角色。冕就是天子头上那顶一块大板、前后都垂着玉珠帘的帽子，它的学名应该叫"冕冠"，也就是"冠冕堂皇"里的冠冕。而实际上

◉ 晋武帝冕服图 据阎立本《历代帝王图》绘

第二编 神的力量与玉的威仪

099

这个东西最早不是只有天子才能戴的，大小官们只要够一定的级别都能戴。服是天子身上的衣服，就是俗称的"龙袍"了，不过在中国历史的大部分时间里，那上面并不全是龙。让龙在衣服上大面积地翻来滚去是明清皇帝的爱好，其他朝代皇帝的衣服上，龙是和其他多种纹饰混搭在一起的，它们统称章。

天子在不同场合穿戴不同级别的冕服，这个级别往往就由章的数量来区分，最高的级别是十二章，冕服共六种，分别穿戴于六种不同级别的场合。

清帝朝服上的十二章刺绣

名称	用途	式样	章纹
大裘冕	用于帝王祭天	冕与中单、大裘、玄衣、纁裳配套（纁即黄赤色，玄即青黑色，玄与纁象征天地的色彩）	衣绘日、月、星辰、山、龙、华虫六章花纹，裳绣藻、火、粉米、宗彝、黼、黻六章花纹，共十二章
衮冕	帝王之吉服	冕与中单、玄衣、纁裳配套	衣绘龙、山、华虫、火、宗彝五章花纹，裳绣藻、粉米、黼、黻四章花纹，共九章
鷩冕	用于帝王祭祀先王、行飨射典礼	冕与中单、玄衣、纁裳配套	衣绘华虫、火、宗彝三章花纹，裳绣藻、粉米、黼、黻四章花纹，共七章
毳冕	用于帝王祭祀山川	冕与中单、玄衣、纁裳配套	衣绘宗彝、藻、粉米三章花纹，裳绣黼、黻两章花纹，共五章

续表

名称	用途	式样	章纹
缔冕	用于帝王祭祀社稷	冕与中单、玄衣、缥裳配套	衣绣粉米一章花纹，裳绣黼、黻二章花纹，共三章
玄冕	用于帝王参加小型祭祀活动	冕与中单、玄衣、缥裳配套	衣不加章饰，裳绣黻一章花纹

冕冠什么样大家都知道，不过它都由哪些部分组成，学名都叫什么，又有什么规矩就不是人人都清楚了，我们来介绍一下。冕冠主要由帽卷、玉笄、冕缫、冕旒、充耳等部分组成。

我们可以看出，在这顶至尊的帽子里，共有三处用了玉：笄、瑱和旒。而这顶冕冠最重要的部分就是旒，因为它是用来区分身份和场合高下的，区分的标准就是上面玉珠的多寡。

部位名称	样式
冕綖	冕冠顶部的盖板，名綖，冕板上黑下红，象征着天地；前圆后方，象征天圆地方之意；冕綖略向前倾斜，后面比前面应高出一寸，象征天子勤政爱民
冕旒	綖的前后两段垂旒，用五彩丝线穿五彩玉珠而成，每块玉之间相隔一寸
帽卷	即帽身。帽卷夏用玉草、冬用皮革作骨架，表裱玄色纱，里裱朱色纱做成
玉笄	纽中可插玉笄，以便将冠固定在发髻上
武	帽卷底部的帽圈，用金片镶成
缨	冕板左右垂下的红丝绳，在颔下系结，用于固定
纩	系在冠圈上悬在耳孔外的两块黄玉，叫做瑱，俗名充耳。因悬挂于两耳边，象征君王不能轻信谗言
纮	垂在延的两侧用以悬纩的彩缘
天河带	冕板上垂下来的一条红丝带，长度可以垂到下身

定陵出土的十二冕旒

101

琢磨历史——玉里看中国

明鲁王朱檀墓出土九冕旒

第二节　环佩叮当

一、君子其佩

玉说到底是一种高密度石头，是很有点分量的，贵人浑身佩玉，佩的要都是书上有名有姓的那些大块整器、名器，那这一身上百斤的石头，非把大人物们都压成腰肌劳损不可。所以那一身玉，其实占绝大部分都是一些小的玉珠和玉管，它们把那些大块名器连缀起来，就成了有几千年历史的大型玉饰——组玉佩。它从史前时代发源，历经巫王的时代、王的时代再到天子的时代，一直盘踞在最有权势的那批人身上。它一边昭告着等级的煊赫和不可逾越，一边也时时告诫着佩戴之人，自己的身份贵重不可须臾忘之，更不可轻浮行事。

1.天子之冕旒

旒数	规制	用途
12旒	每旒贯玉12颗	天子祀上帝的大裘冕和天子吉服的衮冕用
9旒	每旒贯玉9颗	天子享先公服鷩冕用
7旒	每旒贯玉7颗	天子祀四望山川服毳冕用
5旒	每旒贯玉5颗	天子祭社稷五祀服絺冕用
3旒	每旒贯玉3颗	天子祭群小服玄冕用

2.诸侯、臣子之冕旒

使用人	冕服类型	旒数	规制
公	衮冕	9旒	每旒贯玉9颗
侯伯	鷩冕	7旒	每旒贯玉7颗
子男	毳冕	5旒	每旒贯玉5颗
卿、大夫	玄冕	按官位高低玄冕有6旒、4旒、2旒的区别	三公以下只用前旒，没有后旒

根据冕服制度：凡是地位高的人可以穿低于规定的礼服，而地位低的人不允许越位穿高于规定的礼服，否则要受到惩罚。如此复杂之一套冕服制度真令我们现代人有窒息之感，它应该能让我们牢牢记住一件事：玉是天子身份的第一象征，至尊们的重负真的是从头就开始了。

组玉佩什么样？很好想象。最近几年文玩市场上流行"多宝串"，只要试想一下，把几个甚至十几个大多宝串拼接在一起，中间再加入一些片状的玉器，比如璧、环、璜、珩等，拼好后往身上一挂，那几乎便是一个组玉佩了，虽不中亦不远矣。可想而知，这样的一大片石头挂在身上，无论挂在哪里都是一个沉重的负担。如果没有什么让人甘心负重的理由，怕是不可能让这片石头从良渚文化一直存在到

山东曲阜鲁国故城出土战国组玉佩

102

明朝。这个甘心负重的理由实际在本书的前面有过涉及，它既是巫王时代神权的象征又是王权时代"君子"的把杆。良渚文化考古发现中，余杭反山二十二号墓出土的玉串饰，由十二件玉管和一件雕有神徽的玉璜构成。这应该是最早和萌芽状态下的组玉佩，它挂在颈部，垂于胸前，可见是良渚巫王们最重要的饰物，就应该属于通神之器，也就是神权的一部分。

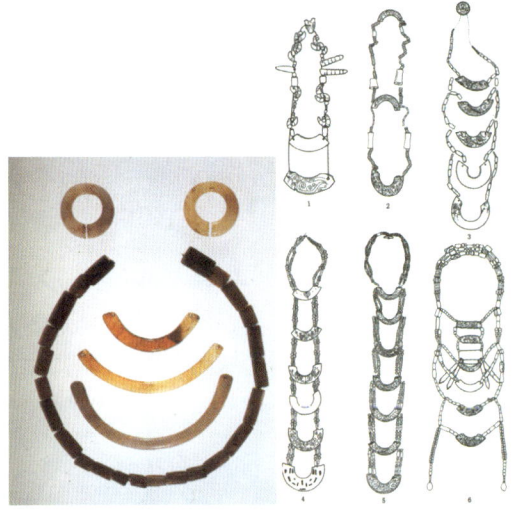

南京北阴阳营文化遗址出土组玉饰 可以清晰地从这一组玉饰品上看出未来多璜组玉佩的萌芽

周代多璜佩图示（根据出土实物绘制）

浙江余杭反山墓地出土良渚文化组玉串饰

说到"把杆"都不陌生，舞蹈练功房里都会有一圈这个东西，干什么用呢？练基本功时用它来纠正体型和体态，可以说优雅的舞者都是把杆监护出来的。组玉佩的最高潮和最顶峰是在西周，一个开启了以"礼"治天下的时代，这个时候的组玉佩规模达到了匪夷所思的地步，大小几百件玉器组成的豪华阵势，挂在脖子上甚至可以垂至膝下。这样一副玉佩谁挂上恐怕结果都一样，就是不知道怎么走路了，因为你一动它就叮当作响。是的，这就是古人常说的"环佩叮当"，这可是个形容贵族风姿的好词。既然是"叮当"而不是"叮零当啷"，就说明它发出的是一声一声有规律的响动，而不是乱糟糟的一大团声音。玉之五德里本来就有一德是："其声舒扬，专以远闻，智之方也"；玉之九德里有一德是："叩之，其声清抟彻远，纯而不杀，辞也"；玉之十一德里也有一德是："叩之，其声清越以长，其终诎然，乐也"。可知玉相碰而发出的声音有两大特点，一个是清越、一个是悠远，这两个特点很早就被附丽为以比君子的一德。

我们在上一编里说过，君子本指周代的上层精英，组玉佩就是给他们佩戴的。既然玉比君子的一德是其清越而悠远的声音，那么佩戴组玉佩走路就一定是要保证发出的是这种声音，否则岂非玉和君子不符了吗。君子挂上一大副组玉佩后应该怎么走路呢？原来是有明确规定的：周代贵族佩玉以节步为基本的礼仪之需，"听己佩鸣，使玉声与行步相中适"，故当时有"改步改玉""改玉改行"的说法。

《左传·定公五年》说，季平子死后

第二编 神的力量与王的威仪

"阳虎将以、敛，仲梁怀弗与，曰：'改步改玉'"。《左传》研究泰斗杨伯峻先生注曰："越是尊贵之人，步行越慢越短……因其步履不同，故佩玉亦不同；改其步履之疾徐长短，则改其佩玉之贵贱，此改步改玉之义。"又《国语·周语中》："晋文公既定襄王于郑，王劳之以地，辞，请隧。王不许，曰：'……先民有言曰：改玉改行。'"韦昭注："玉，佩玉，所以节行步也。君臣尊卑，迟速有节，言服其服则行其礼，以言晋侯尚在臣位，不宜有也"。由此可知组玉佩的长短是与贵族身份等级的高低相一致的："君子在车则闻鸾和之声，行步则鸣佩玉，是以非辟之心，无自入也"。

原来，组玉佩已经是礼制系统的重要一环，有着深刻的意识形态背景：各级贵族按地位高下佩戴的组玉佩长短不同，相对地他们走路的快慢就不同。越是地位崇高者越要慢条斯理、雍容不迫地小步慢慢走，玉佩相击才能发出清越、悠远之音，向外传递着他君子的地位和品德。而别人听着一个有资格戴组玉佩之人走路发出的玉声，如果听到的是嘈杂乱碰的声音，自然会不屑地认为他的君子资格出了问题，舆论一起，此人大概大势去矣。因此，组玉佩实在相当于塑造"君子"的把杆，看来，三千年前那些道貌岸然的"君子"都是挂着组玉佩修炼而成。

二、组玉佩流变

自春秋晚期起，组玉佩的形制发生了较大的变化。它不再是颈部的装饰物，而是系在腰间的革带上；同时战国时期是儒家所痛心疾首的"礼崩乐坏"的顶点，组玉佩也由此获得了短暂的接地气机会，不再为贵族所专有，在下层中组玉佩也有佩戴。这时期组玉佩的特征是：

（1）组玉佩以玉环（璧）、玉璜、玉珠为主体构成。

（2）组玉佩顶端以一枚玉环（或玉璧）为契领，下分两行或多行，末端以一龙形璜串缀而成。

（3）组玉佩是腰腹部至膝部的装饰品。

东汉时期用玉制度逐渐完备，作为礼仪制度重要组成部分的组玉佩再次受到统治者的重视而被收归皇室。

东汉明帝依据古制，对失传已久的大佩制度重新考订，颁行天下。"至孝明帝，乃为大佩，冲牙、双瑀璜，皆以白玉。"其排列方式为"佩玉，上有葱衡，下有双璜冲牙，珠以纳其间。"河北定州中山穆王刘畅之墓，下葬于灵帝熹平三年，墓中出土的组玉佩由珩、璜、冲牙、环等佩饰构成，除

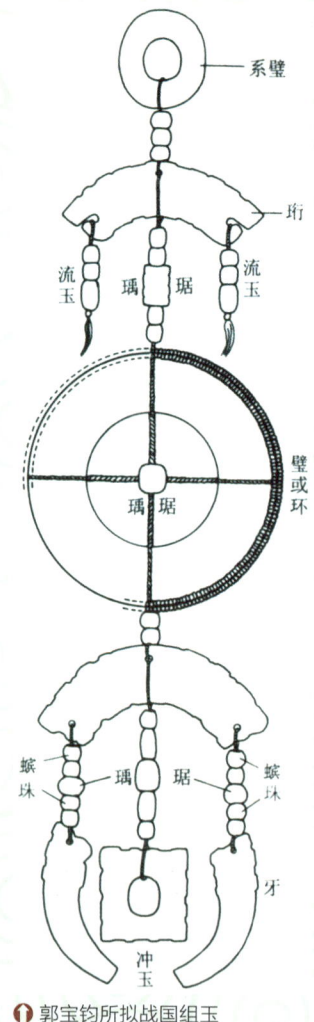

🔶 郭宝钧所拟战国组玉佩模式图

珩外，其他均成对排列。这套组玉佩可以说是汉明帝所创佩玉制度的真实写照。

河北定州出土西汉透雕双龙首玉珩

东汉末年，天下大乱，佩玉制度再次失传。曹操统一北方后，开始建立典章礼仪制度，命侍中王粲依古礼制定佩玉制度。"汉末丧乱，绝无玉佩。魏侍中王粲识旧佩，始复作之。今之玉佩，受法于粲也。"《隋书·礼仪志》也云："至明帝始复制佩，而汉末又亡绝。魏侍中王粲识其形，乃复造焉。今之佩，粲所制也。"王粲创制的组玉佩制度基本上恢复了汉明帝时期玉佩的组合形式，成为魏晋至隋唐时期广为流行的玉佩式样。山东东阿县曹植墓出土的组玉佩由珩、佩、璜、珠四件玉饰组成，是目前所见王粲新创玉佩制度最早的实例。

明朝初年统治者革除胡风胡俗，举凡政治、社会、风俗、制度皆以古制及唐宋之制为参考。组玉佩的规格《明史·舆服志》有详细记载："玉佩二，各用玉珩一、琚二、冲牙一、璜二；下垂玉花一、玉滴二；瑑饰云龙文描金。自珩而下系组五，贯以玉珠。行则冲牙、二滴与璜相触有声"。这时期组玉佩的特征是：

江西南城七宝山明益宣王墓出土组玉佩

（1）组玉佩成对出现，是革带上的装饰物。

（2）组玉佩由珩一、琚二、花一、璜二、滴二、冲牙1及玉珠组成。

（3）组玉佩自珩而下分系五组，穿以玉珠，末端中央系以冲牙，侧之为玉滴，最侧为玉璜，行动时冲牙、玉滴、玉璜相触有声。

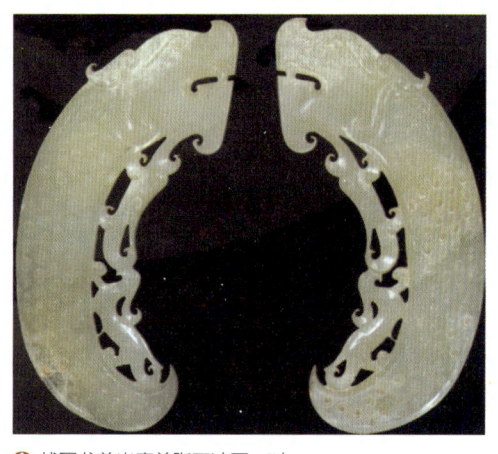

战国龙首出廓羊脂玉冲牙一对

对于组玉佩的历史流变，虽然上面已经

说得很形象了，但对于非古玉爱好者来说还是会有些晦涩：毕竟把纸面上的各种专业玉器器形名称，再对应它们的位置，用脑子拼接成一个组合，这是一件需要一定知识积累的工作。当然，到博物馆里去看出土的组玉佩是一个比较直观的方法。不过，安置在文物展柜里的组玉佩还是离开了人的身体，依然需要动用想象来追寻它应有的风貌，这还是一件不容易的事。因为大部分人并不具备各朝代服饰的知识，就像本章开头所说的那样，如果往印象中穿着臆造古装的人身上套眼前那作为文物的组玉佩，无疑也是一件风马牛的活计。所幸，在所有的古代玉饰物中，有两种古人给我们留下了生动的原始标本，能让我们原汁原味地体会它们完全真实的样子。这两种玉饰物就是玉带和组玉佩，那个原始标本就是翁仲。

祀活动重要的代表物件。因此，帝王陵前的翁仲最真实地体现了当时的服饰甚至兵器。唐以前的皇陵大多不可考了，但如今宋陵与明陵的翁仲依然耸立如故，它们身上大都清晰地雕刻着组玉佩的样子，足可以成为确认的依据。站立在明孝陵或定陵的神道上，看着两侧翁仲身后的组玉佩，我们耳边是否会响起璜与冲牙相击发出的"叮当"之声？眼前是否会浮现出几百年前那身佩重负的贵人？是否会遥想出那些曾经叱咤的王朝？也许真的要身临其境才会有答案。

🔼 明孝陵神道翁仲上的组玉佩

🔼 河南巩县宋陵翁仲

翁仲，原本指的是匈奴的祭天神像，大约在秦汉时代就被汉人引入，当作宫殿的装饰物。初为铜制，号曰"金人""铜人""金狄""长狄""遏狄"，但后来却专指陵墓前面及神道两侧的文武官员石像，成为中国两千年来上层社会墓葬及祭

第三节　腰间的学问

一、千古同一腰带

如果有这样一个问题：有没有一种服饰物，古人和我们用的是一样的？答案是：有！这种东西就是皮腰带。这么回答其实并不精确，用皮子做腰带没什么讲头，只要把皮子裁成一条即可。重要的是如何把裁好的皮条固定在腰上，也就是如何扣结皮带才是关键。就是在这一点上我们才发现，一两千年前的古人用的方法，和我们现在的方法几乎一样。当然，这样说对古人是不公平的，应该是说在这一点上我们还活在古人智慧的庇荫之下，完全没有自己的新创造。

广州南越王墓出土西汉早期多节玉带钩

　　束腰是人类古老的衣着需要，从周代甚至更以前开始，贵族的腰间有两条腰带：一条是很宽的丝织物，叫作大带，也就是绅；另一条是皮质的相对较窄，叫作革带。大带美观但无法负重，组玉佩、青铜剑都无法依附在大带之上。于是更结实、更能负重的革带就成了大带的搭档，它用来承载玉和剑。那时候的革带还很简陋，既与我们今天的皮带不同也不如后世的革带华贵：与今天不同是还没有发明扣具，皮带的固定还处在最原始的状态，就是在皮带的两头各安一丝绦，然后两个丝绦相系就把皮带拴在了腰上。革带不如后世华贵，其实间接也是因为这个原因，连固定的方式都还如此粗陋，后世皮带上那些华丽的金玉带饰自然更没有出现，此时的革带还只具备束腰负重功能，而不具备装饰功能。

二、两千年玉带钩

　　一种叫做带钩的东西于春秋时期粉墨登场，它代表着一种华丽的取向，成为皮带上的第一个扣具。其实，最早的带钩在良渚文化就已经出现，它和玉琮、玉钺、玉璜、玉三叉形器等伴生于巫王之墓，显然是最高阶层结束腰带之物。带钩的基本样子与中国常见的一种叫做"如意"的艺术品很像，都类似于一个横躺着的"S"形，一边有一个微微上翘的钩首，另一边的背面藏着一个带槽的钮子。带钩背后的钮子卡进皮带上钻好的眼里，它就被安装在了皮带的一头，而皮带的另一头上安装着一个环，皮带围腰一圈后用带钩的钩首钩住那一头的环，皮带就扣结成了一个闭环，固定在了腰上。

浙江桐乡县金星村出土良渚文化玉带钩

浙江余杭反山墓地出土良渚文化玉带钩

　　这个方法其实还是系丝绦的那个思路，只不过把丝绦换成了复杂而艺术的带钩与环，而连结的方式则相应地从系绳子简化成钩、环相搭。这种结构下要想让皮带服帖，皮带的长度就得正好与腰围一致，可见那个时期的皮带一定都是量身定制版，换句话说就是量产的成本较高，所以，带钩时期的革带无疑较为贵重，贵族所用的带上之钩也就愈来愈走向华丽。先秦时期带钩有两种风格，形象地说就是一种瘦高、一种矮胖，瘦高的带钩多为中原国家所用，矮胖的则是南方，实际就是后来大楚国地域喜爱使用的一种带钩式样，而带钩的材质则主要是青铜和玉。

羊脂白玉带钩（战国到汉）

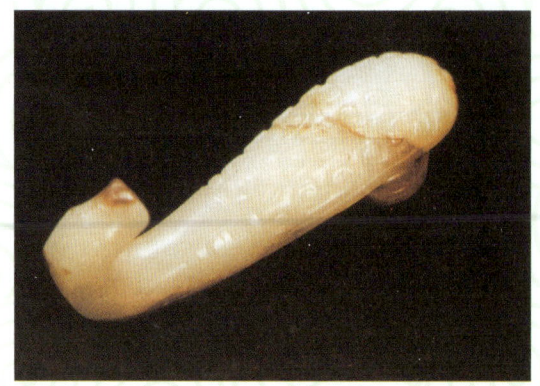

楚国玉带钩

青玉带钩（战国到汉）

玉带钩如今是古玉收藏里的一大品类，而青铜带钩除了有几个国宝级文物外，其余在收藏品市场里不成气候。原因在于两点：一是在带钩的使用材质上玉本身就比青铜的等级高得多，在先秦时期玉才是最高等级的宝物，是"君子"象征，高级别的贵族和高级别的场合一定是使用玉带钩的。而那几个国宝级文物的青铜带钩，都是身上嵌满了各种宝石才成为珍品，如果只是一个纯青铜制品定不会有此待遇。二是青铜带钩的使用时期远没有玉带钩那么长。从南北朝开始新的扣具取代了带钩，是以中国带钩的使用高峰期是春秋到东汉。东汉以后带钩不再重要，金属的使用上青铜也完全让位给了铁，因此青铜带钩到东汉就戛然而止，而玉带钩的生命则一直延续到了清代。

从隋唐开始，玉带钩除在冕服、朝服上做装点之用外就很少在革带上使用，更多是作为一种休闲装的配件存在，就是丝制的绦带的扣具。因此后来的玉带钩更应该被叫做"绦钩"，不过玉带钩之名实在太大，人们并不愿意中断这样一个悠久响亮的名称。玉带钩的式样在两千多年里基本没有大的变化，在漫长的岁月里它不过是体量时大时小，又衍生出了几个著名的分类来而已。这是因为它的形制和纹饰从一开始就占据了中国文化符号的最高端，那就是龙。从春秋时期开始，玉带钩的钩首部分就几乎都是龙头，在其后的两千多年里，只有很少一部分的带钩钩首使用了鸟和鹿的形象，其余毫无例外的都是龙，各种龙。

↑ 辉县战国墓嵌玉包金银质带钩

↑ 广州南越王墓出土西汉早期龙衔环玉带钩

↑ 元代苍龙教子玉带钩

↑ 明代苍龙教子玉带钩

最早的玉带钩，它钩首的龙头还带着远古的遗韵，颇似红山的C形龙头或者商代的虺龙龙头，然后它随着朝代的变化一路演进。直到明清带钩，所呈现出来的就是我们最熟悉的龙头模样了——玉带钩几乎可以作为研究中国龙图腾样貌演化的绝妙标本。而在龙头之下的钩身部分，也从以阴线刻划的抽象纹饰一步步向龙纹和浮雕潜进。最终到明清时期，终于各种栩栩如生的浮雕、镂雕龙形占据了钩身，最著名的就是明清两代的标志性玉带钩形制——苍龙教子。从龙形与玉带钩的关系可以判定，玉带钩从一开始就必然是国家核心统治阶层腰间的重器。

三、带扣的源流

很多人只知道古代的玉带富丽堂皇，却并不知道或者是没有想过它是如何系在腰上的，这个问题的关节点就是扣具。而让很多人都想不到的是，在带钩之后通用的皮带扣具，就是我们今天系皮带的扣具，也就是那种一个活舌卡进带眼将皮带别住的东西。这个东西在中国历史久远，长达两千年，它的来历说来惭愧，会让现代人的自尊心受到阻击：第一，它来自胡虏，也就是文明程度远低于华夏的蛮族；第二，它本来是勒马用的，实际是在马身上用得很好才演化给人用的。

与华夏地区发明带钩作为皮带扣具同时，在非华夏地区另一种皮带体系也形成了，就是所谓匈奴·东胡革带系统，它与华夏革带系统最大的不同就是在扣具上，它发明的是一种叫做带锡的扣具。《说文解字》："锡，锻或从金、矞；锻，环之有舌者"。它最初的形制就是一个金属环加

↑ 江苏苏州出土明晚期玉带钩

第二编 神的力量与王的威仪

109

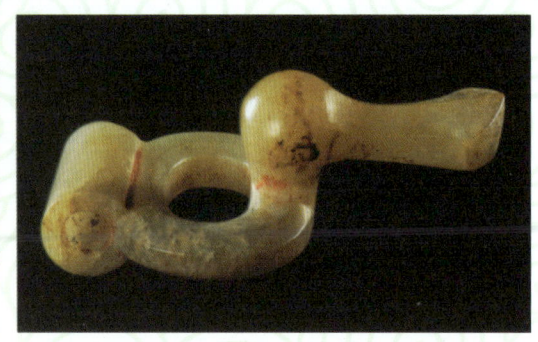

宝鸡秦墓出土春秋秦国玉带镜 一个罕见的玉质带镜，也许它只可能出于春秋时期的秦国，因为秦国在此时同西戎、东胡一样都是被华夏地区所鄙视的

上一个往前伸出的小舌头，这个金属环固定在皮带的一头，皮带上有一排带眼，皮带的另一头穿过金属环后用小舌头别在一个合适的带眼里，这样形成闭环，皮带固定于腰。后来，在这个基础上又出现了更高级、更美观的带镜，是一种方牌子，上面雕铸纹饰或图案，牌子前出一个舌头并开一个孔，皮带另一头穿过此孔后用舌头别住带眼。这个形式就很熟悉了，它与我们现代两种常用的皮带扣的一种差不多，就是那种一个方牌背后有一个钉状钮用来扣别带眼的，所不同只是古代的方牌是在前面扣别带眼。这种带镜结构好处显而易见：（1）便于骑马，华夏地区的带钩式结构很明显是不适合骑马的，它很容易被颠散；（2）量产的成本大幅降低，因为与现代皮带一样有排眼，它的长短可调了。

华夏民族在文化上从来对胡虏是蔑视和自卑的，虽然匈奴·东胡系统的革带非常实用，但中原地区的诸侯们依然对其嗤之以鼻。大概既因为它是胡人之物，又因为它无论怎样，也很难像带钩那样产生艺术的美感和庄严。赵武灵王以国君之尊，推动一个"胡服骑射"的国防工程都是那么

地艰难，更不会有人为了小小的皮带承受风险，因此，这种带镜系统的皮带在先秦的华夏地区是作为车马具来勒束马腹的。

带镜系统还有一个小小的不足，它的舌头是铸死的，这样在扣别带眼时难免费劲，于是实用主义的、没有那么多文化羁绊的胡人再一次发挥了想象力，他们把那个小舌头铸在了一个活动横轴上，我们今天最常用的带扣就此诞生了，在距今两千多年前。很可惜，这个伟大的发明最早依然被华夏民族用于勒马肚子，因为目前考古发现中最早的活舌带扣形象来自于秦始皇兵马俑2号坑T12出土的陶马，而最早的此类活舌带扣的实物也是来自河北满城1号西汉墓的马具。

东汉玉带扣

中国台北"故宫博物院"藏玉带扣

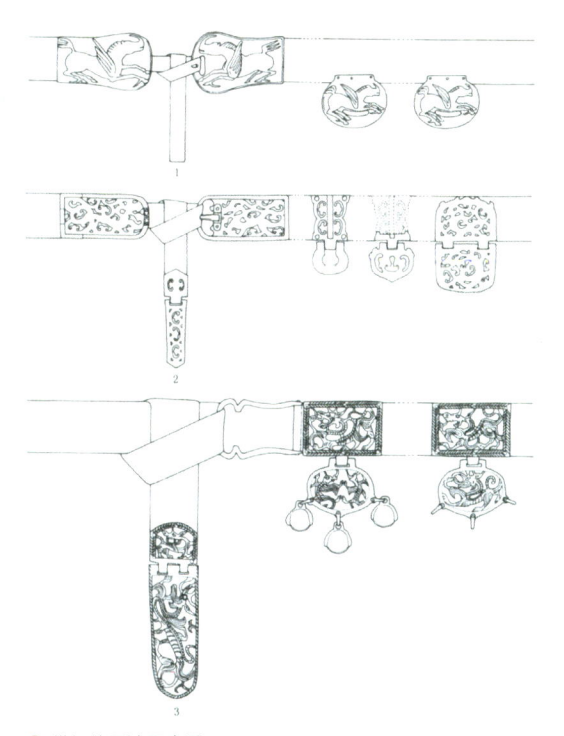

▲ 带扣使用法示意图

▲ 秦始皇陵2号俑坑所出陶马腹带上的活舌带扣

▲ 敦煌壁画中的帝王 此壁画为唐代所作，我们看到此时冕服帝王的腰间与杨坚像一样，已经是一条玉带。而前节所录的晋武帝冕服图，腰间还只是一条普通革带。此两幅帝王像的对比，证实了南北朝的胡汉相融是玉带产生的原因

这个局面又拖延了四百多年，终于在南北朝时，胡人发明的带扣从马肚子上移到了人肚子上。因为那是个"五胡乱华"和民族大融合的时代，北方的胡人对汉人取得了绝对的优势，一个小小的皮带也就顺便见证了那段历史。南北朝开始，现代式的活舌带扣已经成了革带的统一标准，上一编里提过的隋文帝画像里，杨坚的革带就已经是这种样子，这种发源于胡虏的腰带终于系在了至尊的腰间。想必，代表汉文化的世族们对于胡带横流是心中不快的。但大势已经如此，他们便运用起汉文化最核心的能力——融合与改造，开始重塑这来自蛮族的皮带。

四、粉墨玉带

皮带的模样已无可更改，那在何处下手改造它呢？最直接也最方便的方法当然就是在上面加东西，因为汉武帝确立的儒家思想体系里，最核心的就是"礼"，就是等级与规矩。一个光素的皮条子是无法体现等级、规矩的，但只要给它镶满东西就可以用材质、数量这些要素来体现。于是，皮带上出现了带銙与铊尾，同时，以带銙的材质、数量来认证等级的一整套规矩诞生了。毫无悬念地，基本退出革带系统的玉带钩的位置由玉带銙和玉铊尾补了上来，

111

玉依然是整套革带等级制度里的最高一层，中国历史上著名的"玉带"就此登上舞台。

前蜀王建墓出土玉带

山东朱檀墓出土明早期金镶白玉带銙一副

带銙起源于东汉晚期，是镶嵌在皮带上的方形或圆形的片状物，通常会在上面琢刻图案，甚至使用繁复的浮雕和镂雕技法使之成为精美的艺术品，有的带銙会加装一个环用来系玉佩、鱼袋和刀剑。铊尾是在皮带尽头沿边镶嵌一块较长的片状物来作为尾部包头，革带系好后它在人的后腰出现，或向上或向下，或单尾或双尾。不过到了明代就都是双铊尾向下了，我们经常在古书插图或木版画中，见到大官背后有两个支支愣愣突出来的东西就是此物。

从北朝后期开始，历代都对革带有严格的规制。北周和隋规定，最高级别的革带十三銙，是天子之具以玉为之。唐初还是继承的隋制，天子用十三銙，三品以上用十二銙，四品十一銙，五品十銙，六与七品九銙，八与九品八銙。唐中期后国力不足乃革隋弊，规定天子之带为九銙，最高级别的革带为玉带，三品以上方可使用。宋虽然喊着说"尚金"，一品大员也是着金銙之带，但皇帝却只系"排方玉带"，如果有特赏的勋贵亲王，皇帝赐的也都是玉带。可见所谓"尚金"不过是国威不足、西域不通、高档玉料紧缺的遮丑之词，最顶级的还是玉带。

到了明朝，玉带登峰造极，皇帝的玉带二十二块带銙，大臣的玉带十八块带銙。如此多的带銙必然造成玉带超长，于是明代的玉带通常不是服服帖帖地围在腰间，而是松松垮垮地趴在胯上，也许只有严世蕃那样的大号胖子才能让玉带真的像条腰带。于是，根据明朝服饰设计的传统戏服里，当官的腰上就会挂上一个呼啦圈似的东西，那就是明朝那条超级玉带的艺术再现。

明代玉带带銙一副

西安出土唐白玉狮纹带銙一副

带铐之于古人是地位识别系统，而于现在的我们则是历史信息的记录体，它本身是一种社会等级制度的标志，它身上的图画同时还清晰地表现着历史。在历代玉带铐的图案中有三种非常

唐胡人乐舞铊尾

有名，同时也具有极高的史料意义：一种是唐代的胡人乐舞，一种是宋代的仙、道图案，另一种是大名鼎鼎的春水秋山。在唐代的玉带铐上，胡人乐舞是很大的一类图案，它通常表现为一个欢乐的舞人在表演舞蹈，而这个舞人无论衣着和长相都具有明显的中亚特征，这种带铐非常鲜明地展现了唐代开放的世风以及唐帝国与中亚、西域的密切联系。宋代有一批玉带铐上琢刻着仙人或道人的形象，这在历代的玉制品中是较为少见和突出的，因此不能不让人把它们和徽宗这位"道君皇帝"联想到一起，自然还会联想到"靖康之耻"这千古一叹。

宋青白玉道教人物铊尾

至于"春水秋山"是指一类大题材中的两个主题，跨越辽、金、元、明、清五个朝代，它们起源于辽国的"捺钵"。"捺钵"系契丹语，译成汉语即"行营""行在"的意思，是辽国皇帝亲自领导、参与的四季渔猎活动。"春水玉"所指为鹘（海东青）捉鹅（天鹅）图案的玉器，"秋山玉"所指为山林虎鹿题材的玉器。前者与辽史记载的辽帝行至"春捺钵""鸭子河泺"进行狩猎

金"春水"玉带铐　　金"秋山"玉带铐

活动情景相吻合，后者与辽史记载"秋捺钵"活动相一致。《金史》中记载，将有鹘攫天鹅图案的服饰称为"春水之饰"，将有虎鹿山林图案的服饰称为"秋山之饰"，故将此种玉器定名为"春水玉"和"秋山玉"。这类内容的作品，充满了淳朴的山林野趣和浓郁的北国情调，是极具草原游牧民族特色的玉器作品，虽内容大体一致，但每件的具体形式却绝无重复，从中我们也可以看到辽、金、清这三个起于东北的国家的活力源泉。应该说玉带这种腰间的学问着实是我们要仔细拜读的一部大书。

第二编　神的力量与玉的威仪

113

第五章　贵人的宝玉

第一节　贵人何在

一、官制的演变

中国历史里常有贵人之说，玉就是贵人们专属的东西，直到清朝以前各朝都是明文规定"庶人不得用玉"。庶人就是普通老百姓，即使你家财万贯，只要身属庶民也不能使用玉器。当然在真实历史生活中财主戴戴玉也是常事，不过一旦遇到被人整的状态，这会是一个现成的"僭越"罪名。那么玉就是与庶人相对应的贵人才能使用的，贵人都是什么人呢？直白地说贵人就是"大人"，也就是官们。说到中国历史上的官，很多人又都是评书和戏曲所给予的模棱两可的概念，什么"相爷"啊、"太师爷"啊，其实这些官名跟他们在历史上的真相差得好远呢。中国历史里的官制是个什么样呢？

中国的官制从周代开始经历了数次成体系的变化，这些变化沿三条主线进行：（1）行政体系即权力核心，（2）官级体系，（3）薪俸体系。这些变化把中国古代史分为了两个阶段：贵族时代和官僚时代。一个立体结构已经出现，有些复杂了吧？我们用一张表来形象地说明。

阶段	时期	行政体系	官级体系	薪酬体系
贵族时代	周代	公族执政		封邑
官僚时代	秦、汉	三公开府	秩石	厚禄
	魏、晋、南北朝	演化过渡期	秩石向品级转化	
	隋、唐、宋、元	三省六部制	品级	薄俸
	明、清前期	内阁制		
	清中、后期	军机处		

我们需要对本表做一些说明。

（1）中国历史王朝的行政系统由官与吏构成，两千多年来官制不停演化而吏制基本不变。道理很简单，吏相当于如今的基层公务员，现在的基层公务员是有编制吃财政饭的，而古代的吏却是非编人员不由财政供养。

（2）秩石制的特点有两个：①直接用俸禄代表职务等级，三公就是万石，郡守就是两千石；②级别只跟职务对应，不绑定人，离开职务就什么都不是。哪怕是三公，丁忧也立刻变白身，孝满后被任为郡守就只是个两千石。

（3）品级制与秩石制最大的不同是造就了职务级别和行政级别两个身份标签，职务没有了，你的行政级别还在，哪怕是退休了。用现代话说就是有"正科级科

114

员"和"副局级退休干部"存在了。

通过这张表，我们可以清晰地看出：官制的变化史就是君主与下属角力的历史，当君主觉得现有最高行政系统越来越不好驾驭，就会加以改变。改变的方法，总是赋予一个处于现系统外的君主的秘书机构或咨询机构以事权，并以之架空权力中心，从而形成新的行政结构。实际就是加强君权，然后运行数百年再来一次，周而复始。

西周至春秋，各诸侯国的统治阶层严格在贵族中产生，最高的执政者（各国称呼不一）通常为公族，事实上多是公子（即国君的兄弟），这种结构必然造成篡弑行为频发并被视为正常。因为对卿、士阶层来说，既然掌实权的同族取代国君不导致国家"变姓"，那就也无不可，于是国君们必然要开始想办法扭转这个结构。战国时期作为政治实验，一批平民政治家开始登上王国的最高权力舞台，像邹衍、苏秦、张仪、吕不韦等，这些人非贵族更非宗室，权力是国君所给，很难向国君发难，反之国君想去掉他是很容易的事，这种结构的好处显而易见。因此，发展到秦统一天下时官制的贵族时代就让位给了官僚时代。

在汉代，行政权力的核心在三公，三公在西汉指丞相、太尉和御史大夫，在东汉指的是太尉、司徒和司空。三公的行政管理模式是开府制，所谓的开府制就是一定级别的行政长官拥有组建私属于自己的行政机构的权力，这个机构拥有各个行政部门，完全为其所属的长官服务。机构中的官员由长官任命，国家予以承认，形象地说就是在皇帝的中央政府中，还有着几个小一号的政府，而这些小号政府才是帝国运行的基础。这种结构的弊端也是很明显的，它易产生皇帝之外的权力中心。不过我们也可以理解，一方面，这是贵族执政阶段的遗绪，另一方面，君主要用平民取代贵族就一定要给其权、立其威。开府制施行了五六百年，到南北朝已成滥觞。刺史一级皆开府，而各种的"都督某某州诸军事"所开的军府更是成了政变的策源地。可以想象皇帝一定是不甘于如此的，因此从东汉后期开始，新的官制就又开始酝酿了。

在这里我们必须厘清一个概念，我们常说"官宦"，其实官与宦是不一样的，宦更不是太监的意思。宦指的是为皇帝个人服务，完全从属于皇帝的那部分官，是皇帝的私人。东汉后期开始，世家子弟大量充当宦职——那便是大批的郎官，以至于发展到最后，名门子弟必须从郎官出身。而容纳郎官的机构便是台省，尚书省实际是皇帝最为信赖和直接控制的秘书处。为抑制开府，皇帝逐渐赋予这个秘书处以行政事权，慢慢地相权便转移到了台省，于是官僚时代的第一次官制大变革产生，那就是三省六部制。所以后世六部中有大量的以郎为名的官职：侍郎、郎中、员外郎等。与此同时，为顺应新的行政体系，官员的等级体系复杂化了，品级制代替了简陋的秩石制，同时一个官员身上可以有多种带有级别的称号：有官职、有爵位、有勋位。开府逐渐成为一种荣衔的名称：在唐、宋两代"开府仪同三司"是最高的勋位。你看，皇帝不是一味蛮干的，把官员们的权力缩小了，就要造出一堆的噱头来

第二编 神的力量与王的威仪

115

给他们充面子，不是吗。

在三省六部制下没有宰相这个正式职务了，皇帝把这个最能汇聚权力的官职虚化和众化了。唐前期还以三省的首长为宰相之任形成宰相团体，到后来一直到宋都以"同平章事"行宰相之任，那更是直接点明了：皇帝让你跟着商量事你就是宰相，不让你跟着商量事你就不是宰相。而作为行政中枢的三省实质全是可以直接秉承皇帝意志的机构：中书省是秘书处，门下省是审核处，尚书省是行动处。不过随着时间的推移，行动处越发做大，宰相人选多来自左、右仆射。说是"同中书门下平章事"，实际倒像尚书省代管了中书、门下两省，因为行政资源都集中在尚书省的六部，新的权力中心又开始形成。

于是皇帝又开始行动了，从北宋开始一个品级并不高的官职成了文臣趋之若鹜的职务——翰林学士。宋代的翰林学士和清代不同，是真正的皇帝大秘，可以参与咨询皇帝筹划的各种政治事件并最终执笔草诏。在宋代担任翰林学士就意味着是皇帝最看重的亲信，未来拜相的几率与别人比何止倍蓰。同时，宋代皇帝大量任命使职以侵夺六部事权，有宋一代实际上尚书、侍郎等部职几乎等于荣衔，而各种"宣抚使""经略使""转运

王安石画像 掀动了宋代最大党争的王安石就是从翰林学士起家，而站在他对立面的著名人物欧阳修、司马光、苏轼等也都做过翰林学士

使"才是真正代表行政职权的官衔。皇帝把形势发展到这个地步，三省六部制也就接近尾声了。

结束三省六部制的是明太祖朱元璋，作为一个极不喜欢分享权力，以及极度猜疑别人觊觎权力的草根皇帝，他注定不会采用可能形成皇帝以外权力中心的制度设计。因此建国不久就摒弃了实际早就被架空的三省，而代之以内阁，但同时保留了作为执行机构的六部。何谓内阁，若干大学士组成，大学士分管各部，内阁直接对皇帝负责。这意味着什么：首先，内阁名"内"便摆明了其"宦"的身份，加以学士之名，无疑它是皇帝直属的秘书处；其次，拿掉能统管六部的尚书省而让大学士分管各部，也就是说从名义和实质上都不再有宰相了，"阁老"只是皇帝管理六部的"分身"而已。到了这种制度设计水平，皇权的强大和稳固是没有问题了，所以严嵩父子擅权到那种地步，皇帝一声令下便土崩瓦解。

按说"内阁"制已经很到位了，皇帝们已经不需要再做什么官制改革了，不过有时候历史的必然性上往往附着着一些偶然性，一个偶然性让中国古代官制在清雍正皇帝时完成了最后一次变革。清前期承明"内阁"制，到了雍正帝即位，由于康熙后期九子夺嫡的激烈政争，雍正新朝的内阁是各政治派别进行代理人战争的场所，包括皇帝的宿敌们。雍正帝是一个有抱负且勤勉的帝王，他要实行一系列的改革来充实国库，但内阁完全不听他的指挥，那么绕开内阁另起炉灶就是必然的选择。此时西北的战事给了雍正帝最好的借口，一

个貌似咨询、秘书机构的"军机处"成立了，属于皇帝嫡系的内阁成员都进了军机处，而政敌们都留在内阁享受宰辅的虚名。后面的事如何呢？大家都知道，仗打完了，但战时机构军机处留下了，军机大臣成了清朝中、后期近200余年的实际宰辅，内阁留下的影子就是军机大臣拥有了大学士头衔就能被称为"中堂"——和以前的"开府"一样成了至高的荣衔。

雍正帝画像

二、古代官员的收入

历代官员薪酬体系演化也有一个规律：我们可以看到官员合法收入的多寡，与官制的演化正好呈反向。以内阁制为界，之前是官员们的高薪时代，之后是官员们的低薪时代。

先说汉代，汉代制度相对粗陋，粗陋到秩石制下官员的级别直接以其收入水平来显示。官员的薪酬就是简单的工资，但它并不是真的按级别所称的"万石""两千石"来给。它是一种月薪制，在西汉前期以谷物发放，西汉后期以货币发放，到东汉变为以半钱半谷发放。以最高级别的三公来说，在西汉前期月薪是350斛谷，西汉后期是60000钱相当于600斛谷，东汉是175斛谷加17500钱总计合350斛谷。汉代的制度在我们看来极为简明易行，但它有一个大问题，就是不管做到多大的官，实际也是个吃死工资的工薪族。这显然是不符合官员的利益和心理需求的，于是经过几百年演化成了唐代的制度。

制度总是往复杂化发展，到唐代官员的收入已经由四方面构成："禄""俸""田""役"。禄是禄米，是以粮食形式发放的年薪。俸是俸料钱，包括俸钱、食料、杂用、课钱四部分，这是官员的月收入，其中俸钱相当于工资，其他相当于餐补、车补、××补。田是朝廷给予官员的与职务、品级挂钩的土地，分为"职田"和"公廨田"。"职田"是与官员品级挂钩的，你做到什么级别的官就划给你相应大小的土地，这块土地上的地租和经济收益归你所有。"公廨田"是与职务挂钩的，你做什么部门的领导就可以支配归属该部门的一块土地。此土地上产生的地租和经济收入，朝廷规定一半归你，另一半用于该部门的办公费用。役是朝廷根据官员级别为其提供的人力服务，类似于现在的服务员、警卫员、厨师等，其中有些用不了的富余人员朝廷就直接折现按月发放给官员（就是俸中的课钱）。

宋基本承唐制，但出于优待文臣的王朝理念和高薪养廉的思想，宋代官员的高薪达到了骇人听闻的程度。拿最高级的文官的月俸做比，唐开元时一品月俸是8000钱，已经不低了，而宋代最高级别的使相的月正俸居然高达40万钱。就唐宋制度来看，这个时期朝廷实际已经把官员，特别是高官阶层定型为既得利益集团。除了现金和粮食外，连土地和人这两种"王土

第二编 神的力量与王的威仪

117

王臣"，只要进入了这个集团也可以轻松共享并获取收益。但是，相应地我们要承认，在这样一套看似极不公正和特权合法主义的制度下，唐宋两朝的腐败情况在封建王朝中是不很严重的。

明清两代以薄俸著称，薄到什么程度？首先，明清官员在制度上只有岁俸了，而职田、力役这类收益取消了；其次，正俸极低，以最高级别文官来说：明代正一品本色俸204.82两/年，外加折色俸712.8两/年，合计917.62两/年；清代正一品正俸180两/年，外加180斛禄米/年。很显然这种收入是很不靠谱的，实际官员们谁也不靠工资活着，那么靠什么呢？途径有以下四个。

（1）如果能得到封爵或封邑那就跻身合法豪门，尤其明代，朱元璋对官员们极为吝啬，但对有封爵的自家人还是很大方的。

（2）皇帝对亲信大臣会赐予大批的田庄使其成为大地主、大富豪，当然一旦惹恼皇帝夺回赐庄也是常事。

（3）公开化的灰色收入，如地方对京官的"冰炭敬"，地方一把手的"耗羡银"，以及后来制度化的普遍的"养廉银"。

（4）大规模的、全体制性的贪、腐。

我们可以看出，明清的制度设计体现出皇权已经控制一切：按制度来官员就都是穷人，但"千里当官为挣钱"，想挣钱？好！四条道实际都是靠皇帝的恩赐和默许，一旦皇帝翻脸不但财富丧失，连性命都可能丢掉。因此，明清两代看似在制度上是低工资的，实际上紧抱皇帝大腿的官员们是最富有的，当然吏治也是最坏的。

以上就是中国历史里官制的演变，贵人们就在这个演变过程里浮浮沉沉，戴着那些专属于他们的美玉。

第二节　贵人用玉

一、贵人用玉准则

贵人当然也分大、中、小，不是所有量级的贵人都能做到浑身是玉，不过就算最小的贵人，也必然是会有一堆玉在身上的。总结说来，贵人用玉可以算是"从头到手、从生到死"。从头到手是说从头部开始全身佩戴、装饰玉器，最远处到达手部；从生到死是说生前全身佩玉，到了死后依然要全身使用葬玉。

上面说了中国官制的变化，要知道在历史上任何一个时期，混进贵人的行列都不是件省心的事，规矩太多，规矩后面的门道也太深。这里我们就要先说说贵人们戴玉的规矩，那就还是要先从中国思想体系最核心的地方说起。《礼记·玉藻》："天子佩白玉而玄组绶，公侯佩山玄玉而朱组绶，大夫佩水苍玉而纯组绶，世子佩瑜玉而綦组绶，士佩瓀玫而缊组绶，孔子佩象环五寸而綦组绶。"这是中国佩玉等级制度的根，后世各朝代的用玉制度

🔊 严嵩画像

基本都参照它而来，它的理论基础还是"礼"。

这个等级规定有两个有趣的地方：一个是它不光是玉，连佩玉的绳子也一并规定好了；另一个是悄无声息地把孔老夫子塞了进去，可又显得极不合群。组绶就是用来系玉的丝带，是用多股丝线编成的，这就让它可以进行颜色组合，也就是彩绳。天子佩戴用黑丝带系起的白玉；诸侯佩戴用红丝带系起的山玄玉。郑玄的注里说：

"山玄、水苍，如山之玄、如水之苍"。看起来山玄玉就是淡黑色的玉。纯是黑色发赤黄，水苍玉就是深青色的玉，那么大夫佩戴的就用黑中带赤黄色组绶系起的深青色玉。瑜玉有两种解读。一种是说瑜玉就是红色的玉，那么它很可能是玛瑙；一种是孔颖达的疏，说瑜玉就是美好的玉。从上面各个级别佩玉都讲究颜色看，我们还是相信第一种说法吧。綦是苍青色之意，那就是世子佩戴用苍青色丝带系起的红玉。瓀玟乃石次玉者，也就是今天考古学所说的"假玉"们，就是松石、水晶、玉髓之类。士比之真正的贵族要差一级，所以只能佩戴用黄色丝带系起的"假玉"。

🔺 唐青玉花卉纹带銙 和田青玉即所谓水仓玉

🔺 唐水晶八瓣花式盏

当我们把这个佩玉的规则序列展开之后发现了如下一些非常重要的文化信息。

（1）为什么要把玉和系玉的丝带配成套来规定？我们知道一个名词叫作"礼乐制度"，礼崩则乐坏。礼代表规矩和秩序，乐是它外在的艺术形式用以教化人心。佩玉既然是按照"礼"来安排，是"礼"的表现，那么当然还要有一个东西来代表"乐"与之配套。它就是同样具有一定艺术观感的彩色丝带。因此玉和丝带的同时被规定，对应着"礼乐"体系。

🔺 辽青白玉镂空飞天 发淡黑色的和田青白玉即所谓山玄玉

（2）天子白玉系黑丝带，黑、白分

119

明，这是阴、阳之喻，是中国最核心的思想，阴阳和谐则万物自清。要知道天子最重要的一个职能就是和谐阴阳，所以古代皇帝祭天时总要自称"统领山河、协理阴阳"。

（3）诸侯是淡黑色玉配红丝带，世子是红玉配苍青色丝带，正好相反、相对应的两套颜色！原来这是一对父子的装束，这又是一组阴、阳关系。

（4）分配给士的是"假玉"，因为士的地位称不上真正的贵族，玉以明礼，所以按照秩序就给他安排了"假玉"。但同时分配给他的丝带却是五方颜色中地位最高、居于中心的黄色，玉和丝带的这一卑一尊无疑又是一组取得了和谐的阴、阳关系。

所以，在这套指导了中国历代用玉制度的原则背后，就是中国哲学最核心的东西——"礼"和阴、阳。也就是儒和易，以易为本、以儒为用就是中国历史两千年的动能来源。

孔夫子也被塞进这个体系是很有趣的一件事。人家都是规定的级别或职位，只有他老人家是个有名有姓的人。可见这个系统一定是在西汉董仲舒以后才确定的。说得更明白一点就是：这又是《礼记》为汉儒伪托之作的一个证据。其实按照孔子作过鲁国大司寇的身份，他应该属于大夫这个层次，理应佩水苍玉而纯组绶。可在这个体系里，至圣先师偏偏别出心裁地戴了个配上苍青色丝带的象牙环，可见后世的硕儒们如此安排，定有他们的私心杂念。这个私心大概就是：他们需要让孔子成为圣人，而不是凡臣；需要孔子具有一种既在世俗功利体系中，又高于这个体系的超

然地位。因此孔子既在这个贵人的用玉等级秩序里而又特立独行，他佩戴的是同样很珍贵，但又绝不是玉属的象牙。象牙的颜色是牙白，也就是偏一些色的白，而这个象牙环上系着的丝带是苍青色，就是偏一些色的黑。这是一个巧妙的安排，它和天子一样直接统领了阴、阳和谐，但又稍低天子一点——没有使用天子的正黑与正白。这就暗喻了孔子的地位，应该是比天子略矮一肩而远高于他人的。换句话说就是，天子是在用王权领导着天下，而孔子代表的儒们是用思想领导着天下——事实上从西汉后期直到清朝，中国确实一直在这样一种格局下存在着。

二、用玉制度

现在我们来看看这套原则是如何指导后世用玉的，就拿"尚玉"的唐朝来说吧。因为在中国历史上的大帝国里，汉、唐、清是控制了西域，玉料来源最为充足的。但汉时用玉制度还未臻成熟，清时玉已经进入了世俗化时期，因此以唐为标本最为合适。各朝代的用玉制度一般都包含在服饰制度里面，唐代的服饰制度包括冕服、朝服、公服和常服几大部分，当然皇帝和皇太子的服饰是自成一系的。根据《旧唐书》和《新唐书》里《舆服志》的对比，关于用玉有如下规定。

1. 皇帝和皇太子

皇帝与皇太子身上用的玉全部是白玉。他们所着的所有冕与冠上的导和簪都是玉制的，所谓的导就是冕冠上横贯冠体与发髻的那根大发簪。他们身上挂两副白玉佩，腰间系白玉带銙的革带。腰间同时还会

配一柄玉具剑——在剑柄与剑鞘上镶嵌的玉称之为玉剑饰,饰玉的剑称作玉具剑。一副完整的玉具剑由四个玉饰物组成,它们分别是剑首、剑格、剑璏、剑珌。

玉具剑本来是与青铜剑伴生的,它的形制完全是按照青铜剑的要求而设计:玉剑首是圆的,中间有孔洞,用以安插固定于棍状的青铜剑柄顶端。玉剑璏实际是一个长条形的别子,它固定于剑鞘之上,用以将整个青铜剑竖着别在革带上。也因此,我们看到的汉以前的贵族画像,他们的佩剑都是从肋边竖着露出来,而不是像后世那样横着悬于腰下。这是因为青铜柔脆,无法制成大尺寸兵器。因此,青铜剑远比铁剑短小,竖着别在腰上,使用起来更为方便。玉剑格呈较宽的矩形,因为青铜剑较铁剑宽又短,所以与后世铁剑剑格不同,青铜剑剑格两端几乎与剑刃平齐。玉剑珌是方形或梯形的,这依然因为青铜剑远较铁剑短宽,因此其剑鞘便也显得短而宽,如果尾部如后世铁剑鞘似的成圆弧形便不美观,是以青铜剑鞘尾部采用方形或梯形。玉具剑起源于西周,成型于东周,盛行于战国至两汉,是天子与诸侯贵族标示身份的重要宝物。尤其战国与两汉的玉具剑,极尽巧思与精美,同时体现着威严与华贵的风韵。

⬆ 中国台北"故宫博物院"藏汉代玉具剑

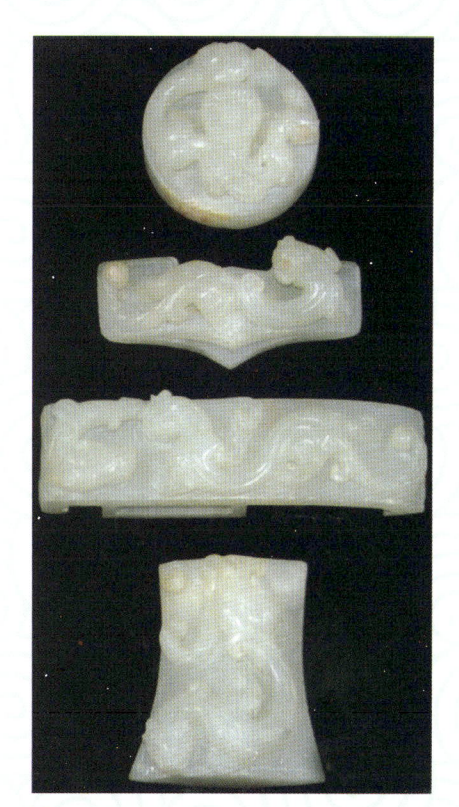

⬆ 汉代羊脂白玉玉具剑

⬆ 湖北江陵望山出土越王勾践剑 此剑可称是中国青铜剑的巅峰之作

2. 品官
(1) 头上之冠

唐代大臣还可以按《周礼》之说在大典

礼上按品级穿戴相应的冕服，因此冕冠是最高级别的冠，但臣子之冕不可用玉簪、导，需以角为簪、导。

冕冠之下等级最高的是通天冠，按《新唐书》，"五品以上通天冠双玉导、金饰"。武官与卫官着公服时头上戴的叫平巾帻，按《新唐书》，"平巾帻金饰、五品以上兼用玉"。

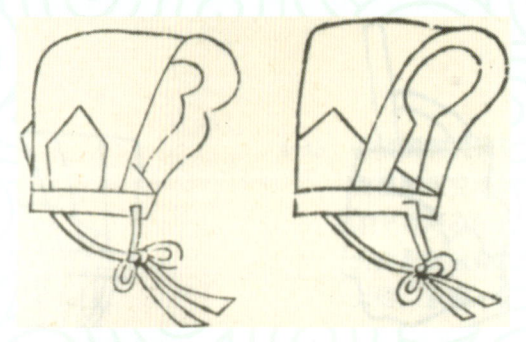

▲ 宋·聂崇义《三礼图》所载通天冠

▲ 河南邓县画像砖墓（南朝）画像砖 牵马武士所戴即为平巾帻

（2）身上之组玉佩

按《旧唐书》，"诸佩，一品佩山玄玉，二品以下、五品以上佩水苍玉"。从这一点看，完全遵照了《礼记·玉藻》的原则，天子佩白玉，一品对应了古诸侯佩山玄玉，二品至五品对应了大夫佩水苍玉。

（3）腰间之带

按《新唐书》起梁带之制"三品以上玉梁宝钿，五品以上金梁宝钿"。这里的梁就是带铐，三品以上可用玉带铐，也就是唐代三品以上方可使用玉带。

（4）常服

按《新唐书》，"亲王及三品、二王后服大科绫、罗，色用紫，饰以玉"。这里的二王指的是北周和隋两代的皇室后裔，也就是唐朝的亲王、宇文氏和杨氏的直系帝裔以及当朝三品以上的官员，常服上的饰物可以使用玉器。

从唐代的制度可以看出，在《礼记》的原则之下，一个有着充足玉料的王朝依然小心谨慎地发放佩玉的许可证，五品是一条线，五品以下就没有佩玉的资格了。那么唐代的五品大概是个什么官呢？按《大唐六典》，京县的县令是正五品上，用我们今天作比较就是北京下属各区的区长，他们是可以佩玉的；而畿县的县令就变成正六品上，也就是相当于今天北京下属各县的县长，他们就已经没有佩玉的资格了。可见，佩玉对于古代的贵人们是一种多么严格的身份界定。

当然，也有一些佩玉朝廷不大管，而给了官员们一定自由空间。比如头上的冠和帽正，手上的指环和扳指。这里的冠同各朝《舆服志》里的通天冠、远游冠、进贤冠等不同，指的不是这些属于正式礼服、朝服一部分的冠，而是属于休闲服装一部分的冠，也就是束发冠。这种冠不大，通常仅仅是能够把发髻扣住就可以了，它很多时候外面还会再套上纱帽（比如明朝都是在束发冠外再套纱帽或方巾的）。可见它就是一件有钱、有地位者的发髻外包装而已，因此朝廷不予干预。朝廷一不干预，它就展现出了极强的艺术性，有各种

↑苏吴县出土宋代白玉束发冠　↑明青玉束发冠

各样的极具创造性和美学价值的样式出现，它的材质有金、银、玉、犀角各种。玉束发冠是非常多见的，同时发冠上用以贯穿发髻的玉簪子自然也就大行其道。

自从南北朝后期出现幞头这种从头巾演变来的帽子之后，它就一路演变，从软到硬，从拼接型到一体型，最终形成了纱帽，也催生了一种新的玉头饰——帽正。就是传统戏服里乌纱帽前面正中必有的那一块或方或椭圆的玉片。这个东西乌纱帽上用，家居的纱帽上用，文士的方巾上用，最后清朝的日常瓜皮帽上也用，成了最有生命力的男性玉头饰。

↑明双龙盘寿帽正　↑明双龙寿字帽正

玉指环起源极早，良渚文化就已经有出土，它一路走到今天，几千年从未离开首饰行列，可以说是玉饰品里最为长寿的。不过，对于手上的玉饰品来说，玉指环或

玉戒指称不上王者，真正如雷贯耳的是玉扳指。扳指的前身叫做韘，《说文解字》曰"韘，射也"，说明此器为骑射之具。它是一种护手的工具，戴于勾弦的手指，用以扣住弓弦。

↑安阳妇好墓出土商代晚期玉韘

同时，在放箭时，也可以防止急速回抽的弓弦擦伤手指。古人亦称为"机"，意义类似于"扳机"，表示扳指的作用相当于扳机。韘初见于商代，在春秋、战国的时候就十分流行使用扳指了。几千年来，扳指的形制，出现过很多种样式。最为主要的，是坡形扳指和桶形扳指。坡形玉扳指后来慢慢演化成了一种著名的玉器，就是"玉韘"，俗称"鸡心佩"，它已经从人的手指上转移到了腰间，成为一种极富盛名的玉佩。而桶形扳指则在清朝八旗的手上登峰造极。满族人入关后，大量贵族子弟不再习武，却仍然佩戴扳指。由于炫富的需要，扳指的质地亦由原来的鹿角，发展为犀角、象牙、水晶、玉、瓷、翡翠、碧玺等名贵的原料。旗人佩戴的扳指，以白

123

玉磨制者为最多，扳指也由此成为现在玉器收藏的一大宗。

🔶 蝶形玉佩（俗称鸡心佩）

🔶 几款清代扳指

三、用玉保卫的魂灵

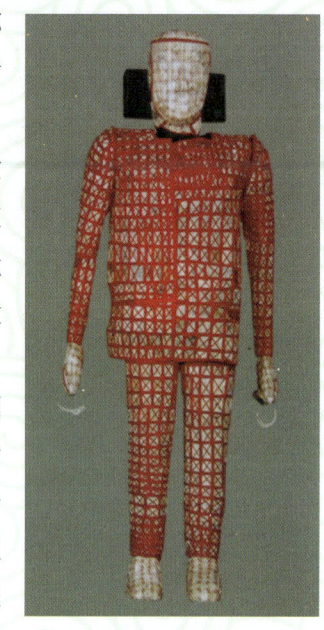

这些说的都是贵人们活着时佩戴的玉饰物，当他们面对死亡时陪伴他们的依然是玉，这就是古玉中的一大门类——葬玉。葬玉作为一种制度和文化，有它自己的起源和背景，我们将在本书的第四编中详细介绍，这里只

🔶 广州南越王墓丝缕玉衣

简单说一下最为重要，也是最后保护着贵人们，最后能显示他们身份的两种大型葬玉，玉衣和玉覆面。

玉衣是供皇帝和贵族死后穿的葬服，又称玉柙或玉匣，是用许多四角穿有小孔的玉片并以金丝、银丝或铜丝相连而制成的，分别称为金缕玉衣、银缕玉衣和铜缕玉衣。关于玉衣的起源，最早可追溯到东周时的"缀玉面幕"和"缀玉衣服"。1954—1955年，在洛阳中州发掘的春秋战国墓葬中，尸体面部有带孔的玉片，按五官的位置排列，尸体上也有玉片，这可能是玉衣的前身。

玉衣至汉代才正式见诸记载："汉帝送死，皆珠衣玉匣，匣形如铠甲，连以金缕"。在汉代，玉衣是皇帝、诸侯王和高级贵族死后穿的殓服，大致出现在西汉文景时期。但在西汉时尚未形成严格的等级制度，故已发现的西汉诸侯王的玉衣，既有金缕，也有银缕、丝缕。到东汉时则实行了严格的玉衣等级制度，只有帝王才有资格在驾崩时穿金缕玉衣，而诸侯死去时只能穿银缕玉衣，一般的贵族和长公主只能穿铜缕玉衣。三国时期，曹操的儿子曹丕做了魏国的皇帝，他认为使用玉衣是"愚俗所为也"，在公元222年下令废除了以玉衣随葬的制度。至此，从西周初到两汉鼎盛的玉衣随葬制度退出历史。

古人曾认为玉可以保证尸体不腐烂，正是缘于这种说法，西周时期，一种特殊的丧葬用玉——玉覆面出现了。它用各种玉料对应人的五官及面部其他特征制成饰片，缀饰于纺织品上，用于殓葬时覆盖在死者面部。当然，这种奢华的丧葬品仅出现于贵族墓葬中。玉覆面在两周盛行一时，玉面罩是由近似人面部五官形式的若干件玉器按人体面部大小形态缝缀在布料上，形式各不相同，有的是专门而作，有的似用其他玉器改作或合并而成，每套中的各件数量不等，各呈扁平形，边角有穿孔供缝缀用，使用时凡有饰纹部分皆朝死者面部。也可以说玉衣实际是将玉覆面所带动的风俗，一步一步搞扩大化而最终达到的顶点，因此，这两种东西可以视为一体，它们是顶级贵人们最后的荣光和玉缘。

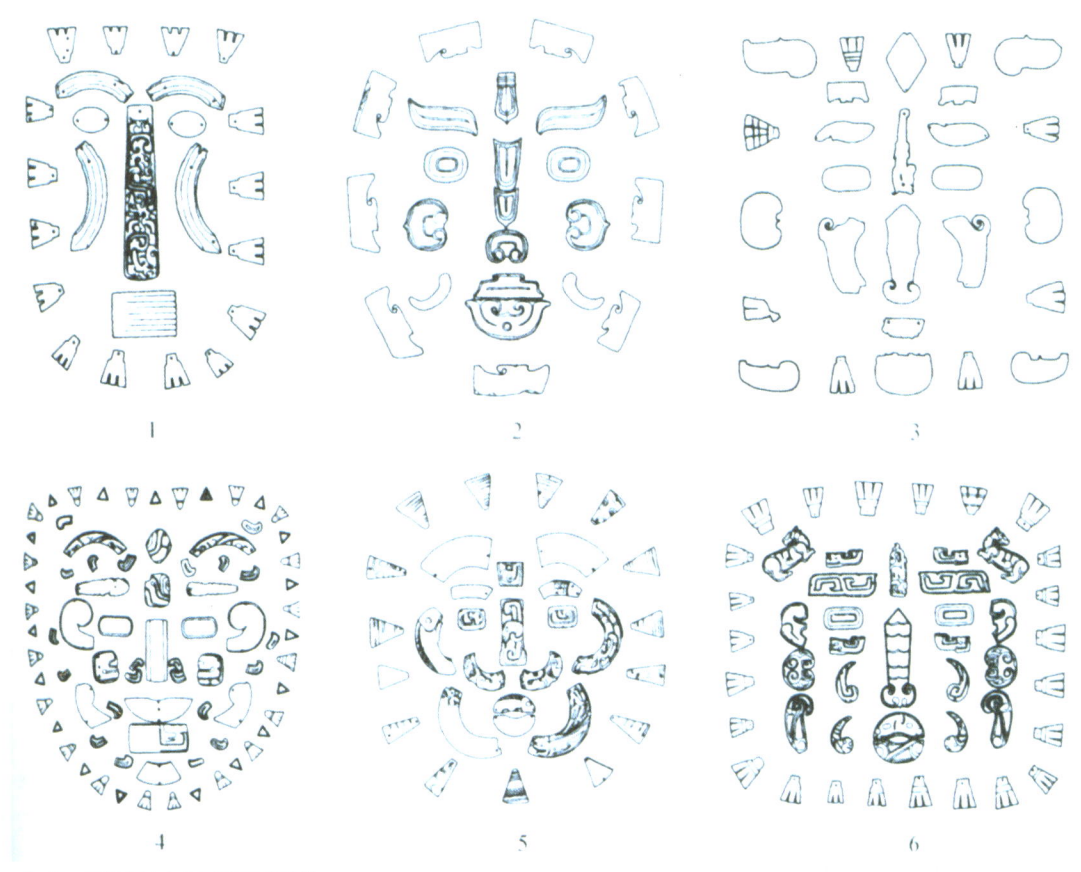

第二编 神的力量与王的威仪

山西晋侯墓地出土玉覆面示意图

125

第三编

撑起礼仪之邦

"儒"和"礼"的思想指导了中国人两千多年的处世和生活，直到今天依然执拗地融化在我们的血液里。不管西方思想如何冲击、经济如何全球化，到了人生最重要的节点，指导我们行为的往往还是"儒"与"礼"的基因。

历史进入王权时代后，最为顶尖的器物是礼器，礼器的出现和系统化是配合"礼"及"儒"的产生和发展。随着儒学成为核心思想体系，玉礼器成为顶级之器，并承载了儒学的核心理念，也投映着儒学的发展、嬗变。

本编就专注于讲出一个透彻易懂的，可思考、可品味的"礼"与"儒"。并考据玉礼器之"六器"：玉璧、玉琮、玉圭、玉璋、玉璜、玉琥的来龙去脉和思想史意义。

第一章 "礼"时代的来临

第一节 "礼"从何来

一、"礼"为何物

中国有一张名片。

历来介绍中国的文字里,一定会有"礼仪之邦"四个字,位置还必然跑不出整篇文字的前两段,礼仪之邦就是我们引以为傲的名片。从来我们就以讲礼仪著称于世,任何一个国家都未曾像我们这样,有传承有序、精细繁缛的整套仪礼。不过,对于现代的很多人来说,一提到"礼"就等同于礼仪和礼节,甚至一提到"礼"脑海里就条件反射般地出现面带微笑、身穿旗袍的礼仪小姐,这些印象就不免流于表面而失其本意了。

其实,在本书的前两编里已经零星地说过"礼"是什么,对中国社会的意义是什么。孔子曰:"夫礼,先王以承天之道,以理人之情,失之者死,得之者生。故圣人以礼示之,天下国家可得而正也。"在这里,孔夫子提出了两个重要的思想:一个是天道与人情。"天人合一"是中国古老而核心的文化观,天与人的关系是历代大儒都要进行诠释的。在王阳明的"心学"里认为天理入于人心即为道,这是儒家关于天人关系发展到顶峰的一个理论,看来它的源头就是孔子的这个认识。让天理得以入人心的桥梁就是"礼","礼"是儒学之"道"的承载者。另一个是正。"正"是不偏不倚,落在实处就是公正,公正是所有健康、和谐社会的基础。其实"法治"也好,"人治"也罢,都是手段和形态,只要公正就都能带来和谐的社会,只不过人类历史证明,合理的法治更容易保证公正的长期性。《中庸》是

▲ 山东曲阜孔子墓 孔子被历代尊为"文宣王",其后裔封为"衍圣公"。整个中国历史上只有孔家的这两个封号不受朝代更替的影响,就是因为孔子倡导的"礼"制,是农耕文明下各朝各代都必须尊奉的意识形态路线

▲ 中国传统建筑的巅峰 北京紫禁城三大殿

《四书》之一，属于儒家最核心的理论基础，"中庸"是中国两千年来最高的社会法则，朱熹所注之《中庸》里，开篇即说：子程子曰"不偏之谓中，不易之谓庸。中者，天下之正道，庸者，天下之定理"。所以"中庸"的本质是永久的"正"。而《中庸》正是由《礼记》中的一篇拆出来而独立成书的，是以"正"是"礼"之果，守礼则社会必正。

为什么守礼社会就能正呢？这就是我们在前两编里论述过的："礼"之本质是规矩与秩序。国家像一个整栋的建筑，所有人都是这个建筑的构件，构件有大有小，要按一种规矩来安排这些构件，让它们该在什么地方就在什么地方，然后紧紧咬合住，那么整个建筑就异常牢固。实际上中国古代建筑全部采用榫卯结构，从而极为坚固就是这个思想的具体物化。那种安排构件的规矩就是"礼"，按这个规矩把构件都入了位就形成了秩序，这个秩序就是构件组合起来的建筑骨架。骨架有了，再进行装饰和点缀，建筑最终就在坚固稳定中呈现出宏伟而壮丽的气象，这个建筑就叫做国家。

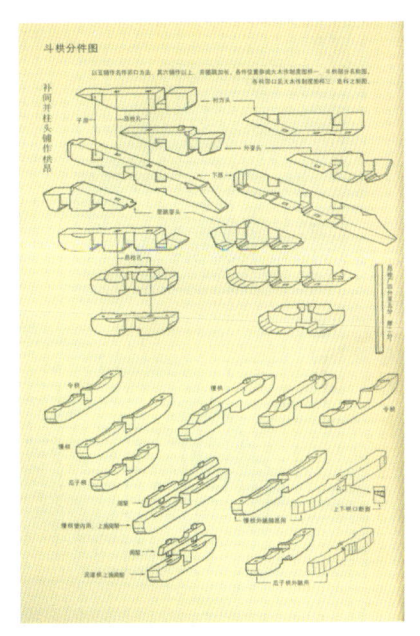

○ 斗拱分件图

二、何谓周公之"礼"

用礼来构筑国家这座大型建筑的手艺据说创始于周公。周公姓姬名旦，是周武王的弟弟，周朝建立和稳固下来的大功臣，他受封于鲁，是鲁国的先祖。《史记·鲁周公世家》记载，周公最重要的功绩一共有四个。

○ 山东宋山汉代画像石"周公辅成王"

（1）辅佐武王得了天下，《史记》里说："周公把大钺，召公把小钺，以夹武王，衅社，告纣之罪于天，及殷民"。他

○ 宋代建筑斗拱图

129

是武王伐纣祭天时把大钺者，也就是武王弟弟中排名第一的亲信。因此他在建立周朝中的功劳仅次于太公望。

（2）武王生病时，他"戴璧秉圭"登坛求告天和祖先，愿意以自己代替武王去死。这一番祷告后武王的病居然好了，而周公则"藏其策金縢匮中，诫守者勿敢言"，就是不让别人知道自己做了舍己救主这么大的好事。

（3）武王死，成王幼年继位，周公摄政。管叔与蔡叔带着商朝遗民造反，周公带兵讨伐平叛，有再造社稷之功。

（4）成王成年，他立刻归政绝不恋栈，"北面就臣位，匔匔如畏然"。

因为有这四大功绩，他死后"成王亦让，葬周公于毕，从文王，以明予小子不敢臣周公也"，成王不敢以其为臣下，所以"成王乃命鲁得郊祭文王。鲁有天子礼乐者，以褒周公之德也"。成王事实上给了周公一个准周王的历史地位。可以说，虽然在后来的东周列国里，鲁国的国力一直不强，但却执文化之牛耳，以致最后能出孔子和儒学，根源都在于它的始祖是周公，在于鲁国完整地保存了一套天子礼乐的拷贝。

🎧 山东曲阜鲁国故城和城垣遗址

《史记·鲁周公世家》里还有一句话："成王在丰，天下已安，周之官政未次序，于是周公作《周官》，官别其宜，作《立政》，以便百姓。百姓说（悦）"。这句话对于中国历史来说至关重要，因为它昭示着"礼"时代的正式来临。《周官》是一部书，准确地说是一部制度，中国的第一部官制，这部书在后世有一个如雷贯耳的名字——《周礼》。当然我们知道，现存的《周礼》大部分是西汉刘歆伪托周公而作，但《史记》成书于刘歆之前，看来当年周公确实是作了一部《周官》。而且做这部书的目的就是为了有效管理社会，刘歆应该还是在周公的遗迹上进行的再创作。

《通典卷四十一·礼一》里说："洎周武王既没，成王幼弱，周公摄政，六年致太平，述文武之德，制《周官》及《仪礼》，以为后王法。礼序云：'礼也者，体也，履也。统之于心曰体，践而行之曰履。'然则《周礼》为体、《仪礼》为履"。《仪礼》也是一部书，里面记载的是各类典礼和重要事务的礼仪规范。《通典》的这段话就把我们对于礼的概念论述得非常清楚了：《周礼》是体，也就是基础与核心，《周礼》说的是什么呢——官制，也就是等级制度，就是规矩；《仪礼》是履，是在规矩下的仪式化的行为规范，它就是秩序。通过恪守这些仪礼，就能固守规矩，就能让社会处于秩序和稳定之下。这就是"礼"的真实内涵，我们今天所认知的是"礼"之履，就是仪礼的部分，而探究它"体"的部分才能对我们的文化核心有更深刻的认识。

三、"礼"从何来

这一探究，我们就先遇到了一个根本性

的问题，我们的"礼"时代为什么起始于周，而不是夏或者商呢？这后面原来是由比文化更为宏大的概念来做决定的，就是文明，是农耕文明决定了这个时点。原始农耕出现很早，至少在新石器晚期，也就是三皇五帝那个时候就广泛存在。但真正的农耕文明肇始于夏代之初，准确地说是大禹治水之后。为什么是在这个时候呢？两个因素造就的：一个是人的因素，另一个是物质的因素。农耕需要有技术和土地，这两点在此之前都不完备。

河南新郑裴李岗文化出土锯齿刃石镰（距今约八千年前）

河南新郑裴李岗文化出土石磨盘、石磨棒（距今约八千年前）

《史记·五帝本纪》里说："帝舜曰：'弃，黎民始饥'。而后稷播时百谷。"黎民的食物不足，帝舜命姬弃来教大家播种各种谷物。也就是说，在周人祖先后稷出现之前，人民确实是不具备播种谷物的技能的。后稷的出现，是农耕形成规模和常态的决定因素之一，即人的因素。那么为什么教民农耕这个历史使命会落在后稷身上呢？这里透露出来两个信息：一个是姬弃天生就喜欢研究种植，他是一个农业天才；再一个他在农业上最了不起的一项技术是"相地之宜"，也就是善于辨识土壤。知道哪些土壤适合于农业生产，然后"宜谷者稼穑焉"，他教给人民的主要技术也是这个。总结来说，后稷的出现让人民具备了两种重要的农业生产能力：一是掌握了可耕种的作物，二是掌握了选择土壤的技术。这样，使农耕之为文明的人的因素就具备了。

浙江余姚河姆渡文化出土骨耜

但人虽然懂得了何种土地适合耕作，奈何水灾频仍，可耕之地不多，农耕依然无法成气候。这就牵扯到了物质的因素，就是大面积耕地的不足，而这个问题也正好在后稷出现的同时解决了，背景就是大禹治水。《史记·夏本纪》记载：舜命禹治水，"与益予众庶稻鲜食，以决九川致四海，浚畎浍致之川。与稷予众庶难得之食，食少，调有余，补不足，徙居，众民乃定，万国为治"。在大禹受命治水后，他给身边的两个主要助手分了工：益负责跟着他战天斗地；而负责在他俩后方管理后勤、调配口粮、安定人心的是稷。此时

131

琢磨历史——玉里看中国

的分工就已经露出了日后的端倪，治水成功后，"九川归于海，水退地平。于是浚畎浍（田间之沟渠叫做畎浍）"。这两句加在一起就说明，大禹从事的治水事业同时还是一项农田水利工程。所以，治水的成功就意味着农耕的物质条件成熟了——大批的可耕地出现。

于是，治水成功后，禹受禅成为王，而他如此安排两个助手的工作："益主虞，山泽辟。弃主稷，百谷时茂"。虞是管理山川也就是负责基础建设的官员，稷是管理农业的官员——用现在话说就是：益当了建设部长，而弃当了农业部长。弃从此开始变成后稷，成为中国农耕之祖，正式的农耕开始了。不过好景不长，益没能顺利受禅，禹的儿子启接过了天下，夏朝建立。而后稷的儿子不窋继承了他的职位，不久"夏后氏政衰，去稷不务，不窋以失其官而奔戎狄之间"。去稷不务就是后稷的农耕事业不被夏王重视了，不窋丢了官，为了不再丢命他只好带领族人逃到了野蛮民族出没的地区，中国的农耕进程在中原王权地区划上了休止符。

不窋的孙子公刘，虽然身在戎地，但坚持恢复了本族农耕的传统，并带领族人南下，渡过漆水、沮水、渭水三条河流，最后来到了陕西境内找到了适于农耕的地方豳定居下来，从而奠定了周人繁衍的根基。这个"豳"就是现在陕西彬县一带，从此周人成为中国最早、最彻底的农耕民族。到几百年后，武王伐纣，周人打败了商业文明的殷人，农耕文明正式入主

▲ 商代黄河、长江中下游地区图　可以从此图看出，此时周族已是古公亶父的时代，已于岐山定居

中原得以确立，成为嗣后三千年的大一统文明。

一种文明就会塑造一种理念和一套制度，正是周人的农耕文明使得周朝一经建立，不旋踵就确立了"礼"的体系；也因为从此中国就一直处于农耕文明中，我们也就一直忠实地沿袭着"礼"的体系。农耕的生产方式要求稳定、权威和服从。农业生产不同于商业，只要天气不突变，通常一切都是可以预料的。春种、夏耨、秋收，只要按照定好的规矩，在某一时间用心尽力地把该干的干了，就基本可以得到想要的结果，这是一种有秩序的稳定。

而某一时间该干什么是由谁来规定的呢？是一种经验的传承，老一代人说啥时该干嘛就应该干嘛。因为老一代是从再老一代那里接受的经验，这些经验可能可以上溯到后稷。中国的俗话"不听老人言，吃亏在眼前"就是在告诫：传承下来的经验是多么的重要，在这些经验上形成的规矩是不可违的，违了就可能得不到稳定，进一步就可能得不到收成。因此规矩就是权威，就要服从权威。在这种逻辑下，大家自然应该自觉地在自己应该在的位置上，听从权威的经验，按照规矩耕作，最后稳定地获得收成，得到稳定的生活。这是农耕文明下必然形成的模式，这个模式基本已经囊括了"礼"的全部内涵。因此，最早和最长时间从事农耕的周人，很自然地"进化"出了"礼"的思想，并在夺取全国政权后，迅速将其确立为国家意识形态。也因此，"礼"的时代必然产生在周朝建立的这个历史时点上。

甘肃嘉峪关魏晋墓画砖《牛耕图》

第二节　"三礼"与礼器

一、三"礼"

史有明言："周公制礼"。制的是什么"礼"呢？两本书，一本《周礼》、一本《仪礼》。《周礼》在《史记》中称为《周官》，西汉末刘歆将其名改为《周礼》。它以天官、地官、春官、夏官、秋官、冬官六篇为间架。天、地、春、夏、秋、冬即天地四方六合，就是古人所说的宇宙。《周礼》六官即六卿，根据作者的安排，每卿统领六十官职。《周礼》六官的分工大致为：天官主管宫廷、地官主管民政、春官主管宗族、夏官主管军事、秋官主管刑罚、冬官主管营造，涉及社会生活的所有方面，在上古文献中实属罕见。《周礼》所记载的礼的体系最为系统，既有祭祀、朝觐、封国、巡狩、丧葬等的国家大典，也有如用鼎制度、乐悬制度、车骑制度、服饰制度、礼玉制度等的具体规制，还有各种礼器的等级、组合、形制、度数的记载。总的来说，《周礼》是一部制度总集，所有的制度都是按"礼"来安

《周礼》书影 宋乾道南监本

排，同时又成为"礼"的一部分。不过上面也说过，从20世纪的疑古派开始历经考据，学术界已经基本认为此书是刘歆伪托周公所作，但至少里面应该有周公的《周官》作为大框架。

《仪礼》共十七篇。内容记载着周代的冠、婚、丧、祭、乡、射、朝、聘等各种礼仪，其中以记载士大夫的礼仪为主。《汉书·儒林传》说："汉兴，鲁高堂生传《士礼》十七篇"。历朝历代，有学者说十七篇是一个《仪礼》的残本，真正的《仪礼》要多得多；也有学者说，这就是《仪礼》的全部，孰是孰非至今是个悬案。尽管《仪礼》十七篇所记仪节制度，远远不能满足后世统治的需要，然而各朝礼典的制定，大都以《仪礼》为重要依据而踵事增华。

武威出土汉代《仪礼》竹简

《仪礼》是儒家传习最早的一部书。传说这书也是周公做的，但这一点从古代就为人所疑，《史记》和《汉书》都认为该书出于孔子。司马迁说《礼》记自孔氏，班固说孔子把周代残留的礼采缀成书。《礼记·杂记下》上也说："恤由之丧，哀公使孺悲之孔子，学士丧礼，《士丧礼》于是乎书。"显然，《仪礼》成书于东周时代。《仪礼》一书形诸文字是在东周时期，而其中所记录的礼仪活动，在成书以前早就有了。这些繁缛的登降之礼，趋详之节，不是孔子凭空编造的，而是他采辑周、鲁各国即将失传的礼仪而加以整理记录的。

儒家关于"礼"的体系由三部书支撑，号为"三礼"，除了以上两部外还有一部是著名的《礼记》，它是三礼中唯一一部不是托在周公名下的。《礼记》共四十九篇，是秦汉之际和汉代初期儒家学者的著述。《礼记》四十九篇内容比较芜杂，刘向《别录》将其分为八类，梁启超将其细分为十类。但是，对"礼"的阐述无疑是共同的主题。围绕这个主题，《礼记》的题材或内容可分为三个方面：一是诠释《仪礼》和考证古礼，这些礼仪制度是此后儒家文化中的生活习俗的源头；二是孔门弟子的言行杂事，这在一定程度上反映了儒家的"礼"的生活实践；三是对"礼"的理论性论述。东汉郑玄给《礼记》做了出色的注解，这样一来，使它摆脱了从属《仪礼》的地位而独立成书，渐渐得到一般士人的尊信和传习。

《礼记》书影 相台岳珂刻本

魏晋南北朝时期，就出现了不少有关《礼记》的著作。到了唐朝，国家设科取士，把近二十万字的《左传》和十万字的《礼记》都列为大经，五万字的《仪礼》和《周礼》《诗经》等列为中经。因为《礼记》文字比较通畅，难度较小，且被列为大经，所以即使它比《仪礼》的字数多近一倍，还是攻习《礼记》的人多。到了明朝，《礼记》的地位进一步被提高，汉朝的五经里有《仪礼》没有《礼记》，明朝的五经里有《礼记》没有《仪礼》。《礼记》由一个附庸蔚为"大国"了。而《仪礼》这个往昔"大国"则日趋衰落。

二、礼器

《周官》为体，《仪礼》为履，所以《周礼》里虽然有各种礼仪制度，但《仪礼》里则是各种仪礼的操作守则，可以直接对应着实施。那么在实施的时候就要用到很多的道具和工具，这就出现了礼器。孔子说过："唯器与名，不可以假人。君之所司也，名以出信；信以守器；器以藏礼；礼以行义；义以生利；利以平民。政之大节也。若以假人，与人政也。政亡，则国家从之，弗可止也已"。这段话里说了君主必须自己控制，绝不可以让给他人的两个东西：器与名。并层层推理出：若失去了对名与器的控制，这两样被别人掌握了，则国家必一步步崩溃。

名是名分，名分就是"礼"里面的等级规矩。比如分封，天子给了一个人诸侯的名分，就是用自己的信誉对全天下作了担保：此人出身可靠，品性即血统都符合统领一方人民的资格。这种信誉要用器来固化，固化了信誉的器可以用来蕴含礼。这就是它们之间的逻辑关系：礼器一方面是其主人获得身份的担保——诸侯礼器是天子给的担保，天子礼器是上天给的担保；另一方面礼器代表着等级、规矩和秩序，受了器的人守器即为守礼，就是承诺要保证维护结构稳定，礼器又是其主人用自己的身份给社会稳定提供的反向担保。因此，礼器是整个国家伦理体系的核心担保物，失去了它就意味着礼之不存，这个国家也就快完了。为此可以成为礼器的都是当时顶尖的器物，主要有青铜礼器和玉礼器。

青铜礼器名气太大，几乎出土一个就是国宝级文物，但青铜礼器有一个特点——它们都是实用器。它们可分为六大类：炊器、食器、酒器、水器、乐器和杂器。

炊器有：鼎、鬲、甗、簋、簠、豆、敦、盂、俎。

第三编 撑起礼仪之邦

琢磨历史——玉里看中国

↑ 陕西周原出土毛公鼎 鼎铭为一篇完整的周宣王告诫

↑ 陕西扶风出土史墙盘 盘铭记述了西周的重要历史

↑ 湖北随州曾侯乙墓出土东周编钟

↑ 陕西扶风出土西周㝬簋 其簋内底铸铭文124字，制作于厉王十二年。是周厉王为祭祀先王而自作的一篇祝词

酒器有：爵、觚、觯、斝、尊、壶、罍、卣、觥、瓿、盉、角、瓒、缶。

水器有：盘、匜、鉴。

乐器有：铙、钲、钟、镈。

杂器：在出土的礼器中，有的作用不明，就归为"杂器"。

一眼看去，很显然周代的贵族几乎把自己生活里的全部青铜用具都当成礼器用了，想来这应该是出于两个原因：一是青铜大器在当时确实铸造不易，只要铸出来了就属于宝物，不用于礼器可惜了；二是这些青铜器在典礼中多作为陈列器而非上祭之器。很明显在这些典礼上需要摆出最高等级的生活场景，所以选择了青铜器。作为这一原因的注脚是：在礼器里还有很小的一个品类——陶器，陶质的豆或鬲。说明在青铜出现之前，典礼上的陈列器是由当时最高级的陶制造的，等青铜器出现后它就取代了陶礼器的地位。因此，作为陈列器的青铜礼器，它对于礼的等级体现就在于陈列的数量和组合方式上，而非器物本身的形制和尺寸。青铜器里等级最高

136

的是鼎，青铜礼器最著名的制度是"列鼎"：天子用九鼎，诸侯用七鼎，卿大夫用五鼎，士用三鼎或一鼎。在考古发现中，奇数的列鼎通常与偶数的簋配套，比如最高规格的是天子的九鼎八簋。

与青铜礼器不同：玉礼器一非实用器；二非陈列器。它是由上古巫王时代通神之神器传承而来，因此它在典礼中扮演的是上祭之器，在仪礼中扮演的是信物，所以它的等级是用形制和大小来表现的。可见，作为礼器来说，玉是比青铜要高上一个档次，而且要比青铜使用的久远得多：从周代一直到清朝，各典礼中依然使用玉礼器。而青铜，就像它取代了陶一样也被后来者所取代：清朝的《皇朝礼器图式》明确记载，所有典礼中的簋、鬲、豆等都为瓷制品，青铜礼器早就退出了历史舞台进入了古董商的奇货之列。

↑ 清《皇朝礼器图式》天坛祭天正位用簋已明确使用青（青花）瓷器

有一个规律，越是境界高反而越是简单，人如此，玉也如此。玉礼器的体系远没有青铜礼器那么繁复，有那么多品种。玉礼器的数量就只有六种，但内涵却超出青铜礼器太多。有关玉礼器的规定总超不出《周礼·春官·大宗伯》的框架，这个框架尚"六"这个数字：计有一个"六瑞"，一个"六器"。"六瑞"是贵族手中的信物和凭证；"六器"是敬天法祖的上祭之器。

《周礼·春官·大宗伯》里说："以玉作六器，以礼天地四方。以苍璧礼天，以黄琮礼地，以青圭礼东方，以赤璋礼南方，以白琥礼西方，以玄璜礼北方"。这里面一共有六件玉器：璧、琮、圭、璋、琥、璜。这是六器，是最高级别的礼器，是天子礼天地四方之神的。

六器其中的两种，璧和圭又衍生出了六种玉器：镇圭、桓圭、信圭、躬圭、谷璧、蒲璧。"以玉作六瑞，以等邦国。王执镇圭，公执桓圭，侯执信圭，伯执躬圭，子执谷璧，男执蒲璧"。这是六瑞，是天子和诸侯拿在手里的身份信物，也即镇圭是上天给天子的信物，其他的五种是天子给诸侯的信物。周公在告天与祖，愿以身代武王死时，他只带了两件东西登坛，就是"戴璧秉圭"。因为璧用以礼天是向天祷告用的信物，圭为天子信物是他向祖先求赐佑的凭据。由此，既可见玉礼器之等级最高，也从另一个侧面证明了《周礼》虽出于伪托，但必然跟周公有一定关系。六器与六瑞也在一定程度上是真实存在，虽然它们也有汉儒托古造假的成分。

六器到底是什么高端物什呢：玉璧是圆形中央带孔的片状玉器；玉琮是外方内圆的柱形玉器；玉圭和玉璋都是条形玉器，或者说玉璋本来就是玉圭的变体；玉

137

琢磨历史——玉里看中国

璜是半个玉璧；玉琥则是一个虎形片状玉器——其实都是简单的几何体，以现代眼光看绝对不入大部分消费者的法眼。但这些放在当下不起眼的东西，却曾是一般人难以仰视的国之重宝。这里面蕴含的，就是历史的深邃和道理了：这六种玉器的前世今生反射的，是中国文化中最核心的那个"儒"的嬗变。因此我们就要讲一讲儒学的历程，而一开始自然要从"礼崩乐坏"说起。

🔶 玉璋　山西侯马出土春秋晚期玉璋

🔶 玉圭　山西侯马出土春秋晚期玉圭

🔶 玉璧　中国台北"故宫博物院"藏汉代蚕纹玉璧

🔶 玉璜　陕西宝鸡秦墓出土春秋晚期玉璜

🔶 玉琮　陕西西安出土西周早期玉琮

🔶 玉琥　河南光山出土春秋早期玉琥

138

第二章　与儒相伴的玉礼器

第三编　撑起礼仪之邦

第一节　礼崩乐坏和儒的诞生

一、转捩历史的家族

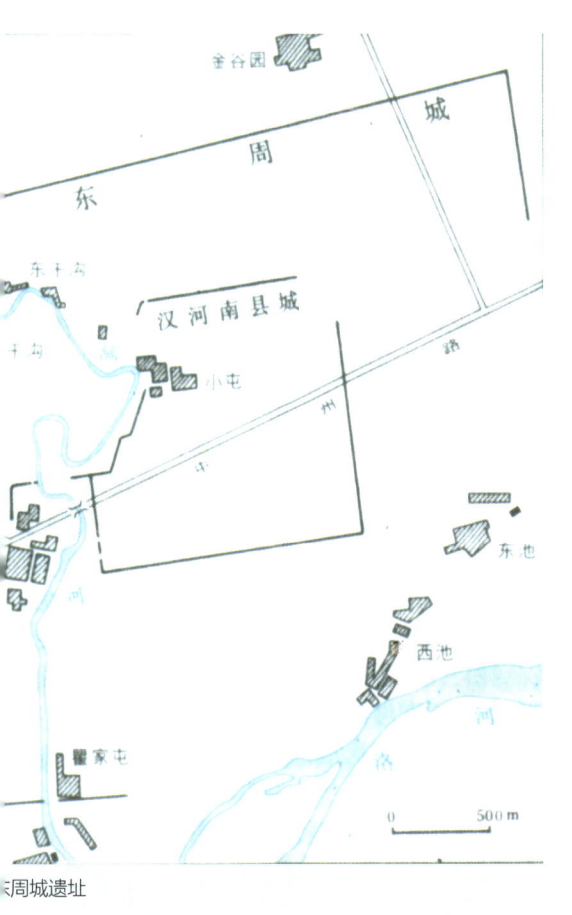

东周城遗址

都知道"礼崩乐坏"指的是东周，也就是春秋和战国；也都知道西周的结束、东周的开始起于周幽王烽火戏诸侯。很多

人读史及此，总是叹息自古红颜祸水，把这个中国历史的转捩点归罪于一个女人，也就是历史上继妲己之后的第二个"妖妇"——褒姒。其实，这真是怪错了人，这个转捩点确实跟一个妇人有关，但这个妇人不是褒姒，而是郑武公的夫人、郑庄公的母亲。而且，这个历史转捩点也不是这个妇人本身，而是在她身后的、隐藏在历史里的一个奇葩家族改变了中国思想史。

找到这个家族源于一次有趣的"历史刨根"，笔者在研读著名的《庄公克段于鄢》时突然想到一个问题：郑庄公的母亲其实很奇葩呀？她虽然只是隐身在《左传·隐公元年》里面寥寥数语，但可以看出，实际她是"郑伯克段"事件的两大真正主演之一，并且很明显是郑国政治的重要参与者。她的奇葩之处至少有三点：一、因庄公寤生而恶之；二、为母者居然完全不了解自己的儿子；三、厌恶的儿子把疼爱的儿子处理掉了之后，老太太突然就喜欢起厌恶的儿子来了。

寤：（一）寐觉而有言曰寤；（二）遻逆生也；（三）凡儿堕地能开目视者谓之寤生——《康熙字典》。根据寤字的解释，无论庄公的出生是哪一种情况，他的母亲按正常逻辑也不应该厌恶他：如果是说着梦话把孩子生了，或这孩子落草就

139

睁眼，在那个时代一定会被认为是一种神迹，此子必贵人也！怎会厌恶他？如果是难产而生，代表此儿与母亲皆受了磨难，从逻辑上说，人类天然之母性必然会促使母亲更珍惜此儿。当然，庄公的寤生到底是哪一种，《左传》没有详解，只是《史记·郑世家》里说明了一下："生太子寤生，生之难，及生，夫人弗爱"。那么也就是第二种的可能性最大，我们姑且信之。

俗话说"知儿莫如母"，不管喜不喜欢，大概亲妈对亲儿子的了解程度都是最高的，但这一点从庄公之母身上完全看不到：从她为段不停地向庄公进行政治索取，到她对段的不停教唆，以致段野心膨胀到肆无忌惮的二十二年中，她居然只看到了庄公的退让和假装软弱，而完全没有发现庄公的老谋和厚黑。一个当母亲的居然对儿子的性格和行为方式完全不了解。如果一个母亲，最疼爱的小儿子被他的哥哥害了，老太太应该是什么表现？就算不找大儿子拼命，总要恨他一生吧？更何况这个大儿子还是她从小就讨厌的。但这位老太太不！她好像突然人生大逆转，在被软禁后表达了对大儿子的无限思念与慈爱，把自己疼爱一生的可怜的小儿子完全地抛在了脑后。从而上演了一幕著名的"掘地见母"戏份，附带产生了中国有史记载的第一个大型地下工程。

以上的这些奇怪之处自然让人想挖一挖这老太太的底细：郑庄公的母亲叫作武姜，武代表她是郑武公的夫人，姜代表她娘家的姓。她是申侯之女，申侯的另外一个女儿是周幽王的原配申后。申国是非常古老的国，《史记·齐世家》记载："太公望吕尚者，东海上人。其先祖尝为四岳，佐禹平水土甚有功。虞夏之际封于吕，或封于申，姓姜氏"。也就是说，申是姜氏的两大枝之一，在夏代就已经成为方国了。申国的位置在今河南南阳宛县，后被楚文王所灭变成了楚国领土。我们再说郑国的家世：郑国的始封之君是郑桓公。郑桓公，周厉王少子、周宣王庶弟也，也就是周幽王的亲叔叔。也即：申侯与周宣王和郑桓公分别是亲家关系；郑武公和周幽王是堂兄弟兼连襟的关系；郑庄公和周平王是堂兄弟兼姨表兄弟的关系。据《史记·周本纪》记载：申侯的女儿是周幽王的王后，周幽王因为宠爱褒姒废掉了申后及申后所生之子太子宜臼。于是在幽王烽火戏诸侯后，宜臼的姥爷申侯就勾搭了缯国和犬戎，攻打并杀掉了幽王，西周由此灭亡。然后在申侯的主持下，宜臼登上了王位并东迁雒邑开始了东周。因此申侯实际上是结束西周、开启东周的关键人物，而申侯是我们所说家族的两位老祖之一。

人物关系图如下。

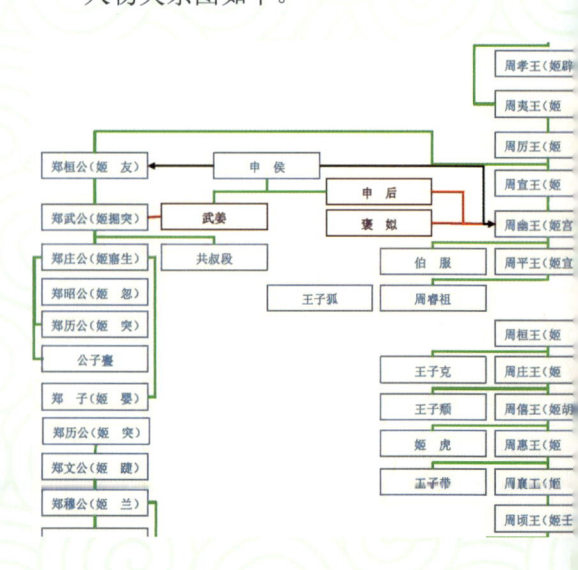

该家族的另一位老祖是郑桓公，据《史记·郑世家》记载：桓公是幽王的司徒，犬戎杀幽王于骊山下，并杀桓公。郑人共立其子掘突，是为武公。这里面就藏着两个秘密。一、申侯与郑桓公在政治上是对立的，郑桓公是"保皇派"。从"并杀桓公"可以看出，桓公是一直追随幽王直到最后的。二、郑武公是由郑人共立的，而不是周王封的，这既代表了郑国人对于老国君无辜受害的愤怒，也代表了郑武公以至郑庄公的君权来自于国人而非周王。由此，我们得到了以下事实：郑庄公的爷爷实际死于他姥爷之手，因此他的姥爷和他的堂、表兄弟周平王其实是庄公的仇人。

二、"庄公克段"的真相

至此，我们开始接近一个真相，即武姜为什么厌恶庄公。庄公生于武公十四年，段生于武公十七年，即庄公比段大三岁。《史记》上说："生太子寤生，生之难，及生，夫人弗爱。后生少子段，段生易，夫人爱之"。就算太史公这个理由占得住脚，也是说因为武姜有了前后生产的体验比较，才爱段恶寤生的。那么按照这个逻辑，在段出生前的三年里没有这个比较，武姜就不应该厌恶寤生。但无论《左传》还是《史记》都一致记载，武姜一直厌恶寤生，这是为什么呢？根据上面所得到的事实，我们大概可以做出这样一个靠谱的推测了：武姜的不爱寤生并不是真心厌恶，而是出于一种政治恐惧。

郑武公跟自己的老丈人申侯有杀父之仇，但因为当时郑国立国只有两代，力量还太小，同时毕竟有自己的夫人制衡（武公十年娶武姜，就表明申侯与周王的政治同盟是为了控制郑国这个仇敌，而把女儿强嫁过来的），不可能向岳父寻仇。不过这种仇恨的种子武公大概会播撒给自己的儿子，寤生可能从小就接受了这种仇恨教育，因为郑国上下除了武姜都会成为这种教育的传播者。因此武姜感受到了这种政治恐惧：毕竟郑国的国力在上升，一旦到了这个从小被灌输复仇思想的儿子继位，自己的娘家就很危险了。要知道申国虽古老却很弱小，离郑国又很近。

在第一个儿子已经无法再被自己掌控，并放弃复仇思想的情况下，武姜必定会决意要把自己的第二个儿子牢牢掌控在手中，不让他接受对申国的仇恨教育。然后，一定要让小儿子成为郑国国君，自己娘家才能安全。这就解释明白了很多"庄公克段"中的疑点：一、武姜从武公还活着的时候就要废长立幼，而武公坚决不从，是因为武公知道武姜的用心，一旦同意，复仇心愿就将付之东流；二、武姜从庄公元年开始，就毫无顾忌地不断为段索取政治权力，是因为她要尽快地把小儿子养成制衡庄公，并可取而代之的力量；三、武姜不清楚庄公的厚黑能力，是因为从武公到郑国卿将，一定都有意地将庄公的成长环境与她做了区隔；四、叔段在自己的封地"京"经营了整整二十二年，结果庄公一发兵京人就背叛了叔段，是因为郑国全国的民意基础都是仇恨申国甚至周王，因此段即使在自己的地盘也完全没有民意支持；五、郑国大局已定之后，武姜、庄公母子反而相互思念，演出了母慈子孝的活剧，是因为政治大戏已经落幕，

春秋时期黄河、长江中下游地区图

一直被政治恐惧掩盖的亲情已经没有障碍物，可以真正地散发出来了。

三、"礼崩乐坏"的开启

下面我们再来说说郑国与周王的关系。上面说过：申侯杀了幽王和郑桓公后扶持宜臼做了周天子，是为平王，从某种意义上说郑国与周平王也是有仇的；郑武公的国君地位来自于郑国人的共立而非周平王分封，想来是郑国君臣本来根本不想承认这个间接造成桓公死亡的周天子。不过国力还小，胳膊拧不过大腿，只能接受既成事实。尔后申侯嫁女与武公，武姜生庄公，庄公与周平王就既是堂兄弟又是

姨表兄弟。按申侯的政治设计，这样的亲套亲，郑国就应该尽在彀中了。但事实是郑国一直与周王室相互提防：为了笼络郑国，武公、庄公父子两代都被命为周王卿士。但即使这样，庄公在克段解决了国内问题后，就开始了和周王的龃龉：平王在世时，庄公还顾忌这双重兄弟的身份没有大的动作，即使这样也演出了周、郑交质的戏码。王子狐为质于郑，公子忽为质于周，天子与臣下互相抵押儿子，完全的不成体统，这就已经开始了法统败坏的进程。

庄公克段是在鲁隐公元年，隐公三年周平王崩，当年四月平王尸骨未寒，"郑祭

142

足帅师取温之麦。秋，又取周之禾。周、郑交恶"（《左传·隐公三年》）。郑庄公已经迫不及待地开始向周王室发难，之后周、郑之间摩擦、斗气不断。到了十二年后的庄公三十七年，周桓王以郑无礼，率陈、蔡、虢、卫伐郑。此时的郑庄公处于国力与地位的最高峰，率师公然军事对抗并大败周王。其手下的祝聃射中王肩，周王只能老老实实收兵回家养伤。这一箭虽是祝聃所射，但可以想象，没有庄公事先有类似"不用顾忌天子"的交代或暗示，大概谁也不敢，因此这一箭几乎可以视为庄公所射。这一箭不得了，射穿了周氏衰微的真相，诸侯们纷纷开始以庄公为榜样，开始了春秋、战国的纷乱时代，可以说这一箭直接射开了"礼崩乐坏"的魔盒。西周灭亡、春秋开始是中国历史的一个巨大的分水岭，到现在都在主导或影响中国人的几大思想体系，都来自于东周时期。我们挖掘出来的这个家族，它的老祖之一申侯亲手结束了西周，开启了东周；它的灵魂人物郑庄公，一箭开始了礼崩乐坏、解放思想的新时期。

↑ 春秋车战复原图

四、四百年的思想竞赛

我们前面说过信、器、礼三者的关系：礼器一方面是其主人获得身份的担保，另一方面礼器代表着"礼"，是其主人用自己的身份给社会稳定提供的反向担保。这个三方关系的平衡点是"信"，周王以自己的天子信用授诸侯器，使其获得身份；诸侯再以自己的信用加持"礼"的化身器，来保证社会结构稳定。在周建立的王—诸侯—卿—大夫—士的分封体系下，每级都在和自己的上下级用信用做担保来授器守礼。只要作为平衡点的信用没有被动摇，这个结构就十分稳固，就是理想的礼乐时代，也就是西周时期。

但是在上面说的这个家族的事迹里，郑武公的国君之位是由郑国人拥立而来，不是出自周王的授予。作为整个社会结构平衡点的"信用"，就是在此时出现了第一道裂缝。既然周王对于郑君的信用出了问题，那么反向，郑君对于周王的信用早晚会出问题。随着形势的发展，终于郑庄公"射王中肩"了，这一箭就是第二道裂缝。两个方向的裂缝施加的作用力，足以让信用这个平衡点轰然倒塌。于是社会稳定的结构就不复存在，于是礼崩乐坏了。礼崩乐坏之后，信用体系如多米诺骨牌一样一层层倒下，结果就是乱世来了。这个乱世就像京剧《刺王僚》里，吴王僚唱的那样："列国之中干戈厚，弑君不如宰鸡牛"。

在这个世界上，所有的事情都是辩证的。一个弑君如宰鸡的乱世，同时也是一个绽放思想的盛世。西周以降的信用体系被打破了，"礼"的社会陷于混乱。就如

143

琢磨历史——玉里看中国

同一个精神世界突然空出了中心舞台，谁能占领舞台谁就将重新创立一个新的时代。于是，一大批顶尖的思想者涌现出来，在长达五百余年的东周时期上演了精彩的"百家争鸣"。在争夺中心舞台的同时也在给未来的中国进行着顶层设计，这就是著名的"诸子百家"。春秋、战国成就了中国历史上最为黄金的思想时代。

在这场精彩的思想竞争里，佼佼者有起于老子的道家、起于孔子的儒家、起于墨子的墨家和起于管仲的法家。这些思想学派，目的都是结束乱世，开启一个按自己学说创建的理想社会。除了墨家之外，其余三家都曾经成为国家的意识形态，并进行了社会实验：秦以法家统一了天下；汉初以黄老之术成就了文景之治；汉武帝罢黜百家、独尊儒术。虽然儒家在一开始落了下风，但最终笑到了最后，成为了后两千年的官方意识形态，直到如今依然深刻地影响着中国和中国人。但儒绝不是一成不变的，它也经历了一场场嬗变，才合乎时宜成为王道，玉礼器也伴随着这条嬗变之路行走了两千多年。

🅞 墨子画像

第二节　儒的嬗变和玉礼器

一、孔子的"复礼"

儒、道、墨、法四家，对于如何重构社会，提出的是不同的路径：道家意在"超脱"，相信无为和自然的力量；墨家和法家选择的是"颠覆"，墨家用有原始民主味道的"尚贤"，颠覆周的宗法制度；法家以原始法治味道的"律法"，来颠覆"宗法"；儒家则是要"恢复"，把礼崩乐坏的局面翻转回去。所以，从根源上儒家就与另三家完全不在一条路上，因为儒出身于鲁国，是周公体系的直系血亲。我们以前说过，儒根本就不是宗教甚至连哲学都不是，因为哲学必解决两个问题：人从哪儿来？往哪儿去？而这两件事儒家压根就没兴趣管，所以没有儒教只有儒学。儒学诞生于春秋，它的产生动因就一个：周礼不存。

春秋是一个旧秩序开始崩塌、社会结构开始重组的时代，随之而来的必然是思想的多元和道德感的降低，而儒家要为这些

🅞 老子画像　　🅞 马王堆出土帛书《老子》乙本片段

问题提供解决方案。是解决方案就必须实用，避免理论化。是以儒学的最初面貌只是方法论的集合——儒学的最高经典之一《论语》，就是孔子提出的治国、处世、修身的方法论总集。孔子的最核心的方法论就是：克己复礼。也许他的逻辑是清晰的：既然距离那个稳定、和谐的西周时代所去不远，那么想办法恢复到那个时代的社会模型就应该是最近的路。这就是"复礼"，复周公所创之"礼"。这对于别国与别人来说可能有难度，但对孔子和鲁国来说，在技术上并不算难。因为鲁国就是周公的国家，保留着天子礼乐的整套拷贝。

孔子敏锐地发现了社会变乱无休无止的根源是人欲难抑，而人的欲望本能，必然不愿意牺牲"礼崩"后带来的既得利益，因此"克己"是"复礼"的必备条件。只要人人（主要指贵族）都能克制欲望，把自己的既得利益奉献出来，就能共同恢复西周的秩序。但孔子没弄明白以下的两个基本问题。

1. 欲望是社会发展变迁的一大内因，欲望驱使人进行创造，创造推动生产力往前发展，并最终改变生产关系和上层建筑。因此孔子的克制欲望并回到以前是一种对社会发展规律的反动。

2. "礼崩乐坏"的核心原因在于信用体系崩塌了，只有恢复了信用体系才能治本。而信用既经破坏，就只能靠强制力和权威来重建，靠牺牲精神来重建信用是一种乌托邦。

所以，孔子的理论虽然占据了道德高地，但我们站在两千多年后的客观角度，却很不堪地看到：老夫子除了在本国当了几年并不成功的代总理外，就一直带着一群粉丝在各国之间游走，貌似德高望重实则极不吃香，理论也基本无人问津。

🔹 吴道子绘孔子行教像石刻拓片

二、真实的周礼和玉礼器

当然，若客观地做一下分析，其实我们也很难知道孔子要复的那个周礼到底什么样子。"三礼"里《周礼》和《礼记》都跟汉儒有扯不清的关系，里面描述的所谓"周制之礼"，大概也只不过是后世儒家认为的那个最高理想。也许只有一个《仪礼》还算真实地记录了周代的一些礼仪。由此转回到玉礼器话题上就是：既然"三礼"的出身大部分不可靠，那么现存古籍里的周代玉礼器，就很可能并非是周代真实的"礼器"。《仪礼》十七篇，最为肯定是传自先秦古书而为汉人所辑录而成。《汉志》记载："汉兴，鲁高堂生传《士礼》十七篇"，这个《士礼》十七篇经汉朝儒家整理就成了《仪礼》。遍观《仪礼》十七篇，只有《聘礼第八》和《觐礼第十》中才能见到玉器的身影，并且只涉及六器中的四个：玉圭、玉璧、玉琮、玉璋。

在诸侯互聘和诸侯聘于卿大夫的仪礼中，玉器扮演的是最重要的信物角色，是双方承诺的象征。其中玉圭是核心信物，所有的聘礼中必有它，接受玉圭就代表着接受对方的请求或通知。其他的三种玉器则是玉圭的附加物，在不同的聘礼中以不同的组合出现，是为了加重仪礼的隆重性和承诺的庄重感。如《聘礼第八》中记载的君与卿图事之聘礼，璧、琮、璋就是作为圭的从属物出现："……使者受圭，同面垂缫以受命。既述命，同面授上介。上介受圭屈缫，出，授贾人，众介不从。受享束帛加璧，受夫人之聘璋，享玄纁束帛加琮，皆如初"。清代有一位著名的经师姚际恒，他撰了一部《仪礼通论》，成就颇高，很为学术界看重。他在书中就指出："周初分封列国，仿虞世为朝君之典，别无君聘臣礼，故谷梁云'聘诸侯，非正也'。至于列国自相聘，亦盛于春秋，周初无之"。按照姚老先生的看法，《仪礼》中关于聘礼用玉的记载，寓意着天子自堕身份，或诸侯僭越跟天子比肩，本身就是"礼崩乐坏"的注脚。不过，从中我们还是可以看到六器中的璧、琮、圭、璋一定是先秦时代真实存在的礼器，是华夏仪礼的重要支撑。

上面说的是聘礼，再看诸侯觐见周王的礼仪，所用玉礼器也是璧和圭。璧、圭扮演的还是信物的角色：诸侯到达王城郊外后，天子命使者持璧迎接，诸侯先受璧再将璧还给使者，使者持璧回去复命；诸侯见到天子时，要先对着一块提前放置好的玉圭行礼，然后自取玉圭升座见王，王将圭授予诸侯。根据姚际恒对聘礼的抨击，可知这个诸侯觐见周王的礼仪才是传自西周的，是真正的"周礼"。

我们在第一编里说过，在古籍中《左传》和《诗经》是可以真正作为先秦史料的，从这两部书里可以看到不少关于璧和圭作为信物的证据。《大雅·韩奕》："韩侯入觐，以其介圭，入觐于王"。这个可以直接验证《觐礼第十》。《文公十二年》："秦伯使西乞术来聘，且言将伐晋。襄仲辞玉曰：'君不忘先君之好，照临鲁国，镇抚其社稷，重之以大器，寡君敢辞玉。'"（注：大器，圭璋也。）两相验证，足见《仪礼》中对玉礼器的使用，是符合东周时代事实的，《周礼》中那个神奇的礼天地四方的六器体系尚未形成。这既再次说明《周礼》非出先秦，同时也说明在东周这个儒学幼年期，原生态

⬆ 侯马盟书既是东周时期聘礼（盟本身也应视为一种特殊的聘）的物证，另一方面也是"礼崩乐坏"的证据：因为侯马盟书记载的结盟者连诸侯都不是，只是一些卿大夫，按照姚际恒的说法就更是一种僭越的做法。盟书本身由玉片书写，同时埋放盟书的瘗坑里还放有许多玉，是结盟后交给天地鬼神保管的信物，有玉圭、玉璧、玉璋等，也间接印证了《仪礼》的记载

⬆ 山西侯马出土侯马盟书

的儒礼与后来的儒礼是不同的，儒家还未与阴阳家合体。

三、儒的嬗变和六器的诞生

最原生态的儒学要求"克己复礼"，春秋、战国却恰恰是已经驶上了社会大变革轨道的时代，代表着纯净理想主义的"井田"和"五等爵"都已经开始被打破。孔子要复的"礼"是要在封建的基础上，维持一个等级固化、制度固化、道德至上的大一统稳定社会。但春秋以来的历史轨迹，却朝着正相反的方向前行：王室衰微，诸侯僭越，互为并吞攻伐；在封建的表象下，实际涌动着大一统的欲望与需求。但这种欲望绝不是孔子想要的"复礼"，而是建立在新的社会等级结构上的新型大一统。

这种建立新型大一统的欲望，推动了各种思想和制度的创新。"诸子百家"的时代就此来临，而怀有大一统雄心的诸侯国，就为百家的思想提供了实验的平台。在这场延宕数百年的罕见的大型社会实验中，孔子的儒家无疑不是成功者。原因就在于，它不是顺应改革的历史潮流，而是希望进行制度复辟。所以任凭孔子如何周游列国都没有用，因为诸侯们想要的是，在取代周天子的竞跑中如何领先对手并获胜。孔子却给他们提了一个南辕北辙的提案，让他们放弃这项刺激有趣的竞赛活动，这确乎有点与虎谋皮了。

在由社会实验支撑的诸子百家的思想竞赛中，最终获胜的是完全实证主义的法家。以法家立国的秦，最终"吞二周而亡诸侯，履至尊而制六合，执敲扑而鞭笞天下，威振四海"。孕育了几百年的新型大一统终于来临，它的名字叫中央集权，它的最高统治者则升级成了新一版的天子——皇帝。在中国古代史上的所有改革中，只有一次改革是成功的，就是法家商鞅在秦国的改革。而历史上所有儒家发起的改革，从王安石到张居正都没有成功，想来还是儒家从孔子那里继承来的，不愿改变、更爱复古的原始基因使然。

然而秦成于"法"亦亡于"法"，始皇帝以治秦人之法治六国之民，不旋踵而秦灰飞烟灭。这里面有一个深层的道理：法家之实证主义，用来进行国家间的竞争是极为高效的。但新的大一统既已实现，则历史格局亦随之生变，国家间之竞争已不复存在，大一统下需要的思想体系已经不同。我们说过，东周乱世的出现，是因为作为平衡点的信用体系崩塌了，要结束乱世就要重构信用，而重构信用需要的不是孔子说的道德牺牲，而是强制力和权威。那么，战国七雄竞争的实质就是谁能最快、最有效地建立强制力和权威。在这一点上，秦国选择的法家无疑是效率最高的，于是秦胜出了。不过法家的胜出就意味着法家的结束，因为信用体系成功重

大泽乡起义图

第三编 撑起礼仪之邦

秦末农民战争图

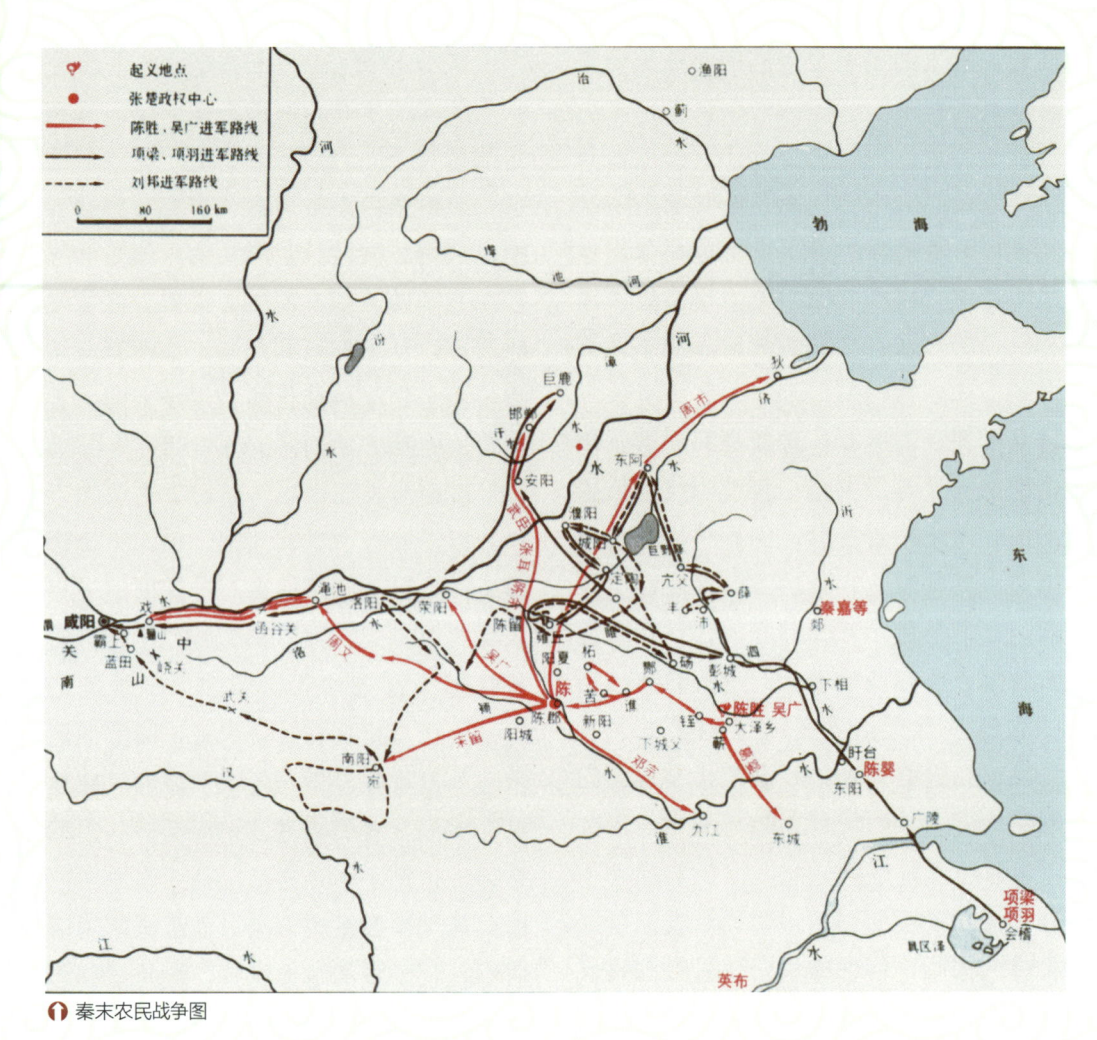

构了，社会又回到了需要"礼"系统的状态。后面要做的，必然就是孔子最想实现的"复礼"。秦未能认清这个大势，没有结束法家，所以它自己结束了。

汉初的统治者们显然也没有深刻分析体会秦亡的根源何在，误以为将秦的制度反向而行即可以长久大治。于是行政上复为封建，大封诸侯国；在意识形态上则尊崇"黄老"，这实际又是对历史潮流的反动。以此为因，很快"七国之乱"的果便呈现出来。至武帝亲政便已洞察，这其实是意识形态与时势不匹配造成的麻烦。于是武帝又小规模地、非武力地干了一次秦始皇的工作：以"推恩令"削藩，彻底结束了封建制，开启了嗣后两千多年的中央集权政体。武帝再次恢复了强制力和权威，重构了信用体系，"复礼"的儒家理想终于等到了历史的机遇：武帝"罢黜百家、独尊儒术"，奠定了后世以儒为国本的思想结构。

不过此时的中央集权，和数百年前的西周社会的大一统已经迥然不同，孔子的儒学若不加改变依然不合需求。因为封建制的结束就是明摆着，"周礼"代表的那个社会结构彻底回不去了。所以为了眼前这个千载难逢的上位机会，儒家悄悄地与孔夫子做了隐秘的切割，完成了它最为重要的一次嬗变。"六器"之说就在这次嬗变中定型，成为后世儒家礼教的重要组成部分。自董仲舒以来，汉儒一直在对儒学进行改造，改造的核心在于明经。儒学在先秦本无经，到两汉间为将之改造为与宏大中央集权政体相匹配的意识形态体系，开始了明经之举。汉儒重谶纬、义疏，由董仲舒而至郑玄，《十三经》成型，儒终成宏博大学。但此儒已是为政治现实变身而来：刘向、刘歆父子伪托而作《周礼》，王莽即因之改制。"六器"之工整齐全，想必也是为了配合领导的政治需要。

↑ 董仲舒画像

五行说起于战国邹衍而大兴于汉，则所谓"以黄琮礼地，以青圭礼东方，以赤璋礼南方，以白琥礼西方，以玄璜礼北方"的颜色，正与其五行方位相符。要知道在这几种颜色里，赤色之玉在自然界根本就不存在，这从又一个角度证明了六器的配置是为了新儒学定制的。此外，规整的六器之制被汉儒设计出来后，是否真的存在过，这实在需画一大问号：玉璜取自于组玉佩，玉琥或取之组玉佩或取之于兵符。这几乎就是明确地告诉我们，汉儒是在除现成礼器外的最高等级玉器里，挑了两样常用的或有点来头的补齐了六器，从而支撑住了他们创造的新儒与新礼。但遍观二十四史里对于历代真实吉礼的描述，璧、琮、圭、璋皆为吉礼的常器，而璜跟琥则很罕见真实使用的记载。可见六器作为一整套玉礼器的出场机会并不像它的原始设计那么多，它们见证的不一定是真实的历史而是中国思想史的变迁。

第三编 撑起礼仪之邦

第三章 天地之礼：玉璧与玉琮

第一节 说璧

一、玉璧源起

璧，我们不陌生，从前面的介绍里也能知道它什么样——圆形，片状，中间一个孔。北京奥运会的奖牌就是以璧为原型设计的。圆型带孔的玉器有三种：璧、环、瑗。《尔雅·释器》里说："肉倍好，谓之璧；好倍肉，谓之瑗；好肉若一，谓之环"。"好"指的是中间的那个孔，"肉"指的是除去孔的其他部分。《尔雅》的标准就是：按孔径与孔边到器边的直线距离之间的比例，来区分这三种圆型玉器。其实，不管是传承下来的，还是考古发现的，这些圆型带孔玉器就没有按《尔雅》的规定区分得如此标准过。可见古籍中那些关于玉器的规制，更多只是体现儒家的理想，在实际中并不会严格执行。

玉璧起源甚早，从红山时期就开始有璧、两联璧或三联璧。与红山同时的各个新石器时代文化中皆有璧的器型，龙山文化、良渚文化、齐家文化里玉璧都是主打产品。在华夏国家开始萌芽时，东西南北中所有方向的远古文明同时出现玉璧，是一件很有趣的事情，当然它就绝不会是偶然的。上古时代的制玉工艺极为简单和艰难，最常用的方法是片切割、线切割和管钻。玉璧的形制恰恰集合了这三种工艺：玉璧片状，开坯须用片切割；坯料须用线切割制成玉璧的圆形；玉璧有孔，须采用管钻工艺。很明显，工艺就决定了玉璧成为上古时代最常制作的玉器。因为它器型简单，同时采用的都是最熟练使用的工艺技法。

红山三联璧

齐家文化玉璧

玉璧在商代以前大都是素面无纹饰的，这也是受工艺能力所限。商代开始，玉璧上出现了纹饰并逐渐复杂、精美。至战、汉，玉璧达到了它在审美学上的高峰。战

璧

🔼 汉镂雕蝶形纹玉璧

国至两汉，在玉璧的器型方面：除本来的带孔圆形以外，还发展出了有更大艺术创作空间的出廓璧，即在玉璧的外沿加上额外的部分，使玉璧不再是简单的圆形，而是以圆为核心的一个立体艺术品，最常见的是在璧沿加上对称的瑞兽、辟邪、飞龙等。在玉璧的纹饰方面：各种纹饰极尽精美，谷纹、蒲纹、虺龙纹、勾连卷云纹、雷纹、乳钉纹等都是典型的战、汉玉璧纹饰。玉璧的这种迅速精美化是与其登上礼器圣坛分不开的。

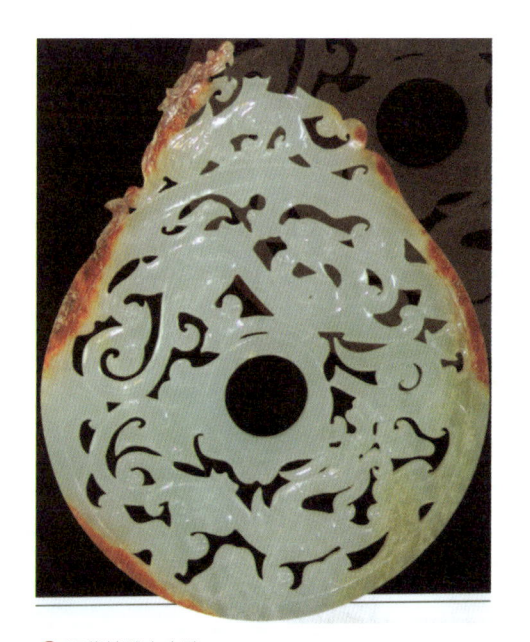

🔼 这是两个红山双联璧，是红山文化中最具代表性的玉璧形象。它是不是很像葫芦？中国考古学家在浙江余姚河姆渡遗址发现了7000年前的葫芦及种子，是目前世界上关于葫芦的最早发现。可见5000年前的红山出现葫芦样式的玉璧一点都不奇怪。几乎只是从它的图片中我们都可以看出5000年前制玉的艰辛，不规则的边缘是线切割的痕迹，中间两大孔呈喇叭状有明显不规则螺旋纹是原始管钻的琢磨痕

🔼 汉代镂雕出廓璧

第三编 撑起礼仪之邦

151

琢磨历史——玉里看中国

二、礼天之器

自《周礼·春官·大宗伯》一出，"苍璧礼天"就把璧抬到了第一玉器的位置上。前面谈过，根据《仪礼》、《左传》，璧和圭是周代真实使用的礼器，但在地位上似乎圭还要胜璧一筹：在《仪礼·聘礼》里，圭是主要的信物，璧是用来加持圭的；在《仪礼·觐礼》里，诸侯用以完成觐见周王之礼的是介圭，璧只是周王使者持之迎接诸侯于郊的东西。可是，自打璧攀上了礼天的高枝，圭就难以望其项背而甘当绿叶了。

《通典·吉礼一》里记载周制："冬日至，祀天于地上之圆丘……祀昊天上帝，礼神之玉以苍璧，其牲及币，各随玉色"。《周礼·春官·典瑞》上说："四圭有邸，以祀天、旅上帝"。这个"四圭有邸"是什么意思？难道礼天不是用璧而是用一种有邸的圭吗？不是的，上面所说的其实是两种礼天之礼。第一种是最为隆重的国之大礼，固定于冬至之日举行。这个典礼上只使用苍璧，使用的方法很有趣：在这个典礼中有一个叫做"尸"的角色，他并不是死尸，而是代表死者受祭的活人。等到奏乐、宰牲这些事都做完后，"尸"就穿着与周王一样的衣服"大裘"登上圆丘，苍璧就摆放在他前面。之后，周王的几次献礼都是对着苍璧与"尸"进行。因此，在这个大典中苍璧和"尸"应该代表的是天与先王。

而使用"四圭有邸"的是"大旅"之礼。郑玄的注上说："国有故而祭，亦曰旅"。就是说当国家遇到了事情而进行的

🎧 圭璧

祭礼是"旅"，其中祭祀上帝之"旅"称为"大旅"。这种"旅"礼是不定时、非正式的，因此不用出动苍璧这种重器，使用的是"四圭有邸"。"四圭有邸"是什么呢？郑玄注曰："于中央为璧，圭著其四面，一玉俱成，圭本著于璧，圭末四出"。这是一种璧、圭一体的玉礼器：中央是一个玉璧，玉璧的四个方向上各出廓一个玉圭——说到底，还是以璧为核心，圭实际在拱卫着璧。也就是说在礼天这件事上，玉璧是绝对的主角，是君，而玉圭只能充当配角，是臣。整个二十四史，每一朝的《礼志》第一篇一定是祀昊天上帝。同时在很多的祭礼上也都要用到"四圭有邸"，玉圭拱卫玉璧的形象也就此定格在历史上。

不过这里还有个历史性的谜题，在新石器时代的考古发现中，玉璧虽然多，但都够不上顶级玉器。既然不是顶级玉器，恐怕通神的差事就轮不到它。它怎么后来

152

就能被选中礼天,又怎么因为礼天就能成为第一玉礼器呢?答案是因为它的形象。《太平御览·礼部第六》在"苍璧礼天"的注里有一句话:"礼神必以其类,璧圆象天"。这真是一句大实话呀!礼各种自然之神就要用长得跟它类似的东西,玉璧长得圆圆的正好跟天很像,所以就用它吧。这证明,至少在周代或者更早,"天圆地方"的思想就已经是中国人的基本宇宙观之一。

很可能,在周代以前很久,甚至是在史前文化时期璧就已经是礼天之物了。只不过那个时候是巫术的时代,通神才是最大的事,而不是什么礼神。要知道史前时期的通神巫术与原始萨满崇拜很像,所崇拜的神必是有具体所指的,而不是"天"这种虚无缥缈的概念。在本书第二编的第三章里,我们阐述过进入王权时代后,神如何逐步降为王者的臣仆,天这个虚无的概念又如何上升为至高的神灵代表,王者又是如何成为"天之子"而统领凡世的。天的地位上升为至高,自然因像天而礼天的玉璧就上升为排名第一的玉礼器。作为"礼天"之物,玉璧也因此在所有玉器中都具备卓然出群的地位,以至于在我们的传统语境中,用璧来指代了所有最好的美玉,比如中国最具知名度的玉器和氏璧。和氏璧因为卞和、蔺相如、王莽这三位历史达人而名闻两千多年,可以说它是中国史书上唯一有招牌字号、有故事、有正式记载的玉器。但我们在第一编里已经分析过,和氏璧的前生很可能是一块绝佳的独山玉,它的后世则是一枚传世的玉玺,从来就跟玉璧扯不上任何关系,不过这些事实都不妨碍这块石头两千多年来一直被称为璧。

❶ 广州南越王墓出土西汉早期青玉璧 这是标准战、汉大玉璧,和田青玉制,带口沿,通体乳钉纹,沁色呈鸡骨白。简约而规整,纹饰简洁而细腻,是一种很高大上的审美情趣

三、苍璧何物

礼天的玉璧到底什么样子,需要多大个头呢?大部分人看到这里一定会很好奇这件事,这毕竟是最高级别的玉礼器啊。可惜,《周礼》里不知是因为故意还是失佚了,在《冬官·考工记》里,别的玉礼器的尺寸都记录的详尽得很,唯有第一礼器的璧却一带而过,只一句"璧羡度尺,好三寸,以为度"。不过孔之径约为璧直径的三分之一,也就是"好肉若一"了。这就是玉环而不是玉璧,就不合"礼"了。二十四史的《礼志》里也只是记载礼仪的情况,而没有礼器的尺寸。想想也是,各朝礼器使用的是一代代传下来的规矩和标准,作为本朝来说,既然不是自己的独创当然用不着记录在案。

这就委屈了现代的人,难道作为源头的《周礼》在这件事上迷糊了一下,我们就跟着糊里糊涂吗？东汉郑玄倒是在注《周礼》时说了一下："大璧、大琬、大琰皆度尺二寸也"。按照出土的汉尺，大概那时一尺等于23.1厘米，玉璧也就应该是直径27.72厘米。但是这里有两个问题：一个是这个度尺二寸的"度"字含好像、大概之意，这一下就不确定了；再一个是光有一个总的尺寸，没有孔径、厚度。玉璧的真正样子一样是扑朔迷离的。

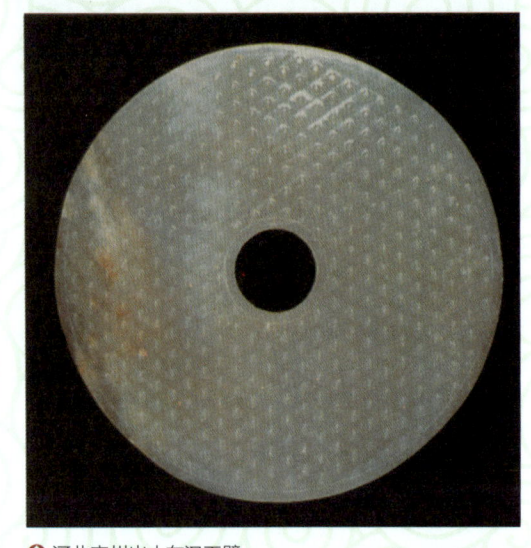

【天坛正位苍璧】谨按《周礼·春官·大宗伯》："以苍璧礼天。"注："苍，玄皆是天色，故用苍也。"疏："苍璧礼天。"本朝定制：天坛正位用苍璧，圜径六寸一分，好径四分，通厚七分有奇。

清《皇朝礼器图式》·天坛正位苍璧

河北定州出土东汉玉璧

好在有一本清朝官方编纂的《皇朝礼器图式》，里面记载的第一件祭器就是在天坛祭天用的玉璧。它记录道："天坛正位用苍璧，圆径六寸一分，好径四分，通厚七分有奇"。此书成于雍、乾，只距我们三百余年，并且配有图示，这就等于是给了我们一个实物一样了。既然清代恪守着祭天时用苍璧、璧居于正位的《周礼》规定，想必璧的尺寸也应该是恪守着《周礼》以降的标准。于是，我们终于知道了这第一玉礼器的真面目。清代裁尺一尺等于35厘米，那么玉璧的尺寸就是：直径21.35厘米，孔径1.4厘米；厚2.45厘米。这分明只有一个极小之孔，哪里是那个《尔雅》规定的肉倍好之璧啊！可见古籍中之规制确乎不能机械地相信。

从这里我们还知道了，一直到清朝，礼天之璧都在坚持使用苍璧。那么苍璧到底是什么玉做成的呢？按照《周礼》六器的描述，礼天地和四方的玉是要和其所礼颜色一致，所以这个苍就必然要跟天的颜色类似。天无外乎就是两种颜色，一种是晴天的蓝色，一种是阴天的灰色。从周代开始，和田玉已经大规模进入中原，特别是在战、汉以降成为了玉的王者，因此礼天之璧必为和田玉所制。苍字作为颜色有两种解释：一为深青色，一为

《古玉图考》苍璧图

灰白色。对应到和田玉上，就是青玉与青白玉。清代吴大澂的《古玉图考》是古玉研究的扛鼎之作，里面专门有一幅图标为"苍璧"，其注释曰："苍璧，青玉无文制作"。似乎应该是和田青玉了，不过在六器中，还有一个"以青圭礼东方"，这是明确的青色。按照中国传统，一个体系内绝不可有重复之色，因此，苍璧应该是由和田玉中近灰色之青白玉所制。

四、通灵之璧

"天人合一"这个理念是贯穿于我们全部的文化的，那么礼天之物自然也就与人会有极大的关系。果然，最大量的出土和流传的玉璧实际还是人身上之物。当然，这个身上既包括活人身上之物——就是饰玉之璧，也包括死人身上之物——就是葬玉之璧。饰玉之璧当然首当其冲的就是六瑞里的"谷璧"和"蒲璧"，五等爵里最低的两级执的是璧，而其他等级直到周王执的都是圭，这又从侧面说明了至少周初圭是高于璧的，天虚化为至高神灵应该是在汉朝才最终完成的。"子执谷璧，男执蒲璧"，谷和蒲都是纹饰，谷纹顾名思义就是像谷子一样的纹饰，而它事实上用蝌蚪来形容似乎更为形象。蒲纹则是一种类似编织草席所形成的斜格纹，其实这个"蒲"字本身就代表了用蒲草编席之意。饰玉之璧最常见的是系璧，这些璧都不大，或是作为组玉佩的构件或是作为单独的佩饰挂在贵族身上。直到今天，作为系璧的最小的化身——平安扣，依然挂在很多人的脖子上，多少都能映射些天理和人心的哲学关系。

● 中国台北"故宫博物院"藏战国系璧五件

● 这是"神器"级的东汉"宜子孙"铭文出廓璧。璧分两层，内层浮雕乳丁纹，外层浮雕蟠螭纹。出廓透雕两只蟠螭，守护篆书"宜子孙"三字。整器细腻精致而又大气恢宏，可以遥想两千多年前，一位帝王曾以何等崇敬的心情和动作悬此璧以镇宫闱，佩此璧以扬威，这情境历两千余载而尽可浮想于我们眼前

在考古发掘的已有周代墓葬中，有一个很有意义的现象，就是在很多棺底都有玉璧，而绝大部分墓主的身上都铺满了玉璧。前一种情况，玉璧应该本是挂在棺壁及棺盖上的，因年代久远系绳腐烂而落于棺底。这些墓葬中的玉璧数量极大，但用料、做工都与礼器之璧和系璧无法同日而语。它们用料较差、光素无纹，它们的作

用绝不是装饰性的。那么它们是做什么用的呢？这就要说一说周代人对于灵魂的看法和他们的生死观了。

总的说来，周人对于死亡与灵魂有两个颇具浪漫主义色彩的思想。

1．"物精"之说。周代人认为人是由魂魄构成，一个人魂魄的强健与否在于此人摄取"精物"的多少。在这一点上，生人与死人无异。人活着，摄取"精物"可以健体明智，人死了也需要继续摄取"精物"来保证魂魄有所归。在《国语·楚语下》里，楚国大夫观射父明确告诉楚昭王"玉、帛为二精"，玉是周代人公认的最了不起的"精物"。因此，墓葬里的这些玉璧首先就是供往生者摄取的"精物"，说通俗了，可以说它们是周代人给墓主提供的"营养物"。只不过这种营养物不是用来嚼着吃的，更像是蜂王浆，是用来吸取的。

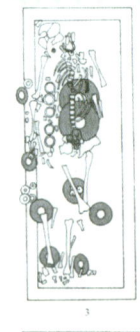

🔴 战国素璧

2．墓主从葬玉中摄取了足够的"精物"，保证了魂魄不散，那么下一步应该让魂魄有所归。归于何处呢？周代人认为"魂气归于天"而"形魄归于地"。魄随同肉体是应该在地下长眠的，而更重要的魂气则应该上天。当然，自己努力也有可能上得去，但能用大量玉璧随葬的都不是一般人物，人一有能力对自己要求就高，就要追求万无一失。他们一定要保证自己的魂气顺利上天，那就要请外援。这个外援就是在周代人眼里与天关系最近、同时又是最牛"精物"的玉璧了。玉璧本就是礼天之物，玉璧中间那一道圆孔又多么像适合魂气通行的高速公路啊！

就这样，玉璧上天入地，从生到死履行了它第一礼器的职责，也把几千年前中国人对于生与死、天与人的哲学思考封印进自己的身体，传递给后世的我们。

第二节　说琮

一、良渚神物

在六器里，琮占了两个"唯一"：唯一的一个非片状物，唯一的一个独立来源玉礼器。琮是一个柱状物，当然这个柱状

🔴 战国墓葬所见用璧情况

物也分成两种，一种是多节的高而瘦的柱状，一种是单节的矮而胖的柱状。琮的形状总的来说叫做中空的"内圆外方"，视觉效果上是一个粗圆管子插在一个四方块里。如果俯视则是一个空心圆，出四个相接的直角，其中圆的部分被称为"射"。这个形象极具几何学意义，几乎可以当作一个几何课的教具使用，可能在中国所有玉器里它是最具抽象美感的。

玉琮起源于东南地区的史前文化，远离中原，最早出现在距今4900～5800年的崧泽文化。崧泽文化也处在太湖流域，是良渚的上一期文化。所以，良渚继承崧泽，是玉琮的故乡。在六器里，璧、圭、璋、璜都起自史前文化，且都不是单一起源地，同时期的各个文化中都存在。只有玉琮，崧泽、良渚系是它唯一起源和大量存在的文化，其他文化除了极个别的如金沙文化、齐家文化、大汶口文化（今苏北地区，实际属于良渚与龙山文化交接部分）、龙山文化（陕西部分）、石峡文化（广东韶关）有极少量存在，剩下的都不见玉琮的身影。而这几个文化所出土的少量玉琮又都与良渚玉琮极为相似，这恰恰说明：良渚的玉琮文化一经成熟，便开始向各个方向传播。从文化史角度来说，玉琮就必然在那个文化体系中具有核心意义，带有那个文化的某些独特密码。

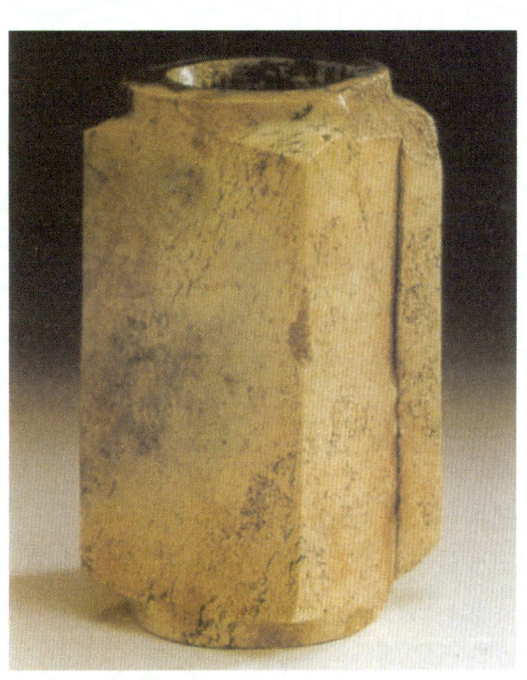

↑ 良渚文化单节玉琮

↑ 良渚文化多节大玉琮

↑ 齐家文化玉琮

第三编 撑起礼仪之邦

157

琢磨历史——玉里看中国

↑ 金沙文化十节玉琮 　↑ 金沙文化四节玉琮

↑ 金沙文化单节玉琮　金沙文化在古文化中是除良渚以外较多出现玉琮的文化。金沙文化的早期或为三星堆文化的晚期，中后期相当于中原的商、西周时期。从金沙文化玉琮与良渚文化玉琮的相似度，很容易看出它们的血缘关系

良渚文化的标志物是我们以前说过的那个"神徽"，所有的良渚玉琮上都有。良渚的多节大玉琮每一节的四侧都有潜槽，这样视觉上一节就被分成八块，每一块上都琢刻有神徽，就事实上形成了一个蔚为壮观的神柱。有学者通过这一点做出了如下判断：大玉琮的中孔是用来套在一个木桩上，这样大玉琮就成为一个被固定住的，无论从哪个角度看都有神徽的神柱，这无疑是良渚人进行祭祀活动的核心礼拜物，作用犹如美洲印第安人的图腾柱。据此，可以基本推定，大玉琮是良渚人膜拜的一种立体的四面神造像，也就是良渚文化特有

↑ 浙江余杭反山墓地出土良渚文化单节玉琮

↑ 良渚文化多节大玉琮

神祇的造像。而这种四面神造像在世界上很多古代文化中都可以见到，如泰国的四面佛和藏传佛教密宗的四面十二臂上乐金刚造像。根据考古年代，甚至可以说，良渚玉琮是迄今所知最早的四面神造像。

由此可知，玉琮依然是一种神物，它是良渚特有的一种神祇表现形式。大家应该还记得，红山文化中也有神的造像，不过红山的造像是一种真正的雕塑作品，它直接把神或巫的形象用玉琢成玉人。而良渚却采取了这种较为抽象的表达方式，这又一次说明，从文明起源时代开始，中国的北方与南方就具有不同的思考方式和文化取向。

二、琮之源起

良渚的多节大玉琮最大的可以达到十三节。而迄今发现的最大一件单节玉琮，通高8.9厘米、上射径17.1～17.6厘米、下射径16.5～17.5厘米、孔外径5厘米、孔内径

3.8厘米，被誉为"琮王"。我们知道，除非真有神仙或者真有外星人参与，任何事物都不会直接到达它最顶峰的状态，一定有一个渐变的过程。那就一定有一个源头，而源头与它的顶峰状态多半是判若两途的。玉琮也一样，关于它的起源有数种说法，目前比较主流的是：它是一种起源于实用器的神器，这种实用器就是环镯。

浙江余杭反山墓地出土良渚文化单节大玉琮，被誉为"琮王"

浙江余杭瑶山墓地出土良渚文化玉镯

一个戴在手臂上的镯子与十几节的大玉琮显然是很难联系在一起，但它确实有可能就是玉琮的起点。因为出土的新石器时代单节大玉琮的内径通常在6~8厘米，而这个内径似乎正适于套在人的手臂上。不过在史前时代遗址的发掘中又发现，出现玉琮的葬坑几乎皆为男性主人，使一部分人对于环镯起源说产生了怀疑，因为他们认为环镯应该是女人的饰物。但我们从另一个角度则可以窥见玉琮的身世：从良渚单节大玉琮必带神徽纹饰几乎可以断定，即使不是多节可作神柱的玉琮，也一定和祭祀活动有关。而在上古时代从事祭祀的都是部落之首领，必为男性。从红山文化所出的玉神器来看，大部分都是佩饰器，也就是说原始的巫师作法是需要在身上佩戴各种玉器来通神的。由此可知，可佩于臂上之玉琮应该也是作用于此。

三、何以礼地

良渚之后，玉琮一度式微，这似乎也在证明着，带有神徽的玉琮就是良渚人专用的神器，因为上面的神徽表示的是良渚人专有的神祇。不过后来琮毕竟入选了六器，并且地位不低，是礼地之器。《通典·吉礼四》："周制，大司乐云，夏日至，礼地祇于泽中之方丘。其丘在国之北，礼神之玉以黄琮，牲用黄犊，币用黄缯"。这是夏至日的礼地，实际在立冬日还有一次礼地。《礼记外传》云："立冬之日祭神州地祇于北郊，配以后稷"。而这次礼地的礼玉规制，按《周礼·春官·典瑞》的说法是："两圭有邸，以祀地、旅四望"。说明这也是一次非正式的"旅"礼。按照上文关于四圭有邸的解释，两圭有邸就是中央玉璧、出廓两圭。可见，只有在夏至的那次正式礼地上才使用了琮，说明黄琮与苍璧一样是重器，不可轻出。

159

琢磨历史——玉里看中国

江苏武进寺墩出土良渚文化十三节玉琮

浙江余杭瑶山墓地出土良渚文化单节玉琮　赫赫有名的良渚玉琮洵神器也，不管是十三节大玉琮，还是单节大玉琮都做工精准，四面满布著名的神徽。良渚玉器的用料在玉里并不高贵，一部分是通过龙山文化从北方传来的河磨玉，大部分是江苏溧阳梅岭闪石玉。让它得享大名的一是各式的玉琮，二是精美的神徽，良渚几乎可以称为中国玉琮的宗主地，它在玉琮制作上的成就后世几千年都无法超越。良渚玉器的神秘气息是中国史前玉器之冠，这多从其神徽而来，很多的良渚神徽由无数细阴线构成，神人毛发毕现，在上古时代无铊具的情况下真是无法想象是何等浩大的工程。如今的江南水秀山清、钟灵婉转，不过几千年前的太湖流域还是水溽蛮荒之所，能诞生这样灿烂的玉器文明实在令今天的我们叹为观止。

这样，我们心中不免升起了一丝狐疑：良渚后玉琮出现的比率很小，远低于玉璧、玉圭、玉璜。而到了《周礼》，它就突然有了这么高的地位。然后在汉以后的两千多年里，玉琮的实物又是极少——到现在各博物馆里的玉琮，大多还都是由良渚文物在撑场面，这到底是怎

安阳妇好墓出土商代玉琮

么一回事呢？也许唯一合理的解释就是：玉琮是被汉儒无奈之中选中的礼地之器。我们已经多次分析，六器实际是为配合糅合了五行说的新儒学而创制出来，六器之选必须符合阴阳家的学说。所以，礼地之器首先在外形上就必须能跟玉璧配套，满足"天圆地方"的要求。估计汉代的大儒们，在有上古神器血统的玉器里看来看去，能跟"方"挂上钩的也就是琮了。因此，也就不能挑剔它出身"蛮夷"的东南文化，只能用它了。不过，儒家的脾气我们是知道的，既然已经不能不用它，那无论如何也要对它进行改造，洗去它"蛮夷"的基因，输入新儒学的血液。

山西长安县出土西周早期鸟纹玉琮

160

在《周礼》的注里这样解释为何用黄琮礼地："琮，八方，象地"。玉璧的"像圆所以礼天"很好理解，但说琮不是说它"方像地"而是说它"八方，象地"就有些莫名其妙。原来，在儒家对远古玉琮的改造中，象征古老良渚巫迹的神徽当然要去掉，但因潜槽而四面分为八块则保留了下来，这就是那个八方。在《古玉图考》里，吴大澂特意作了一幅《黄琮》之图，此图上的玉琮，两节，每一节四面，每一面由中间一道潜槽分为两块，每一块有六个平行的横条突起。此图一眼看去，让人马上反应出来的居然不是玉器，而是一种创烧于宋而流行于清的瓷瓶子。这类瓷瓶据说就是仿玉琮之形而制，在现代拍卖会上它们被称作"琮式瓶"。但是在民间，无论是清代还是现在，它们都有一个极为传神的名字——八卦瓶。这一下就真相大白了，八卦就是《易》的代名词，而《易》是新儒学的象征，礼地之黄琮果然是被汉儒从上古神器中选出来，并加以改造而成的。

↑ 南宋·官窑琮式瓶

四、黄琮何物

在琮的种类和尺寸问题上，现存《周礼》没有再犯璧的错误，在《冬官·玉人》里一口气列出了五种："璧琮八寸，以眺聘；驵琮五寸，宗后以为权；大琮十有二寸，射四寸，厚寸，是谓内镇，宗后守之；驵琮七寸，鼻寸有半寸，天子以为权；瑑琮八寸，诸侯以享夫人"。不过，玉琮的实物本来就少，这极少的实物又和这些名目无法对应。因此，我们很难弄清楚：究竟是真有这些种玉琮我们还没发现；还是这不过又是大儒们把自己的梦想照入了现实，它们根本就没有存在过。

不过我们知道，至少在祀地祈典礼上用的黄琮肯定是存在的，就是《冬官·玉人》里的大琮，它的大小是"十有二寸，射四寸，厚寸"，与苍璧和镇圭的大小是一样的。这个倒是极为可能，甚至可能礼天地四方的六器大小都是差不多的。至于黄玉之"黄"就完全不是问题了，和田黄玉自古就是最珍贵的玉料。一直到清代，和田黄玉的价值都远在白玉之上，因此作为礼地之器的黄琮由名贵的和田黄玉制作当是绝无可疑的。

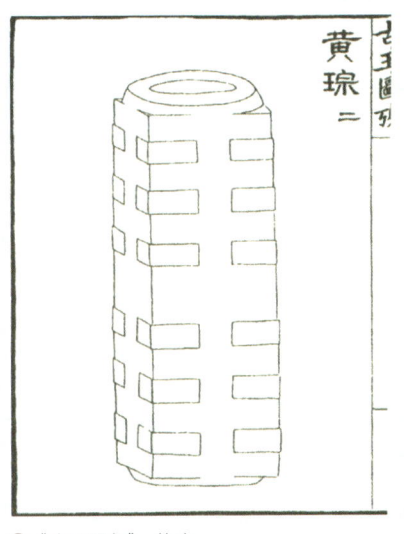

↑ 《古玉图考》·黄琮

第四章　远古的遗绪：玉圭与玉璋

第一节　说圭

一、王者之圭

公元1083年，农历十一月初五。三十五岁的宋神宗赵顼服大裘、被衮冕，从殿中监手中接过一支尖顶的条状玉器进入了圜丘土坛。之后他伴随着宫乐的反复奏响和暂停，不断重复着执玉匍匐、搢（插入腰间）玉上香的仪礼。这是中国历代王朝最为重大的

宋神宗赵顼像

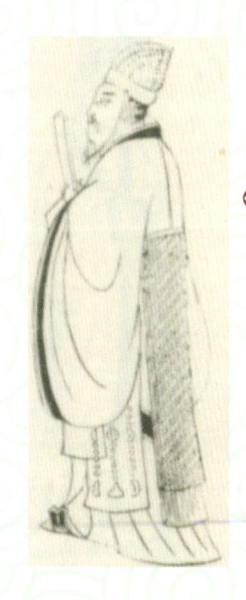

宋·聂崇义《三礼图》绘皮弁图
周礼规定王视朝服皮弁，则皮弁为王最常穿着的礼服，也必是最常与镇圭组合的礼服。此图中，王所执之长条物微有尖顶，即镇圭。因为汉代以后的玉圭已经基本为尖顶，身为宋人的聂崇义自然认为镇圭应该是这个样子

吉礼——祀昊天上帝，配享此次大礼的是宋王朝的开创者：太祖赵匡胤。而在这个吉礼中，被神宗皇帝用来向上天和祖宗表达敬意的礼器就是那支尖顶的条状玉器，也就是中国古代玉器中著名的"六器"之一：玉圭。

《周礼·春官·典瑞》："王搢大圭，执镇圭"。周礼规定于冬至日祀昊天上帝，很明显，1083年的冬至必是十一月初五日，看来宋神宗从日期到装束都在恪守着"礼"的规定。根据《周礼·考工记》的说法："大圭三尺"。周代一尺是多少已经无可考了，不过鉴于《周礼》多半出自西汉，用汉尺来换算大约也错不到哪里去。汉代一尺等于23.1厘米，那么大圭就长达69.3厘米，一根近70厘米长的大石头条子插在腰里，真是又累赘又沉重，我们真的很难想象，古代帝王如果不是大个胖子怎么受得了。

说起来玉璧是最高等级的玉礼器，但在玉圭的面前，玉璧还是要尊称一句"前辈"的。虽然它出现的要比玉璧晚，到夏代

河南偃师二里头遗址出土夏代玉圭

正式的玉圭才出现，但它在很长的时间里都是凌驾于玉璧之上的。而玉圭并不是凭空出现的，它的前身赫赫有名，来头极大，玉圭也算得上血统高贵。玉圭是用两手来执的长条形器物，执的方式类似于后世的笏板，早期的玉圭为圆弧顶或平顶，战国以后才逐步统一成尖顶的式样。根据《古玉图考》图录，镇圭是倒梯形下端带孔的长条形玉器。对于收藏和研究古玉的人来说，这个形制应该是十分熟悉的：这几乎就是普遍存在于各史前文化中的玉斧的加长版。这样，作为天子表征的镇圭，其历史源流就跃然而出。

玉斧，或者说是玉制的斧形器，它们在中国各个新石器时代文化中是常见之物。它们或许叫做玉斧，或许叫做玉钺，或许叫做玉锛，或许叫做玉戚。其实都差不多，起源都是石斧，也就是石器时代最重要的兵器。在上一编里，我们曾经顺带介绍过一件国宝级的文物——鹳鱼石斧图彩陶缸，那上面就绘着一柄石斧。根据此陶罐为巫王瓮棺的判断，则石斧就象征了巫王的武力。石斧尚且如此，更不用说玉斧们了。我们知道，史前文化中很多玉器都是从石器中升华而来，当它们脱离石器的行列时，就摒弃了石器的实用功能，成为了纯粹的地位象征。当玉制的斧形器离开石斧之属后，它就升格成了原始王权的象征。"国之大事，在祀与戎"，祭祀与征伐是一个部族最大的两件事，其权柄皆操于巫王。像玉琮这种从环镯而来的玉器，最后成为神器代表了巫王的神权；而像玉斧（形器）这种从战斧而来的玉器，最后就成了巫王的权杖代表了他的王权。

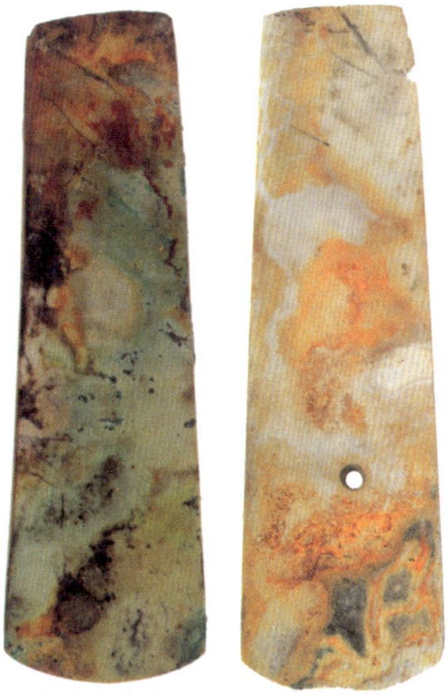

这些玉制的斧形器通常出土于各文化最高等级的墓葬坑中，比如良渚文化：良渚文化里的玉制斧形器被称为玉钺，良渚中期和晚期的玉钺体型特别扁薄规整，两面均经高精度抛光，刃缘未曾开锋，也没有任何使用痕迹。这就说明，最晚从良渚中期开始，玉钺就脱

🔹 安阳妇好墓出土商代玉圭

🔹 龙山文化玉钺

🔹 金沙文化玉锛

🔹 齐家文化玉铲

第三编 撑起礼仪之邦

163

琢磨历史——玉里看中国

上海青浦福泉山七四号墓出土良渚文化玉钺

离石斧，不再具备兵器的实际功能而成为一种象征物；在已发掘的良渚墓葬中，出琮和三叉形器的墓葬必定伴出玉钺，玉琮与玉钺的共存度达到了100%。在与玉钺伴出的玉琮上全部带有良渚神徽，我们上一章介绍过那就必然是良渚人的神器；同时，玉钺仅见于以玉器为主要随葬品的良渚大墓，因此，我们可以总结出有玉钺和玉琮的大墓即为巫王之墓。玉琮象征神权而玉钺象征王权。另外，它们通常放置于墓主的胸前，如果玉钺绑缚之木棍没有朽烂依然存在的话，大概它就应该是执于墓主手中的，因此可以肯定它是巫王的权杖，象征着巫王的世俗之权即专"戎事"之权。所以，从镇圭形似玉斧形器加长版来看，玉斧形器的权杖基因在部族发展成国家后沿革了下来，加长后演化成玉圭，继续着它王者权柄象征物的身份。

二、兴盛的圭族

玉圭是玉礼器里的主力，具有双重身份：既是六器，也是六瑞。"以玉作六瑞，以等邦国。王执镇圭，公执桓圭，侯执信圭，伯执躬圭，子执谷璧，男执蒲璧"。这段话已经反复在本书中出现，从王到伯，手中执了不同级别的四种玉圭。这四种圭都什么样子呢？或者说是用什么做标准来区分的这四种圭呢？又要到《周

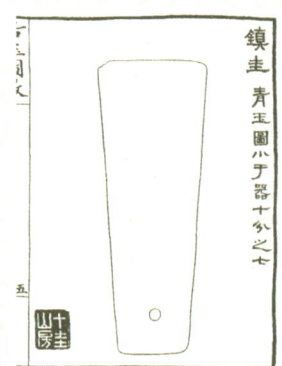

玉斧到玉圭 这三张图把它们这么放在一起是很有点意思的：左边是龙山文化出土玉斧；上面是《古玉图考》所录的镇圭之图；右边是清宫旧藏御题商代玉圭。两件实物加上图录一摆，之间的渊源不言而喻。有趣的是那一道孔，玉斧是兵器孔，是用来捆扎木棒的，镇圭只是用手来执的，要孔做什么用呢，穿绳挂在腰间吗？那显然不可能，镇圭毕竟不是20世纪90年代的大哥大手机，帝王们不会肤浅到把信物挂在腰上来显示威仪的。这个孔之所以保留下来，参阅《仪礼》就能找到答案：聘礼中作为信物的玉圭是要"垂缫以受命"的，那些表示受命的彩色丝线当然要给它们留一个孔洞来系扎了，原来此孔的功用就代表了玉斧进化成玉圭是"礼"的要求

礼》里面去找答案了。谁知道，这一找竟然找出了远不止四种玉圭。《冬官·考工记》："镇圭尺有二寸，天子守之；命圭九寸，谓之桓圭，公守之；命圭七寸，谓之信圭，侯守之；命圭七寸，谓之躬圭，

伯守之；大圭长三尺，杼上终葵首，天子服之；土圭尺有五寸，以致日、以土地；祼圭尺有二寸，有瓒，以祀庙；琬圭九寸而缫，以象德；琰圭九寸，判规，以除慝，以易行；圭璧五寸，以祀日月星辰；谷圭七寸，天子以聘女"。

好复杂！有关玉圭的记录是《考工记》里玉部分之最，这也证明了玉圭确实是玉礼器里最悠久、地位最独特的一种。在这一堆的玉圭里，很明显作为六瑞的四种圭是用尺寸来区分的，就是说它们长得应该一样，其实就是不同型号的镇圭，也就是不同大小的升级版玉斧。除大圭外，剩下的那些玉圭我们还没有介绍过，它们分别如下。

土圭：就是一种丈量土地的工具，和表示身份高低的前述大圭、镇圭等长相相近，与如今的尺子用途相似。

祼圭：实际是用圭作柄的酒器，宋人聂崇义《新定三礼图》，把古籍所谓的"圭瓒"绘成图，图中的器柄就是圭，器似为金属器皿。

琬圭：是一种上端圆首的圭。之所以有这种圭，是与其用于"治德""结好"相联系的。可见琬圭与琰圭以圭首无锋芒和有锋芒相别，是古人以形取义的产物。

琰圭：即是圭首端削尖或作尖锋解的圭。

圭璧：《新定三礼图》所绘圭璧图，一端为一尖首圭形，另一端为一圆璧，传世品中曾发现多例圭璧。

谷圭：制圭时模拟禾苗高低不同而名。以出土和传世的圭看，唐以后的圭中确有饰谷纹者，唐以前虽未见，但不能排除其存在的可能。

三、青圭礼东方

玉圭的家族虽然庞大、杂驳，但真正著名的，还是见于历代各种祭礼上的那几种。首当其冲的当然就是名气最大的那个"以礼东方"的青圭。这其实牵涉到周礼里面的两个相互关联的概念：一个是"兆五帝于四郊"，另一个是"五时迎气"。对于这两个概念的阐述，《周礼》本身较为晦涩，不大符合我们现代人的逻辑习惯。倒是《通典》里解释的较易为我们理解，大概是《通典》编纂于唐代，比之汉代离我们近了一千来年的缘故。《通典·吉礼一》如此记载：

汉青玉圭璧

江西朱佑槟墓出土明代玉圭　从汉代以后，皇帝祭天、祭地、祭祖宗以及祭各路神祇，手里执的都是这样的玉圭了，它的形状几乎就是传统戏剧里的令箭。从赵顼祀昊天上帝的仪礼分析，至少在祭祀时做皇帝并不是一个舒服的差事，光是这个尖顶在不停地摺圭动作中，就足以让皇帝的腰部硌得难受。自在不成人、成人不自在，做皇帝就会有做皇帝的代价，这个道理我们从玉圭的尖顶上就可以领略一二。

165

河北满城出土汉代玉圭

首先是迎五时气与祭五方帝："又王者必五时迎气者，以示人奉承天道，从时训人之义。故《月令》于四立日及季夏土德王日，各迎其王气之神于其郊。其配祭以五人帝：春以太皞，夏以炎帝，季夏以黄帝，秋以少昊，冬以颛顼"。

其次是介绍祭坛所在地："其坛位，各于当方之郊，去国五十里内曰近郊，为兆位，于中筑方坛，亦名曰太坛，而祭之"。

最后是玉礼器出场："礼神之玉，按大宗伯云：'青珪礼东方，赤璋礼南方，黄琮礼地则中央也，白琥礼西方，玄璜礼北方。'牲用犊，及币各随玉色"。

这是一个典型的"五行"系统。它的逻辑关系是这样的：在离周代都城五十里的东、西、南、北四郊要各立一个祭坛，这是个什么坛呢？叫做太坛或者方坛，方坛就是某一方向主神之坛。这四个方面的主神是干什么的呢？是主王气的，而这个王气是随四时变化而转化的，因此这四个方位实际代表的是春、夏、秋、冬，东方代表春，南方代表夏，西方代表秋，北方代表冬。

且慢！到目前为止我们说的都没有"五"，全是"四"啊。是的，其实到目前为止我们说的都是《礼记·月令》里的说法，而上面引的《通典》里的则是《周礼》的说法。到了《周礼》的体系里，一切都变成"五"了：四时中加了一个所谓的"季夏土德王日"，生生变成了一个与自然作对的"五时"；与之相对应的方向里，理所当然地就加了一个"中央"；然后再说颜色，四时加的是"土德王日"，方位加的是中央，不言而喻颜色当然就要加"黄色"，于是果然就加"黄色"了；到此时，一切都从"四"变成了"五"，五帝终于可以登场了！否则这五位古圣王，就得生生站在这个代表天以下之万物的体系外，这将是多么糟糕的结果。这下好了，这五位终于可以一个方向站一个，各管着一个季节了，就是"春以太皞，夏以炎帝，季夏以黄帝，秋以少昊，冬以颛顼"。

最后，所有的"五"都配套了，压轴戏终于可以出场了："青珪礼东方，赤璋礼南方，黄琮礼地则中央也，白琥礼西方，玄璜礼北方"。这一分析下来，毫无疑问，本应在《礼记》之前出现的《周礼》，实际年纪必然比《礼记》要小，《周礼》为汉儒伪作想必不谬。这就是六器中除了玉璧以外另五种的用途，天子于"五时"之日，率三公、九卿、大夫到相应之方位的方坛，用相应的玉礼器迎"王气之神"。当然，青圭的功能就是在立春之日，天子率众用它来礼东方之"王气之神"，顺便也祭奠一下太皞这位古代圣王。至于制作青圭的材料就不用置喙了——和田青玉也。

山东邹县朱檀墓出土 明代玉圭

山东邹县朱檀墓出土 明代玉圭

河南偃师二里头遗址出土夏代玉璋

除了执在天子手里的镇圭和加入了五行系统的"青圭"外，玉圭最有名的就是有邸之圭了，也就是上一章详细介绍过的"四圭有邸"和"两圭有邸"。这种复合玉礼器，站在现代角度，既可以把它算作一种出廓璧，也可以把它视为一种以玉璧做"底"的组玉圭。反正它们是两千多年来曝光率最高的玉礼器，除了祀天"大旅"的四圭有邸和祀地之"旅"的两圭有邸外，祭祀社稷、祭祀四望、祭祀五岳概用两圭有邸。玉圭这种基因来自古兵器的远古遗绪以超乎想象的丰富多彩支撑起了玉礼器的半壁河山。

第二节　说璋

一、弄璋

在古代，如果一户人家生了个大胖小子，出门碰到熟人，人家都会拱起手来给一句真诚的祝贺："恭喜弄璋"！收到的贺礼帖子上，多半也会写"贺某某弄璋之喜"。这是一个来源古老的习俗，起自三千年前的西周。《诗经·小雅·斯干》："乃生男子，载寝之床，载衣之裳，载弄之璋。"生了儿子得让他用小手摸弄一下玉璋，久而久之生儿子就被称为"弄璋"了。为什么一定要让儿子摸弄玉璋呢？因为要让儿子将来成为"君子"，玉德比君子嘛。注意，这个时候还是西周，"君子"还是大人物的代名词，而且家里可以有玉璋放着等儿子出生的，也绝不是普通人家，必是贵族。

那么为什么是摸弄玉璋而不是其他玉器呢？《说文解字》："半圭为璋"。圭是何等之物我们刚说完，"以玉作六瑞，以等邦国。王执镇圭，公执桓圭，侯执信圭，伯执躬圭"，至少是伯以上的诸侯才可以执圭！想来绝大部分贵族都不够执圭的资格。在西周那个严格遵守等级的时代，让初生的儿子弄圭显然是太过僭越，会惹出麻烦，所以就拿半圭的玉璋来代替。说到底，"弄璋"寄托的是对儿子光大门楣的期望。等到"礼崩乐坏"之后，社会重构，君子不再代表等级地位。特别是科举实行以后，理论上任何人家的儿子都有可能成为社会的上层。于是弄璋之礼虽然没有了，弄璋之名却下沉到社会所有阶层，任何人家生了儿子都可以听别人恭

167

维一句"弄璋之喜"了。在这件事上倒是真正实现了各阶层平等，也因此，"璋"大概就是玉礼器里唯一跟平民能扯上关系，最接地气的一个。

璋号称"半圭"，当然就跟圭渊源极深，或者说它几乎就是玉圭的伴生物，从有玉圭起就有玉璋。但这个半圭之"半"可不是拦腰一斩，事实上玉璋的个头只比玉圭大不会比玉圭小，这个"半"是在玉圭的顶部做文章。因为在汉代以前，大部分玉圭是平头顶或弧形顶的，半圭的意思就是把玉圭的顶部斜着削掉一半。如此说来，玉璋就应当是一个顶部为直角三角形的条状玉器。在吴大澂的《古玉图考》里，"璋"的图示上确实就画的是这么一个东西。

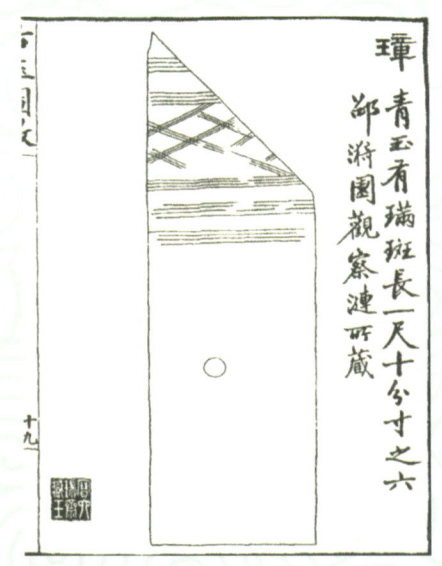

《古玉图考》·璋

不过，在传世玉器和考古发现玉器里，玉璋却是最模糊不清的一种玉礼器。特别是在各种考古报告里，我们会发现考古学家倾向于把所有无所依归的长条形玉器都叫做"璋"。这反而让璋的形象更具疑问，因为我们实在不能想象六器之一，用以礼南方的玉璋是这么一种随随便便的东西。但是璋这种玉器，在考古的发现里确实比玉圭、玉璧都要少，大概只有一个金沙遗址中有大批的玉璋出土，并且形成了灿烂的玉璋文化现象。可以说，金沙文化之于玉璋就如同良渚文化之于玉琮。

二、金沙之璋

金沙文化遗址是位于成都市城西苏坡乡金沙村一处商周时代遗址，是公元前12世纪至公元前7世纪长江上游古代文明中心——古蜀王国的都邑。遗址出土了世界上同一时期遗址中最为密集的象牙、数量最为丰富的金器和玉器。它的发现，把成都城市史提前到了3000年前，由此被视为成都城市史的开端。它距离三星堆遗址50公里，该文化所处年代约在公元前1250年至前650年，在公元前1000年时较为繁荣。金沙文化和三星堆文化的文物有相似性，因此通常把它的前期视为三星堆文化的最后一期，代表了古蜀的一次政治中心转移，而它的中后期则相当于商代后期和西周时期。

三星堆玉璋图

金沙文化出土玉器400余件，有玉琮、玉璧、玉璋、玉戈、玉矛、玉斧、玉凿、玉斤、玉镯、玉环、玉牌形饰、玉挂饰、玉珠及玉料等。出土的玉器十分精美，其中出土的最大一件高约22厘米的十节玉琮，颜色为翡翠绿，其造型风格与良渚文化的完全一致；大量玉璋雕刻细腻，纹饰丰富，有的纹饰上饰有朱砂。从其出土的玉器中我们可以看出以下几件事。

1. 六器中的璧、琮、璋都有出土，而最重要的圭反而未见大量出现，这说明了金沙文化确实是流离于中原文化之外的。

2. 金沙玉琮与良渚一致，说明金沙文化并非是独立发展的，也在与其他文化进行着交流和融合。

3. 金沙的前期文化层还出土了大批石璋，这些石璋制作极为粗糙，与位于中后期文化层的玉璋之精细天壤之别。而金沙的中后期已经相当于商末周初，似乎可以将其制作精良的玉璋视作西周玉璋的一个分支来看待。因此也可以说，审视金沙玉璋几乎就等于看到了周代玉璋的真面目。

🔸 金沙文化玉璋

三、玉璋源流

金沙玉璋的顶部有的似玉圭切去一角呈一面坡，有的似玉圭顶部被挖掉一个三角呈V字形，总结起来共有五种形态：凹弧形、斜弧形、V字形、鱼嘴形、平方形。而底部则明显比圭长出一截并带有装饰性扉棱，按照高古玉器"形必有用"的原则，玉璋的拿法很可能是用手握底而持，这就与玉圭有着明显不同，从敬畏程度来说要比玉圭差一档次了。此时，就到了要考虑玉璋从何而来的时候了。从它与玉圭的关系来看，它也是出自远古兵器无疑。但是什么兵器呢？难道跟玉圭一样也是石斧吗？又显然不是。否则干吗要将石斧最重要的顶部削来削去变成璋呢，要知道石斧的刃在顶部，破坏了顶部就不是斧了。

在《古玉图考》里还有一种璋的图示，它被单列出来，叫做"牙璋"，就是金沙玉璋里斜弧形顶部的那种。如果把这种牙

🔸 玉璋对于玩古玉的人来说是个无可奈何的物件，因为它形无定论。收藏古玉的人玩到最高阶段通常是要看各种考古报告的，在各种有大量玉器出土的考古项目报告中会发现：似乎所有长条状的不能被称为玉圭的玉器都会被专家称为玉璋。就像这三幅图中的玉璋，从逻辑上完全得不出它们顶部形状为什么会是这样的答案。最左边这幅图里的就是《古玉图考》中的牙璋，它又确实很像商代的玉刀。或许，我们可以这样理解：在古代，似圭非圭者即为璋。从这个角度说，跟玉圭比，玉璋确乎不那么高大上，是一种稍显马虎的礼器

璋横过来，我们几乎马上就可以找到它的源头——是玉刀。在考古发现中也可以找到这种渊源的证据：金沙的刀形玉璋和三星堆遗址的刀形器十分相似，而三星堆的这种刀形器又与二里头出土的七孔玉刀纹饰相近，足见三者之间是有演变关系的。而二里头遗址是夏朝中、晚期的都城，是绝对的中原文化，至此，可以说玉璋应该就是由玉刀发展而来。

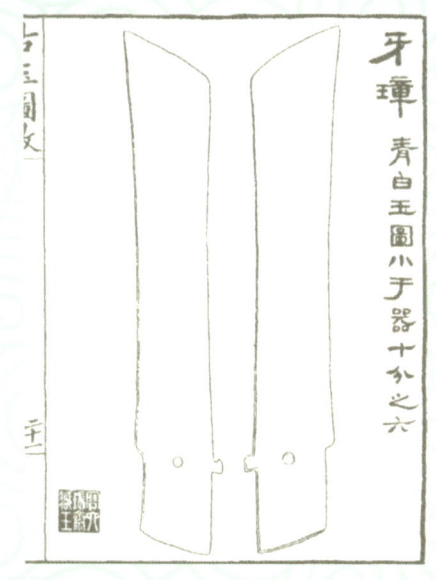

这也就解释了它与玉圭虽然皆是远古兵器的后裔，但为何到了玉礼器里，地位却相差甚远：因为玉圭的前身玉斧是王权的象征，而玉璋的前身玉刀却只是个为王权护驾的仪仗器而已。同时，这也说明了玉圭为什么进入六瑞，成为王与诸侯的身份信物，而玉璋在六器之外获得的却是另外一种身份。《周礼·春官·典瑞》："牙璋，以起军旅，以治兵守"。其注曰："牙璋，若今之铜虎符"。牙璋是兵符。这就把玉圭和玉璋的来龙去脉解释得节节相扣了：作为兵器的石斧，变成了象征王权的玉斧，又变成了作为王权信物的玉圭；作为兵器的石刀，变成了护卫王权的仪仗玉刀，又变成了同样由王权指挥的代表兵权的兵符——玉璋。

四、赤璋何物

当然，兵符只是玉璋的兼职，它的正差依然是六器之一："以赤璋礼南方"。《冬官·考工记》一共记录了三种玉璋的尺寸："大璋中璋九寸，边璋七寸，射四寸，厚寸，黄金勺，青金外，朱中，鼻寸，衡四寸，有缫，天子以巡守；牙璋中璋七寸，射二寸，厚寸，以起军旅，以治兵守"。玉璋礼南方，南方属火，代表的是炎热的夏季，配祭的也是带着两个"火"字的炎帝，自然根据五行原理此璋必须是红色的，就是赤璋。

但这里就出了一个很尴尬的事情，在自然界里就没有红色的玉！除非是使用红玛瑙。确实，从史前文化开始，玛瑙就作为玉的第一备胎使用。从史前文化一直到战、汉时期，组玉佩里都有红玛瑙制作的

↑《古玉图考》·牙璋

↑ 河南偃师二里头出土夏代七孔玉刀

↑ 安阳妇好墓出土商代晚期玉刀　这两个相距几百年的玉刀，几乎揭示了玉刀形制演化与牙璋之间的逻辑关系

玉管、玉珠存在，不过还没有发现过用玛瑙制作的大器，更遑论礼器。试想一下，同为六器，其他几种都是用上好的和田玉制作，唯独玉璋用属于"假玉"的玛瑙制作，这不是故意轻视南方的"王气之神"吗。

因此，所谓赤璋绝不可能是玛瑙制品，那么就只有一条路可行，就是染色。给玉染色在中国是历史非常悠久的，所以后来才能在古董做假的领域里，把假玉色做得如此神乎其技。在金沙出土的玉璋上已经见到，有的纹饰上饰有朱砂。根据金沙玉璋与西周玉璋的联系，我们大约可以猜测，西周礼南方的赤璋之"赤"极可能是来自于朱砂。玉璋这种和玉圭一样来自于远古的遗绪，到此时不得不染面示人——为了汉儒的新儒学理想。

▲ 金沙文化带朱砂痕的玉璋

第五章　被礼器的玉璜与玉琥

第一节　说璜

一、北方之神

在中国著名的神魔小说《西游记》的第六十六回里，唐僧失陷于小雷音寺。为了对付黄眉老怪，孙悟空找到了一位神祇"真武大帝"搬兵。这位真武大帝架子大得很，很是不买齐天大圣的面子，在说了一番云山雾罩、自吹自擂的话后，只派了几个手下敷衍悟空。他说的话是："我当年威镇北方，统摄真武之位，剪伐天下妖邪，乃奉玉帝敕旨。后又披发跣足，踏腾蛇神龟，领五雷神将、巨虬狮子、猛兽毒龙，收降东北方黑气妖氛，乃奉元始天尊符召。今日静享武当山，安逸太和殿，一向海岳平宁，乾坤清泰"。在他这番话里有几个重要的信息：一个是他威震北方，一个是他踏腾蛇神龟，一个是他静享武当山。是的，这位高傲的神祇的真实身份，就是北方黑帝的化身玄武大帝，也就是道教圣地武当山供奉的正神。

道教典籍里说："北方洞阴朔单郁绝五灵玄老，号曰黑帝，姓黑节，讳灵会，字隐侯局，一字叶光纪。头戴玄精玉冠，衣玄羽飞衣。常驾黑龙，建皂旗，从神壬癸，官将五十万人"。《河图》则称："北方黑帝，体为玄武，其人夹面兑头，深目厚耳。"不过玄武在大部分宗教场所的形象并不是人，而是长着龙头的一只大龟。因为北方黑帝是主水的，所以玄武是水中灵兽。不过这是道教对于北方之帝的说法，别人并不服气。《淮南子·天文》

▲ 明铜真武大帝坐像

▲ 汉代画像石刻·玄武

里称玄武为颛顼之僚佐，曰："北方水也，其帝颛顼，其佐玄冥……其神为辰星，其兽玄武"。淮南王刘安与司马迁几乎同时，因此皈依黄老的刘安对五帝的认识跟太史公倒也相差不多，与阴阳家附体的新儒学也颇有交集：配祭北方的人帝是颛顼。所有那些充满玄幻色彩的神和兽，都要拜伏在古圣王的麾下，而用来礼北方和颛顼的就是六器里的玉璜——以玄璜礼北方。

之所以用了这么大篇幅，从北方帝的演化来带出玉璜，是因为玉璜成为礼器实在是前无渊源、后无继承。如果没有"五方帝"这么一个复杂的系统出现，它绝不会被强拉进礼器的行列。至于玉璜本身，它的身份从来就没有改变过：最重要的玉佩饰。璜，在《说文解字》里的解释是："半璧曰璜"。就是说璜相当于把玉璧分成两半的样子。但实际上，玉璜的形象不只这一种，主流的至少有四种：弧形璜、折角璜、半璧璜、扇形璜。而玉璜与半璧还有一个本质的区别：璧即使是故意被破成两半也不会再多此一举钻上两个孔，而璜的两头则确乎都有这样两个孔。所有上古玉器上的孔洞都毫无疑问是用来穿系绳子的，这两个孔就明确暴露了玉璜唯一的用途：挂在身上作为装饰品。不过，玉璜这东西，说实话如果单个挂在身上，看上去还是挺傻的，所以它一直是中国古代最高端大气的玉佩饰——组玉佩的一部分。从史前时代一直到明代，玉璜和它的孪生兄弟玉珩都是组玉佩的标配，它们负责把纵向的玉珠串进行横向的区隔。

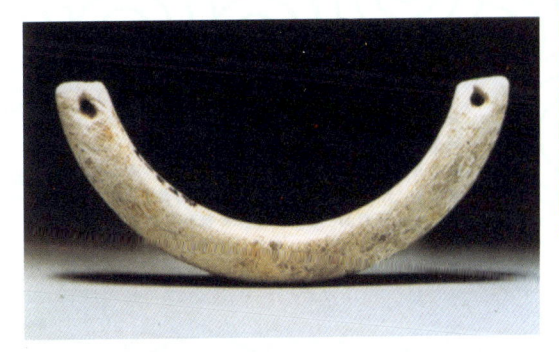

弧形璜 上海青浦崧泽遗址出土崧泽文化玉璜

折角璜 良渚玉璜

半璧璜 上海青浦崧泽遗址出土崧泽文化玉璜

扇形璜 浙江余杭反山墓地出土良渚文化玉璜

琢磨历史——玉里看中国

二、良渚玉璜

玉璜的出现并不晚，它与璧均出现于新石器时代，红山文化、大汶口文化、龙山文化、良渚文化都有它的踪迹。

1. 弧形璜多见于仰韶、马家窑、大溪、马家浜、崧泽文化。

2. 折角璜多见于马家窑、良渚、大溪文化。

3. 半璧璜多见于崧泽、良渚、薛家港、大溪这些长江流域文化。

4. 扇形璜多见于仰韶、龙山、马家窑等黄河流域文化。

5. 其他还有薛家岗文化的花式璜、红山文化的双龙首璜这些非主流玉璜。

🔸 红山文化双龙首玉璜

这里就能看出一个问题：既然《说文解字》给出的玉璜定义是半璧，那么半璧璜就是成熟的华夏文明的玉璜标准器。我们知道，虽然黄河、长江号称中华文明的两条母亲河，但一般来说，华夏文明的起源主体还是在黄河流域，因此各种华夏文化符号也基本来自于黄河流域。玉器就更是如此，似乎只有一个玉琮，因为几乎是良渚文化所独有，所以它来自于长江流域文化。但从上面可以看出，作为华夏玉璜标准器的半璧璜来自于长江流域文化，而且它还不像玉琮是因为没的选择，玉璜丁史前呈遍地开花之势，到处皆有。为何是非

🔸 浙江余杭反山墓地出土良渚文化玉璜

主流文化区域的玉璜之形入主中原，最终成了华夏标准呢？这就是一个必须进行分析的问题，有关玉璜何以栖身组玉佩，又何以最终被征为礼器，大概都可以溯源于此。于是，有关玉璜的话题又把我们引导到了良渚文化。

在已经考古发现的良渚玉璜里，以半璧形璜数量最多，基本上半璧璜是良渚玉璜的主要形态。这些半璧形良渚玉璜有两个共同的特点：（一）大部分非素面而有纹饰；（二）都不是单独存在，而是与其他玉器形成组佩饰。良渚玉器一说有纹饰，相信大家脑子里条件反射般地就会蹦出那个神徽。是的，良渚的半璧璜上基本都带神徽，那无疑，半璧璜必与巫王和祭祀有关系，至于是何种关系，还要先说一说它的第二个特征。良渚墓葬出土玉璜通常不是独出，而是与玉管形成一个组合，如余杭反山22号墓出土的玉串饰，由12件玉管和一件带有神徽的玉璜构成。如果按一串项链来想象，很明显，玉管相当于一串项链的珠子部分，而玉璜相当于下面的坠子（参见第二编第四章《环佩叮当》一节良渚文化组玉串饰插图）。因为上有神徽，因此就很容易分出作为坠子的玉璜应该哪

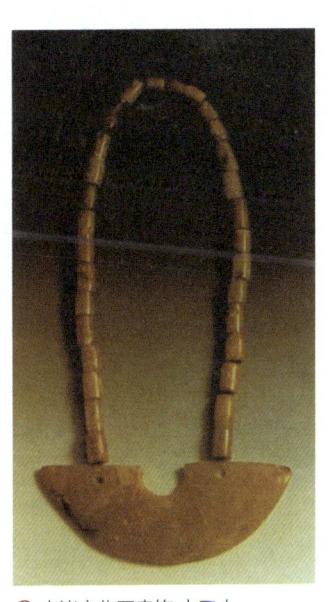

面朝上，哪面朝下，这样复原出来的整个串饰就一定是挂在脖子上，而带有神徽的玉璜则正好在胸口。

现在，我们就能分析一下这带神徽的玉璜是干什么用的了：我们在玉琮一节里介绍过，良渚的多节大玉琮实际是一个可以套在木桩上固定住的四面神柱，是良渚祭祀活动的中心。那么在这种祭祀中，巫王一定是要对着这个神柱来通神，而且很大比率上他要绕着神柱四面作法，否则就没必要搞出一个全角度八方有神徽的大玉琮了。这就有一个问题，他如何保证无论移动到哪一个方位，神都可以马上认出他从而信任他呢？此时，装在串饰下方位于他胸口的，带有神徽的玉璜就可以发挥作用了：要知道玉璜上的神徽，与神柱上的神徽都是同一个良渚神祇。无论巫王站在哪个角度，他胸前玉璜上的神祇和神柱上的神祇四目一对，自己绝不可能认错自己，巫王的身份立刻得以确认。这个推理应该是逻辑比较严密的，因此，良渚之玉璜很大可能是神发给巫王的"身份证"。从这个角度说，源头处的半璧璜就不能被完全归为神器，同时也是一种顶级的带有身份识别功能的饰物。

🔸 良渚文化玉串饰 由三十一颗管珠和一个半璧璜组成

🔸 良渚文化玉璜

🔸 战国双龙首玉璜

🔸 西汉透雕龙凤纹玉璜 这是玉璜的演化路径：良渚玉璜、战国玉璜、汉代大玉璜。这三张图说明了在六器中，玉璜是颇为独到的：首先，它的起点很高，良渚的玉璜就已经可以称得上精美华贵，比同时期的玉璧不知道要强多少；其次，良渚的玉琮起点也是极高以致后世无法超越，但往后两图看，后世对玉璜的发展到了登峰造极的地步。现在可见的汉代大玉璜几乎个个都是国宝级的艺术珍品，大概也只有这样的玉璜才压得住武帝开创的烈烈炎汉的阵脚。

三、璜之于佩

良渚的这种玉璜与玉管相组合的玉串饰，被视为组玉佩的起点。众所周知，西周是使用组玉佩的顶峰，而西周的组玉佩有两个重要特征：一是挂于颈上而垂至膝间，一是以玉璜为主、以玉管为辅。这两个特征几乎在宣告着，西周的组玉佩直接就是祖源于良渚的。西周的大部分组玉佩，被现代文物学形象地称为"多璜组玉佩"，它的模样极好想象：只要把良渚的以璜为底的玉串饰一个一个地纵向接起来，基本就得到了西周的多璜组玉佩。（参见第二编第四章中《环佩叮当》一节周代多璜佩示意图）目前考古已发现的从最为简单的"二璜佩"，一直到至为繁复的"八璜佩"，各璜数级无一遗漏。基本上，西周"礼乐"社会各级别所使用的组玉佩，也就已经一览无余。这从二璜到八璜的组玉佩也就验证了：首先，西周唯有贵族方可使用组玉佩；其次，贵族地位越高则组玉佩越长，使用的玉璜就越多以及结构越复杂。

从西周组玉佩依然挂在脖子上，可以看出它与良渚玉串饰的遗传学关系。是以玉璜发展到西周的身份和意义，便可以从良渚玉璜的身份，再结合时代的变化推演而出：良渚的半璧璜一半是神器、一半是"身份证"般的顶级饰物，它本来属于巫王。历史从巫王的时代进入了王的时代后，王不需要再会通神，神权从王者身上剥离，巫觋降为臣子。比如周公，《史记》上说他"旦巧能……能事鬼神。乃王发……不能事鬼神"，就是说周武王不会通神那一套而周公会，这就说明天子已经不需要同时充当祭司了，而周公则是王族中的一个觋。那么套在西周贵族脖子上的组玉佩，上面的玉璜必然已经不会再用来通神。所以它的神器身份没有了，那么剩下的那一半身份必然得到加强，并成为它唯一的功能。这个功能就是顶级饰物，用以显示身份、区分等级。说到这里，《说文解字》为什么只选择半璧璜作为璜的正解也就不言而喻，因为《周礼》系统的组玉佩起源于良渚，里面的璜是继承良渚的半璧璜。

在《左传》和《仪礼》这两部确实记载了东周历史和礼仪的书中，无法找到在各种仪礼中使用璜的记录，所能见到的都是关于璜为佩饰的记载，这就充分说明了璜在先秦时期就是一种服饰用玉。大家都清楚，东周开始"礼崩乐坏"，其一大特点就是：各阶层都纷纷向上一阶层僭越，连组玉佩在这一时期都曾经短暂地不受控制地使用。如果西周玉璜真的曾经作为礼器，那么在东周就一定会被更广泛地使用，即使原本无权使用的人也会使用，那么《左传》中就不可能没有相关信息。

玉璜除了在六器中居了一个礼北方的位置外，它在汉以后的时代里依然只作为佩饰出现，特别是在组玉佩里。而且它的地位还明显下降，不再是组玉佩的主角：东汉时，"至孝明帝，乃为大佩，冲牙、双瑀璜，皆以白玉。"其排列方式为"佩玉，上有葱衡，下有双璜冲牙，珠以纳其间"。曹魏侍中王粲创制的组玉佩制度基本上恢复了汉明帝时期玉佩的组合形式，成为魏晋至隋唐时期广为流行的玉佩式样。明朝复唐礼，组玉佩的规格为："玉佩二，各用玉珩一、琚二、冲牙一、璜二；下垂玉花一、玉滴二；瑑饰云龙文描金。自珩而下系组五，贯以玉珠。行则冲牙、一滴与璜相触有声"。从东汉一路到明，玉璜在组玉佩里的地位一直居于二流，玉璜的辉煌早已不在，而这与它六器的地位是多么地不相符啊。因此，这一切都说明它的礼器之位不是由历史积累发展而成，而是被人生拉硬拽地抬上去的，所以远不如圭、璧的根基深厚、受人重视。

秦景公大墓出土春秋玉璜

春秋虺龙纹玉璜

四、玄璜何来

至此，玉璜是被汉儒为凑五行之位而拉进六器的，就已经昭然若揭。不过，上古玉器还有很多，为什么一定要选择玉璜呢？我们确实无法从古籍中直接找到答案，只能进行一种合乎逻辑的推测。如果是给一类最高等级的器物挑选同伴，应该遵循何种原则呢？大概会是这样的思路。

战国玉璜

1. 首先，看前世。既然玉璧、玉琮都来自神器，那么最好也有上古神器的基因。

2. 其次，看出身。如果确实再也找不出有神器基因的了，那么就看它是否与现有器物沾亲带故或者渊源深厚，就像璋和圭的关系。

3. 最后，看现在。光有前两个因素还不够，还要考虑此物在当下是否广为人知，是否身份高贵。如果满足前两个条件但却是个大冷门，还要给上上下下做普及知识的工作，这显然成本太高且成功率下降。

按照这个思路和标准，我们立刻发现玉璜，包括后面要介绍的玉琥，它们进入六器确实是精心挑选的。玉璜明显符合第一个和第三个条件：首先它有一半的神器基因；其次在西周的组玉佩里又居于支配地位，这就意味着它在玉的"礼"制结构中，处于仅次于礼器文明的衣冠文明的顶端；最后它还因为是贵族身上必佩的玉器而广为人知。因此，它往上轻轻地迈了一步，就成为了著名的玉礼器——礼北方之玄璜。

那么下面就是那个老问题了，玄璜是什么玉做的？这跟赤璋一样，又是一个略显尴尬的问题。北方黑帝，因此礼北方之玄璜就一定得是黑的。在自然界，真正本色为黑的玉非常少，墨玉在高古玉中基本未见。只有一种和田玉，它因为里面那种黑色小麻点的杂质已经满了，就呈现出一种黑色的视觉效果，这种玉在今天的文玩行里被称作青花玉。如果玄璜确实采用的是自然生成的黑色玉，似乎是它的可能性较大了。如果不是，就必然要选择与赤璋相同的道路——人工染色。其实，目前古玉研究者都更倾向于第二种可能，就是玄璜是由人工染色而制作出来的一种黑色半壁形玉璜。

第二节　说琥

一、琥从兵符来

公元前257年，秦国攻打赵国，围困了赵都邯郸，赵国向魏国求救。魏安釐王派大将晋鄙将兵十万救赵，但却观望不前，实际是打算两相渔利。赵国危急，乃动用裙带关系：赵国的平原君向自己的小舅子，魏国的信陵君魏无忌求救。信陵君按照门客侯嬴的计策，求魏王的宠姬偷出了魏王的兵符。信陵君持此兵符往代晋鄙，晋鄙合符但却有怀疑，信陵君的门客朱亥以四十斤铁椎椎杀晋鄙。信陵君选军八万以攻秦军，解了邯郸之围。这就是历史上有名的故事——窃符救赵。在这个故事里，有一个核心的小物件：一国之君要带着它睡觉；信陵君要走女人路线，行偷盗之事来得到它；十万大军因它而或攻或守。这个威力极大的东西叫做兵符，在古代一直使用，通常用金属制作成老虎之形。它分为能精确扣合的两片，君与将各执一片，只有两片相合才代表是君主之意旨。这就是古代象征着兵权和征伐的虎符。而这个虎符，居然就是六器最后一个——玉琥的原型。

战国虎符

这里先来看一下，汉儒如何解释，为什么会选这六种玉器作六器。《通典·吉礼一》里说："礼神者必象其类。珪锐，像春物生也，半珪曰璋，像物半死也。琮八方，像地也。琥猛，像秋严也。半璧曰璜，像冬闭藏，地上无物，唯天半见耳"。这段话的意思是：用来礼五时之神的东西首先必须与它所礼的神相像。玉圭有尖角，就像是万物发芽破土而生，所以代表春季；玉璋等于半圭，象征万物已经到了最旺盛的时候，辨证地看已经要开始进入枯败的阶段，其实已经半死了，也就是夏季；琮的"象八方"我们解释过；琥是虎形，老虎威猛，秋天主肃杀，要用最凶猛、杀伤力最强的百兽之王来比拟；璜是半璧，冬天万物凋零，大地一片空茫，世界就如同只剩下一半了，因此用半璧之璜来象征。

从上面这段文字来看，汉儒本身就是逻辑比较乱的一批人。他们在如此严肃、重大的一件事上居然随心所欲，根本就没有定出一个统一的标准。这六种玉器：有的是样子像就可以用（如琮）；有的是意思像就可以用（如琥）；还有的干脆什么都不像，只要跟另一个有逻辑关系就成（如璋）。这段话如同画蛇添足，恰恰证明了六器之选根本就不是因为这些理由。相反，是设好六器之后，再翻回来量身定做了这些理由，以合乎儒家凡事皆与"义理"相合的主张。至于六器的由来，其实我们已经在"说璜"里分析得很清楚了：璧、琮、圭、璋四样本来就是周代真实使用的礼仪之器，只需要再添上两件给北方和西方。于是按照上面总结的那三条原则，玉璜符合第一条和第三条，就站住了礼北方的位置；而玉琥符合第二条和第三条，就站住了礼西方的位置。

▲ 河南光山出土春秋玉琥

这个分析是站得住脚的，因为在《周礼》中本身就存在一个证明：《冬官·考工记》里，记载了璧、琮、圭、璋的各种尺寸和用途，可璜与琥却完全未见。《考工记》本是一部独立的书，是战国时期记述官营手工业各工种规范和制造工艺的文献，记述了齐国关于手工业各个工种的设计规范和制造工艺。西汉时，因《周礼》的"冬官"篇佚缺，河间献王刘德便取《考工记》补入。因此，《考工记》里不存璜与琥，直接证明了东周时期的玉礼器里确实没有它们，只有另外四种。

《说文解字》，琥："发兵瑞玉，为虎文"。这里的文当"纹"来讲，就是说琥

▲ 河南淅川出土春秋玉琥

并不是专门按照铜虎符的样子仿制出一个玉的虎符来当礼器，而是本来就有一种叫做"琥"的玉兵符存在，而这种玉兵符倒不一定是虎形，而是身上琢刻了虎纹。这不禁让人想到了玉璋，在《周礼》里明确记载了"牙璋，以起军旅，以治兵守"。其注曰："牙璋，若今之铜虎符。"这就是说，在古代，曾经存在着两种玉兵符，一种是牙璋，一种是玉琥，而这两种兵符最终都入选了六器。这就证明了我们所分析出来的第二条原则："如果确实再也找不出有神器基因的了，那么就看它是否与现有器物沾亲带故或者渊源深厚，就像璋和圭的关系"。圭与璋的逻辑关系有两层：一是兵器之间的关系，也即玉斧和玉刀之间的关系；二是权杖与兵符之间的关系，一个代表整个王权，一个代表王权里的兵权。那么很明显，玉琥与圭和璋都发生了逻辑关系：首先它和玉璋一样，都是兵符；其次也是和玉璋一样，同玉圭是权杖与兵符之间的关系。再加上兵符的名气和重要性只会比组玉佩大，不会比它小，所以第三条原则也完全符合。是以玉琥进入了六器行列，昂首居于西方。

二、琥形溯源

玉琥的来龙去脉至此似乎已经清楚，但又发生了一个小小的意外：玉琥理论上是片状的虎形玉器。它的问题与玉璜类似，就是传世或出土的玉琥两端都带孔，这明显又是一种串绳的配饰，即使它是从兵符而来。况且，《说文解字》对于琥的解释是说它为虎纹，而并没有明确说它是虎形。这就给玉琥的虎形从何而来留下了很

琢磨历史——玉里看中国

战国玉琥

大的想象空间。

　　玉琥的存世量不大，而与之相似的各种龙形佩所发现的要比玉琥多得多。这不由不让人怀疑玉琥也许是龙形佩的一种演绎之物，恰巧龙形佩也是组玉佩里最重要的配件之一。从东周开始，组玉佩不再挂在人的脖子上，而是拴在革带之上。这样，组玉佩的形态就发生了变化，它不再是一个复合型大项链，而是可以任意搭配，充满创造力和艺术气息的大型玉器组合物，结构类似于风铃。西周组玉佩除玉管、玉珠以外，大型配件只有玉璜的单调格局也为之大变，出现了多种大型片状玉器加入到组玉佩里。

　　龙形佩就是这些大型片状玉器里最为亮丽、出众的一种。它总体上是一条翻滚、腾跃的"S"形龙，身上琢刻各种复杂的纹饰，显出非凡的气势。而此种玉佩之龙头，很多在我们看来算不上龙头，更像是商代玉器里的虎头。因此，有理由相信，这也许是由商代虎形片状玉器，与周代越发成熟的龙形融合产生的新的玉佩。当非虎形的玉琥成为了六器，为了让它符合"琥猛，像秋严也"的标准，它必须成为虎形。我们都知道，借鉴一种现成的器形，远比重新创造一个器形容易得多，所以，新的虎形玉琥的问世，很可能就是借鉴了有虎形器基因的龙形佩，而龙形佩上那两个系绳的孔也就此被照搬下来放在了玉琥身上，虽然玉琥不会在组玉佩中出现。

安阳妇好墓出土商代玉虎

湖北随州曾侯乙墓出土战国早期玉龙形佩

春秋玉琥

180

春秋龙形佩　两虎一龙，看起来感觉如何？把它们三个摆在一起，给人的感觉是"龙虎斗"还是"龙虎本是同根生"呢？

这就是玉琥从它本尊到成为礼西方之器的一段嬗变历程，确乎充满了戏剧性和喜感。而至于"以白琥礼西方"之"白"，则是六器中我们最不用多做研究的，当然就是中国后两千年玉文化里的王者——和田白玉了。

第四编

中华帝国和它的玉器

要知道，一件玉器会鲜明地体现出其所诞生时代的风貌，更会进一步地折射出那个时代的民族精神和审美情趣。烈烈的炎汉、开放的唐、雍容的宋、拘谨的明、热闹的清，都在各自时代的玉器里展示着自己的特点。我们现在看各个朝代的玉器，不但能看出中国人于斯时的精神状态，还能挖掘出其时之社会思想，更能映射出中国历史发展的经脉。而玉器从重性灵到重庄严；再到重雅致；最后流于艳俗。中国审美情趣和美学、哲学观的演化轨迹，也可以在其中一览无余。

所以，这一编几乎就是在讲史了，但讲的绝不是读者已经看习惯的那种"史"，而是站在完全不同视角，概讲出的一部全新的中国王朝史，以及在这部王朝史背后藏着的玉。

琢磨历史——玉里看中国

第一章　中华玉器仰鬼斧

第一节　谁来做玉

一、千古一人陆子冈

中国几千年用玉的历史，宝玉、名玉灿若星辰，但史上留"名"的不过两个。这个留名是说玉因为人的名字而卓然侪辈，这两个玉是："和氏璧"和"子冈牌"。它们相距两千多年，却有着相近的身世，虽然它们一个是一块玉，一个是一类玉。和氏璧人们都知道，本书的第一编也特意说过，子冈牌要先介绍一下。玉牌为明清两代流行的一种佩饰，形状以长方形为主，也有圆形、椭圆形等。据传，玉牌始出于明代，为明代琢玉大师陆子冈所创。陆子冈所制玉牌多为长方形，且其长宽是很有讲究的，应该是按黄金分割比例来制作。其牌大小适中，方圆得度，刀工精美，字体挺拔，地子平浅而光滑。在方寸之间不仅尽显玉质之美，更具玉工之精。

清中期"子冈"款黄玉牌

陆子冈制牌非常讲究，有"玉色不美不治，玉质不佳不治，玉性不好不治"之说。据说陆子冈的绝活应归功于他的独门刻刀"昆吾"，但这"昆吾刀"是从不示人的，操刀之技也秘不传人。因为后来大量出现的此类玉牌皆源自陆子冈的创造，后世干脆把这种玉牌统称为"子冈牌"。真正的陆子冈作品主要收藏在故宫和各地的博物馆里，民间散落已很少见。可以见到的多为"子冈牌"已非真正的陆子冈所制之牌了，真正出于子冈之手的明代子冈牌，早已是稀世珍宝。"和氏璧"跟"子冈牌"最大的相同就是：赋予它们名字和生命的人，都为此付出了血的代价。卞和付出的是自己的双腿，而陆子冈付出的是自己的生命！

清"子冈"款玉磬

陆子冈是明末最为著名的琢玉巨匠，在许多文人笔记中都有记载，《苏州府志》载："陆子冈，碾玉录牧，造水仙簪，玲珑奇巧，花茎细如毫发。"徐渭《咏水仙簪》："略有风情陈妙常，绝无烟火杜兰香。昆吾峰尽终南似，愁钉苏州陆子冈。"他自幼在苏州城外的横塘一家玉器作坊学艺，出落成为琢玉技艺相当全面的一把好手，起凸阳纹、镂空透雕、阴线刻划皆尽其妙，尤其擅长平面减地之技法，能使之表现出类似浅浮雕的艺术效果。陆子冈技压群工，盛名天下。明穆宗朱载垕闻知后，特命他在玉扳指上雕百骏图。他没有被难住，竟仅用几天时间完成了。在小小的玉扳指上刻出高山叠峦的气氛和一个大开的城门，而马只雕了三匹：一匹驰骋城内，一匹正向城门飞奔，一匹刚从山谷间露出马头，仅仅如此却给人以藏有马匹无数奔腾欲出之感。他以虚拟的手法表达了百骏之意，妙不可言。自此，他的玉雕便成了皇室的专利品。

明"子冈"款羊脂白玉簪 此簪出土于明万历年间许裕甫墓，刻"文彭赏·子冈制"款。同出有文征明等当时名家字画，因此，此簪应为难得的陆子冈亲制品

人的本事大了、名气大了就会有脾气，就会寻求与众不同，陆子冈也不例外。虽然他只是一个玉匠，身上却隐然体现出一丝古文人"傲公侯"的味道，于是他做的每件玉器都会特意落下"子冈"款。要知道自古玉匠不许留名，陆子冈是独一份，而他的神技也确实让权贵甚至皇帝对他多了些许容忍。有一次皇帝要陆子冈为他雕刻一匹马，并且明说不准落款。陆子冈回去雕刻好了献给皇帝，皇帝仔细看，并且让其他大臣看果然没有落款，非常高兴地奖赏了陆子冈。后来一个宰相仔细看的时候在马的耳朵里发现了"子冈制"微雕字体。按说这可算欺君大罪，但是皇帝并没有追加处罚他。陆子冈可能因此愈发执拗，忘记了他只是个异数。本质为"礼"的社会，早晚会毫不犹豫地牺牲一个工匠来维持法度。万历年间，明神宗朱翊钧命他雕一把玉壶，不准落款，他则运用仅凭手感的内刻功夫，巧妙地把名字落在了玉壶嘴的里面。这一次，他终于彻底触怒了皇帝，不幸被杀。由于他没有后代，一身绝技随之湮灭，徒使后人望玉兴叹。

陆子冈在中国古代玉匠中可称第一人，除了他无人能够超越的艺术成就，还在于他有两个独一无二：一个是他以生命为代价捍卫着"署名权"，使他成为"千古一人"；另一个是那把随他而逝的"昆吾刀"。自古玉器唯"琢磨"，工具中也从无"刀"之一说，只有陆子冈创出了一把"刀"，也只有在他手下用一个"雕"字可矣。也许"昆吾刀"只是子冈的一段奇遇，比如他偶然得到了陨铁之类的神奇金属，得以成"刀"。但这都随着他的离去成为历史之谜了。而他的这两个独一无二对应着中国玉文化里的两个大命题：（一）玉是如何制作出来的？谁来做玉；（二）玉是如何制作出来的？怎么做玉。实际就是人的问题和工艺的问题。

二、周代"玉府"

在古玩行里，一幅字画只要看看落款就知道它是何人所作。但如果问某一件古玉是谁做的？对不起，再博学多识的行家也只能回答两个字："玉匠"。因为除了一个豁得出性命的陆子冈，没有任何一个玉匠曾经在他琢制的玉器上留下过名字，虽然这件玉器可能出现在皇帝的身上或屋里。从很久以前（也许是新石器中期）开始，就已经有了专业玉工匠。我们相信，在夏和商的政府里一定有了专门负责玉器制作和管理玉匠的机构，可惜没有这方面的文字记录。因此，有关制玉机构的信息最早就只能溯源于周代，要从《周礼》中去找。

《周礼》里这方面的记载主要有机构和执行人。首先是机构，《周礼·天官冢宰》："玉府掌王之金玉、玩好、兵器。凡良货贿之藏，共王之服玉、佩玉、珠玉……凡王之献，金玉、兵器、文织、良货贿之物，受而藏之。凡王之好赐，共其货贿"。"内府掌受九贡、九赋、九功之货贿、良兵、良器，以待邦之大用。凡四方之币献之金、玉、齿、革、兵器，凡良货贿，入焉"。这里一共有两个跟玉有关的机构，玉府和内府，当然这里一定是以玉府为主。因为内府不过很小一块业务，是保管别处进贡给周王的玉器，而玉府则负责管理周王朝廷里的所有玉器制作。因此，玉府是历史上可以追溯到的最早的制玉管理机构，之后的两千年一直到宋代，各个朝代的管玉机构皆由此玉府繁衍而来。

其次是执行人，一种是保管玉器的执行人。《周礼·春官宗伯》："典瑞掌玉瑞、玉器之藏，辨其名物与其用事"。典瑞显然是最主要的玉库保管员，而就玉瑞与玉器分开写来看，显然玉礼器和其他的玉器是分开放置的。《周礼·夏官司马》："弁师掌王之五冕，皆玄冕、朱里、延纽，五采缫十有二就，皆五采玉十有二，玉笄，朱纮"。弁师严格讲应该属于专门的"冕服"管理员，不过玉毕竟是冕冠的重要组成部分，因此他也可以算作半个玉器管理者。

另一种是制作玉器的执行人。《周礼·地官司徒》："卝人掌金玉锡石之地，而为之厉禁以守之"。卝（kuàng）人，卝字在古代同"矿"字，果然他的职责是要守卫所有珍惜之物的矿脉，严防有人盗采，当然这里面最重要的是玉矿。《周礼·秋官司寇》："职金，掌凡金、玉、锡、石、丹、青之戒令。受其入征者，辨其物之恶与其数量，楬而玺之。入其金锡于为兵器之府；入其玉石丹青于守藏之府"。职金的职责看起来是卝人的下家，也就是由卝人看守的矿石合法开采后，要由职金来分别入各自的库房保管、看守。那说白了，职金就是原材料库的库管。

剩下的就是本书曾反复提及的《周礼·冬官考工记》里的"玉人"了，他们毫无疑问就是从事玉器琢制的玉匠（准确地讲应该叫"奴"，此类手工业者从周代到汉代都是奴的身份，汉代称为"工巧奴"，南北朝称"伎作户"，大约南北朝后期到隋才改称"匠"，完全脱离了奴的行列）。如此，一条周代玉器生产、管理的链条就完整地呈现了出来：卝人看守的玉矿在得到命令后被开采出来，然后进入原材料库由职金看管；玉人接受了玉器制作的任务后，根据任务通过职金从原材料库里提取相应的玉料；玉人按照标准制作完成玉器后，该玉器根据属性由典瑞或者弁师收藏、保管，这就是成品库了。我们看到，三千年前的玉器生产，它的链条与现代工业生产几乎一模一样：原材料库—加工车间—成品库。一个现代的会计几乎都可以按照这个链条，做出某一件周代玉器制作过程的全部会计分录来！而这一整套链条的总管理机构自然就是"玉府"。

三、少府的故事

因为玉器在古代中国的地位如此重要，以至于周代就已经把玉器的制作和管理，设计出了如此合理、高效的一整套体系。后面的三千年里，各个朝代在这个体系上增增减减、叠床架屋，不但保证着玉器的生产供应，甚至还影响了中国的官制发展。从秦朝开始，对玉器的管理属于一个叫作少府（监）的机构，而之后的近两千年里，这个机构几乎都在跟玉器发生着直接的联系。少府在秦、汉位属九卿之一，秩中二千石，相当于如今的国务院某部委。它主管以下事务："后汉少府卿一人，掌中服御之诸物，衣服、宝货、珍膳之属，朝贺则给璧"（《通典·职官九》）。这是一个负责宫廷奢侈品供应、管理的东汉部级干部，他的职责里专门列了一项：负责在朝贺典礼举行的时候，给尚官们配发典礼所用的玉璧。这个信息方面证实了这个职位与玉器的关系，另一方面也证明了玉器在各种宝物中绝对的超凡地位。

史书里记载了一个著名的故事："后汉东平王苍为骠骑，正月朔朝，苍当入贺。故事，少府给璧。时阴就为少府，贵傲不奉法，漏将尽，而求璧不得。苍掾朱晖，遥见少府主簿持璧，乃往给曰：'试请睹之'。既得而驰奉之。"一位汉室的封王兼骠骑将军刘苍，碰上了一位蛮横、狂傲的少府卿阴就。这位少府卿在最重要的法定朝贺日故意刁难东平王，就是不给他玉璧，搞得王爷很是狼狈：时辰到了，无璧无法上朝，恐怕要倒大霉。此时，王爷的一位属下朱晖使出了市井流氓手段。他远远地看见少府卿的秘书长拿着一块玉璧，就跑过去说："劳驾，给我开开眼成不？"结果人家刚一把玉璧放在他手里，他拿着就跑，赶紧送给他家王爷解了危难。这是多么有趣的一幕活剧！要知道东汉的封王可是相当尊贵，是死后可以使用银缕玉衣的人物。更何况这位封王还兼着骠骑将军的实职，是正经的有地位、有权力之人。可就这么一位贵人，被一个少府卿耍得团团转。可见，少府卿手上的掌玉之权是多么的厉害，足以让他傲上欺下。

少府卿下有不同的官员负责不同的器物制作，其中负责玉器制作的叫作尚方令。

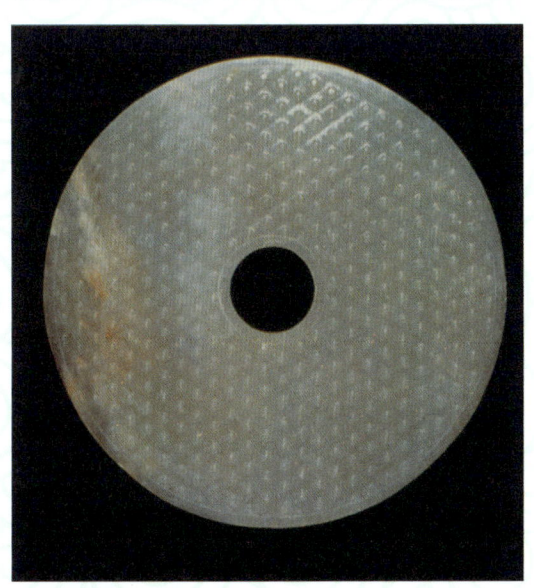

河北定州出土东汉白玉璧

《通典·职官九》："周官为玉府。秦置尚方令，汉因之。后汉主作手工作、御刀剑、玩好器物及宝玉作器"。尚方这个官署就是《周礼》"玉府"的直接继承者，它掌管着玉器的制作。而历史上最著名的一位尚方令又是谁呢："宦者蔡伦为尚方令，监作秘剑及诸器械，莫不精工坚密，为后代法"。是造纸的蔡伦！原来蔡伦曾经是主管玉器制作的官员。可见，能够被委以制玉重任的从来都是一时人杰，是古代最具发明家和工程师素质的业务干部。

少府这个挟玉自重的机构里还有几个官职，他们在隋唐以后的历史里煊赫一时。还是《通典·职官九》里对少府的记载："凡中书谒者，尚书令、仆、侍中、中常侍，黄门，御史中丞以下皆属焉"。原来，三省六部制之后的那些宰相之任的官职：尚书令、仆射、侍中，都曾经厕身于少府之中。这些职位本来都属于"宦"，是皇帝的私人部属，最早都是由少府这个主要为皇家服务的机构来管理。后来，他们慢慢在皇帝的授意下开始参与政务，最终脱离少府发展成台省，直到演化成中书、尚书、门下三省。从这里我们也不难看出，玉虽为一物，却与整个中国政治史有着多么深的渊源。

第二节　官、民两道

一、唐宋制玉

唐代在三省六部制下依然保留着九卿，著名历史学家严耕望先生认为，唐代的九卿实际是六部的执行机构。少府监还是九卿之属，而制做玉器的机构则依然在少府监之下，并且依然是"玉府"的直系血统，此时它叫做"中尚署"。它的长官叫作中尚署令，从六品上，大致相当于副局级官员。《大唐六典》："中尚署令，掌供郊祀之圭璧，及岁时乘舆器玩"。这看似跟汉代一脉相承，其实不然。在中国的玉器制作史上，唐代是一个分水岭，从唐代开始玉器的制作有了两个显著的变化，并在后来的一千多年里逐步发展达到高潮。这两个变化，一个是制玉机构的内外多重化，另一个是制玉模式的公私合作化。

虽然在国家的典章制度上负责制玉的机构是少府监的中尚署，但到了中唐则出现了新的情况，就是宫廷开始自己插手珍玩的制作了。在安史之乱以前，唐玄宗李隆基是一位创造盛世的英主，他既敦文又修武，有思想、懂艺术，还是位情种。就像现在的二、三代富豪一样，这样的人必然能挣又敢花。因此，他一面大杀当时社会的奢靡之风，不许士庶服锦绣珠翠；另一面却在宫里设"贵妃院"，院内"织锦刺绣之工，凡七百人，其雕刻熔造，又数百人"，同时还设了"内八作"，开了后世于内廷设珍玩作坊的渊薮。宋朝的修内司、明朝的御用监、清朝的养心殿造办处恐怕都是祖源于此。而"贵妃院"几百个从事"雕刻熔造"的工匠里只怕就有不少是琢玉之工了，更遑论还有个"内八作"。因此，除了朝廷法定的中尚署，肯定还有规模不小的内廷玉作坊存在。

宋徽宗摹唐张萱《捣练图》　张萱似乎在玄宗开元年间做过宫廷画师，而捣练是丝绢衣物制作的重要步骤，玄宗下旨不许民间服锦绣，作为当时宫廷画师的张萱，自然最可能描画的是宫廷女工制绢，也许这些女工就属于"贵妃院"

从朝廷到内廷，作坊摊子铺得这么大了，自然工匠的需要量就很大，只靠官方工匠显然就不够了。因此，唐代开始，官方开始征用民间的匠人，并且逐渐成为了主流。唐代的官作管理机构少府、将作两监，就大量地使用民间的工匠服劳役，分为短蕃匠、长上匠、明资匠、和雇匠四种。这四种工匠的区别是这样的：

工匠类型	服役形式	薪资
短蕃匠	强制性轮番到官作服役	无
长上匠	短蕃匠里手艺好的，被留在官作里长期服役	有
明资匠	有固定服役期的工匠（手艺应该较好）	有
和雇匠	临时工程而雇来的工匠，通常都是盖房的小工	有

根据以上的特征，大概能符合玉器制作这种专业性极强，对个人手艺要求很高的条件的，就肯定是长上匠和明资匠两种。那么下面就得说一下真正做玉的人——工匠了。工匠在从唐代到元代以前的社会地位还不算很低，但是与农户相比，他们更容易受到官府的役使和盘剥，同时也被

官府管制得更为严格。这种严格表现在两个地方：一个是不许改行，一户工匠，他们从祖上从事哪一种手艺便得世世代代从业，《大唐六典》里就明确规定"一入工匠，不得别入诸色"；另一个是能不能在自己的制品上署名由官府决定。原则上是不得署名的，允许署名的也并不是官府希望他们为人所知，而是一旦产品出现问题要根据署名追究责任。比如，唐代制作的兵器上都要署工匠之名，一旦发现质量问题就要按名追责。但玉器这种用于皇室、贵族以及礼神的顶级奢侈品是绝不许署名的。因此，陆子冈便真的是一个千古异数，想来除了他有神技可胁外，大概他生活于玉器已经世俗化，民间玉作坊地位也已大涨的明末也是很重要的因素。如果他生于唐代以前，则很有可能在第一次署名之时就一命呜呼了。

宋代是中国古代史上经济和文化发展的顶峰，在玉器的制作上，更是直接把萌发于唐代的多机构并管制度给明确了下来，而且还有所发展。宋时的制玉机构，根据《宋史·职官志》记载一共有三个，少府监、文思院和后苑造作所："少府监旧制，判监事一人。以朝官充。凡进御器玩、后妃服饰、雕文错彩工巧之事，分隶文思院、后苑造作所，本监但掌造门戟、神衣、旌节，郊庙诸坛祭玉、法物，铸牌印诸记，百官拜表案、褥之事。凡祭祀，则供祭器、爵、瓒、照烛。"

三个机构分工明白：少府监只制作玉礼器；文思院负责制作给朝廷用的玉器。《宋史·职官志》——"文思院隶工部，掌金银、犀玉工巧及采绘、装钿之饰。凡

第四编 中华帝国和它的玉器

189

仪物、器仗、权量、舆服所以供上方、给百司者，于是出焉"；后苑造作所负责制作给后宫用的玉器。此时，少府监的地位已经愈发地衰落：北宋少府监还保留着一丝以前"九卿"的颜面，在三省六部制外维持一个相对独立的地位，是"五监"之一。南宋建炎时将作、少府、军器三监并归工部，绍兴十年都水监也并归工部，五监仅剩一国子监独立存在。至此，汉代的正部级单位少府，终于被它自己孕育出来的尚书省吞并，成了工部下面一个小小的副局级单位。

二、制玉的官、民合作时代

唐朝后期开始，中国玉器制作的另一条路出现，就是民作玉器。这与玉器的分期是合拍的，玉经历了史前的神器时期，从周到汉的礼器时期，从唐朝开始进入世俗器、装饰器的时期。相对地，我们就看到，玉器生产在东汉以前是严格掌握在朝廷手中。可世俗器时代的来临，玉器的华丽感一步步战胜它的庄严感，它的珠宝属性一步步取代它的礼器属性，因此民间制玉业就不可抑制地产生和发达起来。唐代还只是萌芽时期，我们在史料上还见不到直接的信息，只能从一些间接记载上进行推测。《唐会要》卷五一《侍中》条记载，德宗时，"上命玉工为带，有一銙误坠地坏焉。工者六人私以钱数万市玉以补坏者，既与诸銙相埒矣。及献，上指其所补者曰，此銙光彩何不相类？工人叩头伏罪"。玉工为唐德宗制作玉带，不小心摔坏了一块带銙，于是六个人凑了数万钱从外面买了块玉来补。谁知道被皇帝看出与其他玉銙不同，玉工们只得跪地认罪。

上面这个故事说明了几件事：首先，至少到唐代中后期，民间确实有买卖玉器的地方，也就自然有民间的玉作坊存在；其次，古代的玉器确实贵重，价格极高。我们知道，唐制皇帝和太子用白玉，因此六个玉工摔坏的一定是和田白玉的带銙。而从外面买一块白玉带銙要数万钱，唐朝皇帝玉带九銙，那么一条白玉带的价值就要至少三四十万钱，玉器是名副其实的顶级奢侈品；再者，唐代最富足的开元朝，一品官的月俸钱不过八千钱，最高级别官员数年的基本工资才能买一条玉带。这说明玉器成为一个可以规模经营的民间行业，条件还不成熟，因为购买力不够，形不成空间足够的市场。

这个情况，到宋代就发生了巨大的变化。宋代的经济成就达到了中国古代的顶峰，GDP高居世界之首，是一个繁荣、富足的商品社会。宋还采用高薪养廉之法，官员收入极高，一品正俸就高达惊人的每月四十万钱。唐朝官员自掏腰包买不起的玉带，对宋朝官员已是小菜一碟。市场基础有了，自然民间玉器制作、出售就成为了一个大产业。宋代吴自牧的《梦粱录》里记市肆有"碾玉作"；《东京梦华录》记录汴梁街头："每日自五更市合，买卖衣物、书画、珍玩、犀玉"。《西湖老人繁胜录》道及南宋首都的七宝社里有："玉带、玉碗、玉花瓶、玉束带、玉劝盘、玉轸芝、玉绦环……奇宝甚多"。足见民间的制玉作坊规模已经相当可观。是以，以宋代为开端，中国的玉器制作进入了官、私合作的新时期。

《东京梦华录》

少府监到元代寿终正寝,明代的玉器制作面临着机构洗牌。结果是属于朝廷的制玉机构日益式微,玉器的制作向内庭和太监手中集权。而民间玉作坊则大为兴盛,所以到明代,玉器的制作是在宦官的监管下,由官、民两方合作完成的。少府监消亡了,工部里剩下的制玉机构还有一个文思院。不过文思院也成了芝麻绿豆官,它的正使才正九品,几乎跟如今的居委会主任一个级别,它还能有多大作为呢?因此,《明史·职官志》上说:"凡祭器、册宝、乘舆、符牌、杂器皆会则于内府"。如此,明代的玉器制作实际上就全部收归内府掌握了,明代特色的宦官政治从玉器身上也可见一斑。

内府由太监掌管,分为十二监、四司、八局,就是所谓的二十四衙门。负责玉器制作的是十二监里的御用监,而御用监制玉的方法一为使用隶属于自己的"官匠",一为与已经蔚为气候的民间玉作坊合作,外包业务。那么这里,就要说一说"官匠"。明朝号称"恢复华夏",在礼制、衣冠上"尽复唐礼",可在对工匠的役使和管制上却继承的是元朝落后、野蛮的方法,就是"匠户"制度。元代为便于强制征调各类工匠服徭役,将工匠编入专门户籍,称为"匠户"。子孙世代承袭,不得脱籍改业。明代沿袭了元代的匠籍制度,将人户分为民、军、匠三等。其中匠籍全为手工业者,军籍中也有不少在各都司卫所管辖的军器局中服役者,称为军匠。从法律地位上说,这些被编入特殊户籍的工匠和军匠比一般民户地位低。他们要世代承袭,为了便于勾补还不许分户,且轮班匠的劳动是无偿的。匠、军籍若想脱离原户籍极为困难,需经皇帝特旨批准方可,身隶匠、军籍更是不得应试跻于士流的。到了清代顺治二年,持续了四个半世纪的匠户制度正式终结,匠人才获得自由身份。御用监自己制作的玉器就是由其控制的"匠户"里的玉匠来生产,剩下的那些玉器就发包给民间的玉作坊去完成。

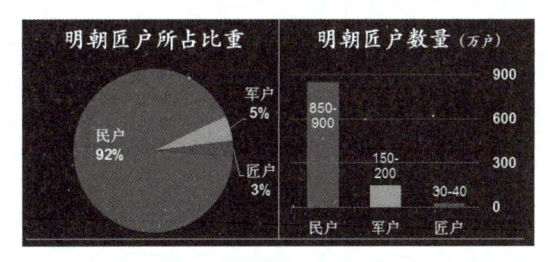

明朝匠户所占比重	明朝匠户数量(万户)
民户 92% 军户 5% 匠户 3%	民户 850-900 军户 150-200 匠户 30-40

明代,民间的制玉业已经非常发达并集中于苏州。这种发达有一个时代背景,就是:明代并没有直接统治西域,和田玉料主要来源于朝贡和交易。有趣的是,在史料记载中,西域来的"贡玉"堪用者

第四编 中华帝国和它的玉器

191

不多，而押解"贡玉"而来的使臣却随身带有大批"良玉"私下出售。朝廷无可如何，索性允许玉料自由贸易，这就给民间玉作坊的发展解决了原料问题。明代宋应星的《天工开物》里说："良玉虽集京师，工巧则推苏郡"。陆子冈就是在这种背景下涌现出来的苏州名玉工代表，正因为他并非是御用监直接管辖的"匠户"，才能有执意署名的余地，如果他是"匠户"里的一员，一样会在第一次署名时就人头落地。

嘉峪关《天工开物》记载：西域玉石"经庄浪入嘉峪而至于甘州与肃州，中国贩玉者至此互市而得之，东入中华"。嘉峪关见证了整个明代的玉石贸易

清代制度几乎全盘来自于明代，制玉也一样，绝大部分由内廷掌控。内廷机构如养心殿造办处、如意馆都设有玉作坊，直接制作玉器。但清代大宗的玉器生产则也是外包，外包的生产基地就不再局限于苏州一地，苏州、扬州、江宁、杭州皆是。当然最著名的还是苏州和扬州两地，所谓"天下玉工出苏扬"。因此，直到今天，苏州、扬州两地都是玉器制作的重镇，"苏州工"代表着最高的工艺水平。而这两地民间对玉器的认知也明显高于其他地区，在那里的古玩市场上，遇到高品质明清古玉的几率也远远大于别处。

第三节　玉从琢磨来

一、玉与砂

千古玉从琢磨来，这一琢、一磨在漫长的几千年里演绎出了无数巧夺天工之玉。自古就说"鬼斧神工"，以形容工艺之精妙，但这借以成神工的"鬼斧"到底是什么呢？此事当得仔细一说。现代琢刻机不在本书范围之内，从民国往前看，这个"鬼斧"在历史上有三个：离我们最近的是水凳；再往前是砣具；而追溯到最初的"鬼斧"却只是人的双手，是远古玉工的一双巧手。玉器的制作脱胎于磨制石器。所谓磨制，实质就是一种"减料成型"：根据自己的意愿和设计磨掉一部分石头，让剩下的石头呈现想要的模样。但玉毕竟要比石头坚硬得多，就如同比武，只有武艺更高的才能把武艺高的打倒，要找到比它还硬的物质才能在玉上实现减料成型。这个物质一经选定，几千年来未再改变，一直使用到几十年前，这个东西就是砂，被形象地称为"解玉砂"。

砂砾是细小而易滑动的，只有让它在玉料上滑动的速度下降，它为了前进才能认真去对付玉料杀开一条道路。这个道路杀开的结果就是磨掉了它面前的玉料，自然就留下了一道痕迹，这些痕迹最终能实现减料成型。因此就要加大它和玉料之间的摩擦力，以让它降速，方法是加水让解玉砂变湿。加了水的解玉砂具备了在玉料上开路的战斗力，问题是它自己是不会动起来的，而且一旦动起来也将是无规则流动，因此需要有给它提供动能和约束它行进路线的力量。于是，最早由人手使用简单工具来给它提供动能，并规定它怎么运动。后来有了用手提供动能的砣具，再后来有了用脚来提供动能的水凳。这就是所谓制玉工艺的本质，以及中华制玉神工所仰仗的"鬼斧"。

二、远古的神工

史前时代制作玉器，最基本的就是三种工艺：片切割、线切割和管钻。当然这都是按照现代工艺学给古代工艺命的名，不过上古玉器的工艺确实没有文字记载可资考证，也只能依靠对实物上所留的加工痕迹进行复原、鉴定了。

所谓片切割就是使用刃部平直的工具，如石刀、竹刀等，加上蘸水的解玉砂来切割玉料。这样的切割痕，多半是直直长长的，待器物成型后会将其磨去。比如玉管这种物件，唐宋以后的玉管是规矩的圆柱体，放在桌子上是会滚动的。而高古玉管，比如某些兴隆洼或红山的玉管，外壁上隐约留着宽条形的平面，使得整个玉管的外表略带方形，放在桌子上甚至都不会滚来滚去。这就说明它们的制作，最初是采用片切割将玉料剖成长条形，钻孔后再滚磨外表，但不可能滚得浑圆，于是就会留下"方"的感觉。良渚文化也用片切割制作器形，常在玉钺的柄端看到两面片切，接合处再经敲击掰断的痕迹。

线切割是用麻绳或者皮条压在蘸水的解玉砂上，用手来回拉动带动解玉砂磨去玉料。可以把这种组合想象成一种原始线锯，只要坚持不懈，它自然可以在玉料上磨出一个口子，如同被锯开一样。当然这种"锯口"就不会是平整的，最著名的就是兴隆洼文化的耳饰玦，它的缺口部分明显就是七八千年前的先民使用线切割技术制作的。这样的缺口，两边的器表就略作凹凸对应，一面凹进去的地方，它的对面就相应地凸出来，这也成了从兴隆洼文化到红山文化玉玦的重要鉴定特征。

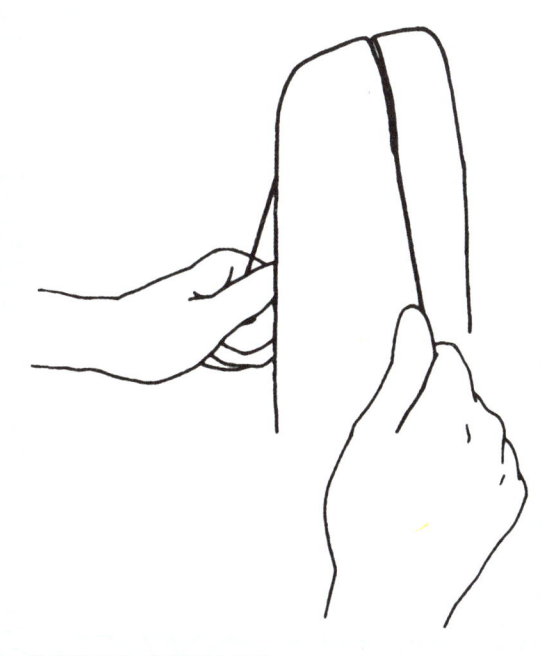

第四编 中华帝国和它的玉器

▲ 史前时代玉料片切割示意图

▲ 史前时代玉料线切割示意图

193

琢磨历史——玉里看中国

兴隆洼文化耳饰玦

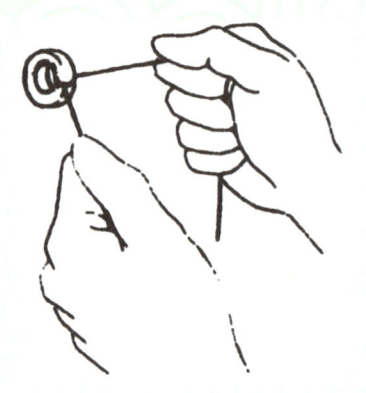

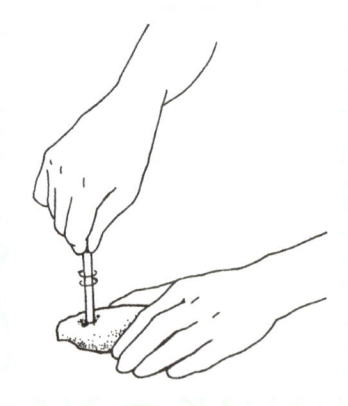

耳饰玦线切割示意图

史前玉器原始管钻示意图

心的小竹管，压在蘸水的解玉砂上，交替地从玉坯的两面钻动以磨去玉料，最终从两面各磨出一个洞然后打通，形成一个通孔。随着弓箭的诞生和应用，也开始采用弓弦套住钻孔的圆棒，再来回拉弓带动圆棒旋转来钻孔。不管是使用石棒、骨棒还是竹管，它们的硬度与解玉砂相比总是相差太远，因此很容易被磨薄，反之，玉上的孔反映出来就是越深则越小，因此，高古玉的孔被形象地称为"喇叭孔"。

红山文化双联璧 此器两大孔为最典型的原始管钻"喇叭孔"

红山文化双猪首三孔器 此物三个大"喇叭孔"，亦是原始管钻的精心之作，依稀可直接看到管钻痕

从有玉器那天起，孔洞就是玉器的标配。不管是玉璧正中的大孔，还是玉琮中间的大洞，还是穿系丝绳的小孔，甚至是某些玉人的眼睛、臂弯都是使用管钻工艺来完成的。它最原始的方式是：直接用手捏着石头或骨头做的实心的圆棒，或空

我们可以想象，不管是片切割、线切割，还是管钻，几千年前的先民制作一块玉器会是多么的艰难。一个玉璧从整块玉料上用片切割开出一个片状的坯子恐怕就要花上几十天的时间，用管钻钻通中央的

大孔只怕又是数月,这个光素无纹的上古玉璧从开坯到完成很可能耗去一个玉工一年的光阴。在远古那个平均寿命只有三十来年的时代,一个玉工一生又能琢出几个玉璧呢。没有对神灵的深深敬畏和无限膜拜,又有多少人能忍受这枯燥而烦闷的劳作。这确实是在用生命琢玉,更遑论红山玉人、良渚玉琮那些远古的煌煌巨制。因此,高古玉器,虽然它们和今天的玉器比,工艺算不上精到,但总能让人感受到灵性四射。在这些上古神器里,每一个都不知道负载着多少玉工的生命之光。

三、砣具带来的飞跃

在上古玉器上还有一类纹饰,它们是一种广义的浅凹槽,被称为"阴线"。最富盛名的就是良渚玉器上的阴线,特别是良渚大神徽上的细阴线,刻画得神人须发毕现,精细如丝。这些细阴线在当代琢玉机下,在用电机驱动的转速达5000~6000转/分钟的合金砣具下,刻画出来都需要极高的工艺水平,更不要说在史前时代。现在,考古学界普遍认为这些细阴线是良渚人手捏小金刚石类的东西在玉器上直接划刻出来的,委实叹为观止。另外一些较粗的阴线,也就是那些更像浅凹槽的阴线,学者们则认为是用原始砣具琢制的。

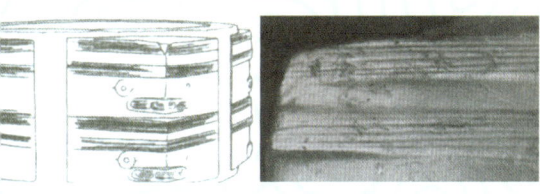

良渚神徽细阴线图

砣,石字旁,顾名思义为一种石器,它是一种圆盘形的工具,周身是刃、可薄可厚。最原始时,可能是玉工用手拿着厚砣推磨瓦沟纹,或者拿着薄砣刻绘线纹。后来,人们在砣的圆心上垂直地加装一根木轴,只要设法让木轴旋转就会带动砣旋转,这样只要用砣压住蘸水

红山文化玉臂箍 此物为最典型的瓦沟纹

解玉砂,旋转木轴就可以琢玉了。于是,砣与木轴就组合成了一种划时代的琢玉工具——原始砣具。叫它原始砣具是因为它还是石器,硬度不够,自然磨损较快,效率还达不到一种飞跃式的提高。由此也可知,原始砣具的产生时间必然和玉璧同步,因为它的形状分明就是一个石制的薄刃璧。这种琢玉工具真正给玉器制作带来质的飞跃要等到金属时代到来,这种薄刃璧的材质从石头变为金属,"砣"字也就变成"铊"字,于是使用至今的主要制玉工具才正式诞生,就是铊具。

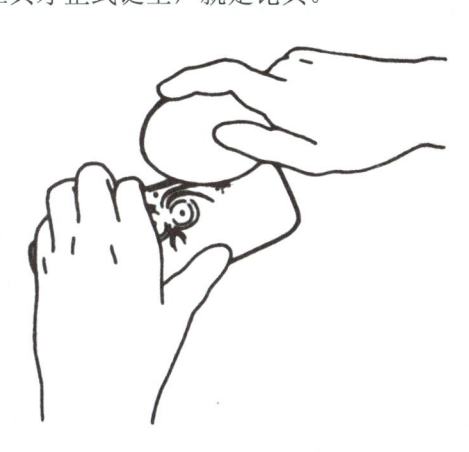

第四编 中华帝国和它的玉器

砣具示意图

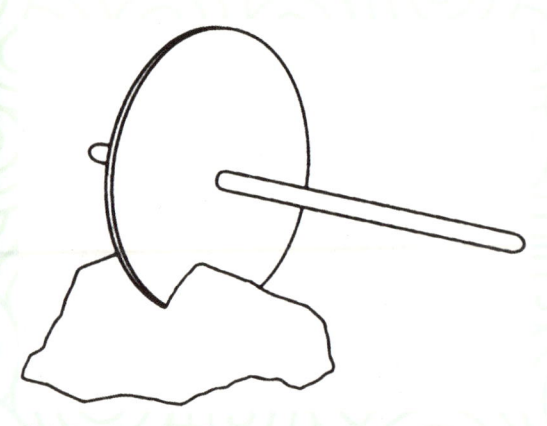

金属砣具出现于何时至今尚存争论：一种观点认为最晚于商代就已经出现，也就是青铜铸造技术出现，它就应该出现；另一种观点认为商代和西周都应该还未出现金属砣具，是在春秋后期才产生的。总的说来，本人比较倾向后一种说法，因为在中国玉器史上，战国确乎是一个形成了飞跃的时代。虽然西周、东周皆属周，但西周、战国之玉器比对就犹如陕北窑洞比之苏州园林，如果没有一种技术上的突破存在似乎很难解释。金属砣具产生给制玉工艺带来了极大的提升，因为它的硬度更大，可以更小更薄，也就意味着可以将玉器的纹饰琢刻得更为细腻；也意味着可以实现镂雕、出廓、透雕等一系列更为精巧的艺术设计。可以说，金属砣具的出现，是琢玉成为顶级手艺的必要条件。不过，带动金属砣具转动的动能，在很长的时间里依然是人手。这就必然造成砣具的转速极慢，极慢的转速就意味着效率低下，以及某些更精密的工艺还无法实现，或者即使可以实现但废品率极高。这些问题的解决要留待制玉史上的另一个里程碑工具出现——水凳。

四、划时代的水凳

水凳，是用圆转钢刀安上轮子，以绳牵引，脚蹬使其旋转，来开玉石。因开玉石必须用解玉砂加水，所以称水凳。它的准确产生年代尚不可考，但因为最早记载它的是宋应星的《天工开物》，而宋应星是明末人，因此理论上此物的产生不会早于明中期。水凳的结构是一个长方形的木架子，上面有一根水平纵向安装的卧杆。卧杆下安有接水槽，旁边可插一木杆，上挂水桶，用于磨玉时冷却。卧杆前端有圆孔，可用热塑性的紫胶将砣子粘在其上。卧杆的后部是有粗细变化，其上有皮革条缠绕二三周，皮革条两端接踏板。工作时，人用双腿蹬动踏板，扯动皮条转动就会带动卧杆转动，同时也带动砣子转动。

《天工开物》载"琢玉图"里面所用就是"水凳"

玉工用双手握玉料，在砣子的下端进行研磨。移动皮条在卧杆后部的位置，可利用卧杆后部粗细不同来改变传速比，但转速的调整范围是有限的。如此，则水凳的动能原理与脚踏式缝纫机相似。

同时水凳又相当于一种简易车床，那么就可以装配不同的砣具，也就相当于可以实现更多的工艺，水凳上计有五种转砣。

1. 冲砣。冲砣专磨治不成形的原玉，用以开出物形来。冲砣直径大小不等，总在一尺上下。

2. 磨砣。系将器物粗形棱角磨成平光，砣轴木质。

3. 铡砣。系铡开整块玉石，或铡去物形的大棱角。所以铡砣有时用在冲砣之先，有时用在冲砣之后。铡砣用钢板做成圆刀，锋刃犀利，也用木轴。

4. 轧砣。系用在器物成形后，刻上花纹图案，起去花纹地子，才能凸凹美观。轧砣比磨砣还小，砣心有一长钉，用空心铁轴，轴中灌满紫胶。将砣上长钉插入轴中，较冲砣、磨砣和铡砣坚牢多了。

5. 钩砣。器物成形后，先用墨笔画好花纹，为恐怕被水擦去时，又须涂一层白蜡，然后用钩砣刻出轮廓来，才能用砣起地。这是玉器上花的第一步手续。钩砣系工人自己用铁片做成小型铡砣的样子，不过轧砣用木轴，钩砣用铁轴。钩砣大小不等，看物形更换砣头。如系玲珑小物，砣头能小如钉尖，最大也不过三四寸而已。

自水凳一出，中国制玉的技能登上一个新的高度。水凳问世不久，中国制玉工艺史就迎来了它的最高峰—乾隆工。虽然乾隆工被公认为中国玉器工艺的巅峰，但若从民族精神和艺术美学的角度看，乾隆玉无疑过于繁琐、华丽，缺乏真正的文化精神，远不如战、汉玉器的恢宏大度和精气内敛。可见，工艺带给玉器更多的是外貌，而玉器身上的气质和内涵则更多的是由它身后的时代赋予。本编的后几章，就将说一说中国历史上的几个大时代，以及被它们赋予了灵魂的玉器。

第二章　第一帝国和它的玉

第一节　第一帝国

一、第一帝国与刘邦团队

自嬴政"奋六世之余烈，吞二周而灭诸侯"，"海内为郡县，法令由一统"，他超迈"三皇五帝"戴上了那顶"皇帝"的冕旒，从此中国进入了一个延宕两千一百年的新时期，就是中央集权制的时期。从民国学术界开始，把这两千多年叫做"帝制"时代。而从西方传过来的一个更为威风的叫法是"帝国"时代，而且根据历史特点把中国的帝制时期分作了三个大帝国。虽然这种分类法并不符合我们传统史学的审美，但还是很有其道理的，其中的第一帝国就是秦汉大帝国。

▲ 秦八斤铜权　带秦始皇二十六年（公元前221年）统一度量衡的诏书

所谓秦汉大帝国，其实也就是汉帝国。秦太短暂，只十五年国祚。但是整个

帝制时代是由秦开启的，汉朝的政治制度、治理体制也是继承的秦朝，因此还是要把秦汉并称。而我们在这里就不再多说秦，主要说一说汉。

▲ 汉高祖刘邦像

"大风起兮云飞扬，威加海内兮归故乡。"——汉的开场颇有些洋洋自得、衣锦还乡的架势，稍嫌小家子气，这跟汉朝的基因有关。一直有种观点，说汉高祖刘邦流氓、无赖出身，是一个草根皇帝。这大概源自《史记·高祖本纪》的几句话："及壮，试为吏，为泗水亭长，廷中吏无所不狎侮，好酒及色"。在现代人眼里，好酒好色又不庄重，常常贼忒兮兮的，此人肯定不是什么好货。刘邦的流氓之谓就从此中而来，但实际上此语前面还有一句："仁而爱

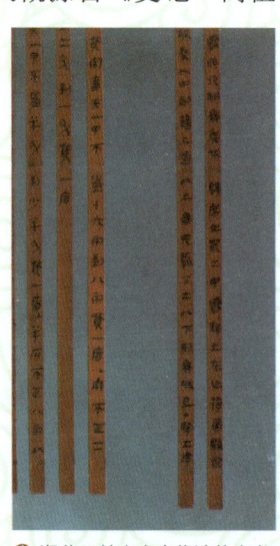

▲ 湖北云梦出土秦代法律文书竹简　刘邦这些"吏"必要学习这类法律

人，喜施，意豁如也。常有大度，不事家人生产作业"，这分明是刘备与宋江的合体。因此，刘邦应是一个胸有大志、豁达大度，而又不拘常节的人物。

刘邦的"不事家人生产作业"，也不代表他是个二流子，因为他有一份职业：泗水亭长。根据《续汉书·百官志》：亭的职责是"以禁盗贼""主求捕盗贼"。这是一个基层治安机构，那么亭长就相当于如今的派出所所长。这就既可以理解刘邦为什么会执行"送徒郦山"的任务，也可以理解他为什么"廷中吏无所不狎侮"——今天的派出所所长，如果天天像个教授似的与所里警察相处，恐怕也是不行的。刘邦做的是秦朝的亭长，秦以法家立国，为吏必修习律法，否则不能上岗。所以身为治安官的刘邦既不是什么纯粹草根，更不会是一个完全粗鄙无文之人。

刘邦核心团队里的其他重要人物是干什么的呢？来看看建国后的两任丞相：萧何与曹参，这两个人是刘邦起家的关键。《史记·高祖本纪》说："沛令恐，欲以沛应涉。掾、主吏萧何、曹参乃曰：'君为秦吏，今欲背之，率沛子弟，恐不听。愿君召诸亡在外者，可得数百人，因劫众，众不敢不听。'乃令樊哙召刘季（刘季即刘邦）"。没有萧与曹，刘邦得不到沛县（汉升格为郡）作为基地，他的"沛公"之名更是无由得之，因此，此二人是他最核心的团队成员。也正因如此，汉初的功臣在《史记》里进的大都是"列传"，这二位进的却是"世家"，与古诸侯等量齐观。萧何是沛县的主吏掾，也就是该县的人事局长；曹参是沛县的狱掾，也就是司法局长。这两个人都是典型的技术官僚出身，而刘邦是一个比他们级别还低的治安官，因此，建立汉朝的核心团队是一个技术官僚团队。汉朝的基因就必然带着技术官僚的特点，就是缜于务实、精于计算而缺乏思想性。

《史记·萧相国世家》："沛公至咸阳，诸将皆争走金帛财物之府分之，何独先入收秦丞相御史律令图书藏之"。萧何的眼光精到，技术官僚出身使他深知，什么才是政府运行的基础。因此后来"汉王所以具知天下阨塞，户口多少，强弱之处，民所疾苦者，以何具得秦图书也"。也因此，汉朝建立后完全继承了秦朝的典章制度、行政体系。而汉初君臣的这种集体技术官僚出身，也让他们在意识形态领域茫然而无所措。在最核心紧要的"正朔"问题上，开国君臣们并没有太当一回事，稀里马虎地认为汉与秦一样居"水德"，而服色居然就此"故袭秦正朔服色"（《封禅书》）用了黑色。袭被自己推翻的前朝正朔！这在两千年的帝制时代可称独一份。

二、封建的终结

连显示天命所归的五行之德和服色都如此不在乎，足见汉初的君臣真的不具备战略性的思考能力。因此，在关于统治之势的判断中就犯了极大的错误：他们认为秦的短命就是因为废"封建"，因此，只要恢复周代的"封建"，改正秦的这个错误就能安坐天下。于是，高祖甫一开国就分封诸侯王，开启了"封建"制度的短暂复辟。

琢磨历史——王里看中国

汉初的诸侯王可是实惠、威风得很，各强势诸侯国拥有极为独立的财政体系，拥有赋役征发权、盐铁权和铸币权。也就是说，地方上可以闷头玩命挣钱，却跟中央没有多大关系。地方与中央之间的财政关系就是"献费"：按63钱/人向中央支付。我们甚至可以理解为，这是诸侯王向皇帝缴纳的"大汉品牌使用费"：我交了这个钱，我在自己地盘上干什么，朝廷也就别管了。长此以往会怎么样？历史早就有例证——大汉天子不过成又一周天子罢了。

好在汉初技术官僚一代已经逝去，坐久了天下的汉朝皇帝身边，开始出现有思想的战略家：汉景帝有了一个晁错，他看穿了"封建"的反潮流和可怕后果。在他的鼓动下景帝削藩，结果就是著名的"七国之乱"。晁错腰斩于市，成了自己政治理想的祭品，但天下治权也终于就此回到了皇帝手中。之后，中国最著名的帝王之一汉武帝刘彻登上了历史舞台，他用一手漂亮的"推恩令"，一层层地把诸侯王的"封建"地位消弭于无形。历史终于回到了秦始皇开辟的轨道上：封建制彻底结束，中央集权制彻底确立。

三、从黄老到儒术

秦以法家之术灭六国、并天下，遂以秦法御六国之民，结果不旋踵而亡。《史记·高祖本纪》记载刘邦进入咸阳后，"召诸县父老豪杰曰：'父老苦秦苛法久矣，诽谤者族，偶语者弃市。吾与诸侯约，先入关者王之，吾当王关中。与父老约，法三章耳：杀人者死，伤人及盗抵罪。余悉除去秦法'"。从那时起，汉的决策集团就奉行一个原则：除秦法。因此，汉朝建立后，作为秦朝国家意识形态的法家理论被抛弃，汉初的皇帝为国家选择的意识形态是"黄老之术"。

黄老之术产生于战国，尊传说中的黄帝和老子为创始人，所以得名。他们强调"道生法"，认为君主应"无为而治""省苛事，薄赋敛，毋夺民时""公正无私""恭俭朴素""贵柔守雌"，通过"无为"达到"有为"。这种"无为"

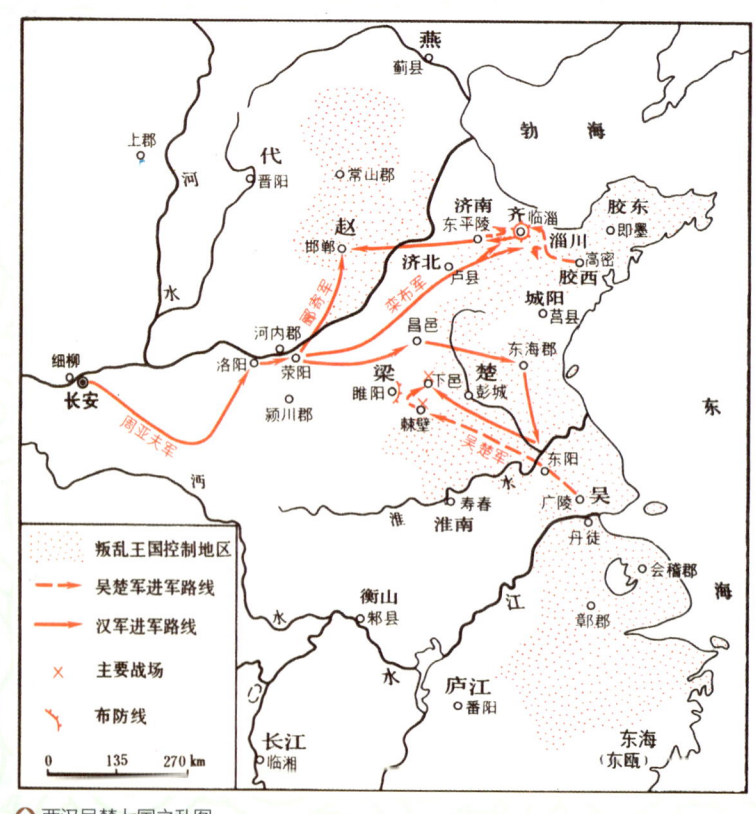

西汉吴楚七国之乱图

200

汉高祖末年十诸侯王国				
国名	首任王	接替的王（皇族）	王国地域
燕	臧荼	刘建	今北京地区。《汉书·地理志》：广阳国，高帝燕国，昭帝元凤元年为广阳郡
代	刘仲	刘如意、刘恒	今山西北部及内蒙古一部，即从太原至呼和浩特地区。《汉书·高帝纪》：以云中、雁门、代郡五十三县立兄宜信侯喜（《史记》记为刘仲）为代王。《史记·高祖本纪》：于是乃分赵山北，立子恒以为代王，都晋阳（太原）
赵	张敖	刘如意	今河北邯郸地区。《汉书·地理志》：赵国，故秦邯郸郡，高帝四年为赵国
梁	彭越	刘恢	今河南商丘及濮阳地区，北至山东东阿、聊城。《汉书·地理志》：梁国，故秦砀郡，高帝五年为梁国。《汉书·高帝纪》：罢东郡，颇益梁
齐	刘肥		今山东中、东部。《汉书·高帝纪》：以胶东、胶西、临淄、济北、博阳、城阳郡七十三县立子肥为齐王
楚	韩信	刘交	今鲁南、苏北徐州地区。《汉书·高帝纪》：以砀郡、薛郡、郯郡三十六县立弟文信君交为楚王
淮阳	刘友		今河南太康至许昌地区。《汉书·地理志》：淮阳国，高帝十一年置。县九：陈，苦，阳夏，宁平，扶沟，固始，圉，新平，柘。《汉书·高帝纪》：罢颍川郡，颇益淮阳
淮南	黥布	刘长	今江西省大部。《史记·黥布列传》：布遂剖符为淮南王，都六，九江、庐江、衡山、豫章郡皆属布
吴（荆）	刘贾	刘濞	今江苏省大部。《汉书·高帝纪》：以故东阳郡、鄣郡、吴郡五十三县立刘贾为荆王。《史记·荆燕世家》：十二年，立沛侯刘濞为吴王，王故荆地
长沙	吴芮		今湖南省大部及广西一部。《汉书·高帝纪》：其以长沙、豫章、象郡、桂林、南海立番君芮为长沙王
《史记·汉兴以来诸侯王年表》："高祖子弟同姓为王者九国，虽独长沙异姓，而功臣侯者百有余人。自雁门、太原以东至辽阳，为燕、代国；常山以南，大行左转，度河、济、阿、甄以东薄海，为齐、赵国；自陈以西，南至九疑，东带江、淮、谷、泗，薄会稽，为梁、楚、淮南、长沙国：皆外接于胡、越。而内地北距山以东尽诸侯地，大者或五六郡，连城数十，置百官宫观，僭于天子"。从此《史记》的记载可见汉初中央与诸侯王处于明显的"弱干强枝"状态			

观指导了从汉高祖到汉景帝的政策取向，实现了几十年的与民休养，造就了"文景之治"，给后来武帝的盛世打下了坚实的物质基础。不过，这种"无为"的道家思想也多少要为汉初政治"弱干强枝"负一些责任。

当国家初步繁荣之后，道家理论显然就不再是合适的国家思想了。我们在本书第三编中提到过：当信用体系成功重构后，社会又回到了需要"礼"系统的状态，后面要做的必然就是孔子最想实现的"复礼"。而汉初并没有这样做，却复为封建，大封诸侯国，这是对历史潮流的反动，以此为因，很快"七国之乱"的果便呈现出来。至武帝亲政便已洞察，这其实是意识形态与时势不匹配造成的麻烦。武

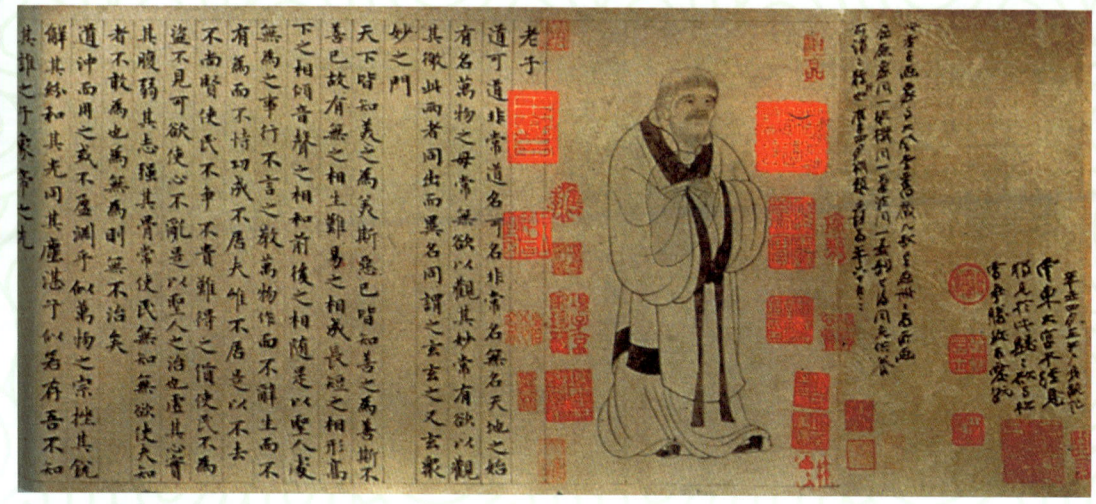

元·赵孟頫老子道德经卷

帝再次恢复了强制力和权威，重构了信用体系，此时必须改用与时势相匹配的思想体系来做国家意识形态。于是在大儒董仲舒的主持下，中国思想史上最重要的一件事完成——"罢黜百家、独尊儒术"，儒学成为唯一的国家思想。而汉高祖和他的队友犯下的核心错误，也随着这次国家"换脑"得以改正：汉武帝太初元年（前104年），汉朝正式改制为居土德，尚黄色。

汉武帝刘彻像

四、武功的丰碑

经济上承继"文景之治"的仓廪丰足，思想上完成了与时相配的体系替换，再加上汉武帝这位天资上乘、尚武豪迈的皇帝。一切条件都在把汉朝往最顶峰推送：华夏的第一个昂扬盛世来临了，它的标志就是汉匈战争的胜利和对西域的开拓。武帝元光二年即公元前133年的"马邑之谋"是汉匈战争的开场戏，大行令王恢扮演了类似晁错的角色，以生命为祭品开启了实现自己政治理想的大戏。从此，大汉给予匈奴的不再是女人，而是钢刀和鲜血。

从元朔二年即公元前127年开始，汉武帝对匈奴发动了三次大战：河南之战、河西之战、漠北之战。公元前127年，汉武帝派卫青收复河南地区；公元前121年，汉武帝派霍去病夺取河西走廊，受降匈奴右部十万人，设四郡；公元前119年，卫青、霍去病各率五万骑兵分两路出击，卫青击溃单于，霍去病追歼左贤王七万余人，封狼居胥。两军共歼灭匈奴军九万余人，使其一时无力渡漠南下。自此，华夏民族第一次对北方的游牧民族取得了战略优势，这种优势迅速转化为对西域的控制力。

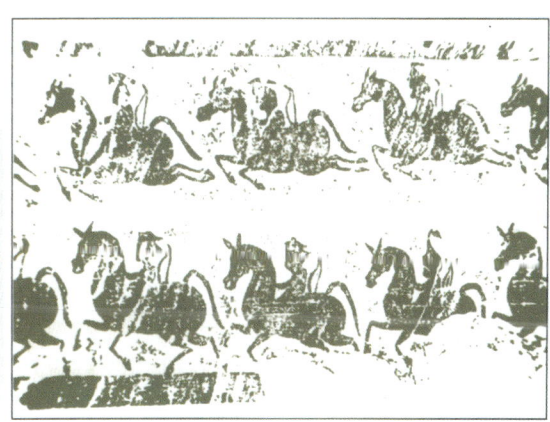

汉铜斧车马和执戟骑士俑　　汉代画像砖骑兵图

这两件文物直接见证了大汉的武功，对骑兵的运用能力是取得汉匈战争胜利的关键因素，也是对大汉国力的证明

　　从张骞通西域开始，汉朝联络大月氏、大宛，以和亲、通商的方式联合西域诸国，压缩匈奴的空间。公元前73年，匈奴转攻西域的乌孙以索要公主（即西汉嫁给乌孙王的解忧公主）。乌孙向汉求救，汉朝组织五路大军十几万人，与乌孙联兵进攻匈奴。公元前71年，再次联兵二十几万合击匈奴，大获全胜，直捣右谷蠡王庭。同年冬，匈奴出动数万骑兵击乌孙以报怨，适逢天降大雨雪，生还者不足十分之一。是时丁零北攻，乌桓入东，乌孙击西，匈奴元气大伤，被迫向西迁徙以依靠西域，西域再次成为双方争夺重点。双方反复激烈争夺车师之际，公元前60年，匈奴内部因掌管西域事务的日逐王先贤掸，与新任单于屠耆堂争夺权位发生冲突。日逐王降汉，匈奴被迫放弃了西域，汉建立西域都护府，完全控制了西域。

　　至此，汉朝疆域北绝大漠，西逾葱岭，南至大海，东并朝鲜，奠定了中国版图的轮廓，是以"汉"也成为了华夏主体民族的名称。而陈汤的那句使人热血沸腾的名言"犯我强汉，虽远必诛"，也成了那个时代昂扬、自信的象征。

唐壁画《张骞通西域图》·敦煌莫高窟第323窟

第四编　中华帝国和它的玉器

203

第二节　思想的重组

一、王莽创造的新体系

战争从来都是昂贵的政治游戏，对异族的胜利要用对国力的损耗来冲销。所以汉武帝在历史上还得到了另一个名分——"穷兵黩武"，晚年不得不发布罪己诏来收拾民心。所谓的"武昭宣盛世"，也不过是给西汉的衰落和王莽篡汉埋下伏笔。公元8年12月，曾经的"安汉公"王莽，废西汉最后一位傀儡孺子婴（刘婴）为安定公，从"假皇帝"而"真皇帝"，改国号为新，正式建立"新"朝。

王莽此人，虽然被后世定性为史上最大伪君子，其实他对于意识形态的重视和认识水平超过了西汉的所有皇帝。甚至可以说，对于中国两千年帝制时代的核心统治学说而言，他才是真正的确立者。王莽是一个真正的文化痴人，他看不起春秋时代那些凭武力干掉君主上位的蛮汉，他要的是天下拥戴、天命所归的感觉，要的是重现古圣王的"禅让"盛事。为此，他用了大半生的时间重构整套"五德终始说"和帝王世系，使其真正融为一个逻辑合理的体系，这个大思想工程的操刀手就是刘向、刘歆父子。这对大学者父子穷两世之力，编辑、伪托出了一大批的所谓先秦古籍。经过了一系列的严密考据，最终成功地把汉高祖刘邦变成了帝尧之后，把王莽变为了帝舜之后。所以在后来王莽受禅时，就自称是受的汉高祖之禅而非孺子婴之禅，他只是在把当年尧禅让于舜的伟业再重演一遍。同时，王莽看中了汉武改居的土德。因此，根据刘氏父子排演出来的，逻辑强大的新版"五德终始说"，汉就成为由周之木德所生，克掉了秦之金德的火德，而把直承轩辕黄帝的土德给新朝让了出来。

王莽的这一套用心血凝结出的思想体系，其政治实用性强到连再造汉祚的世祖光武帝都舍不得放弃，居然承认了仇人的成果：从光武建国开始，东汉赫然就是火德，尚赤色了。王莽研发的这套理论从此高居庙堂，指导了两千年的中国最高政治思想，汉朝也因此以"炎汉"而名于世。

二、汉博士

经过短暂的中断，汉祚终于由汉景帝的后裔刘秀接续上，变身为火德的东汉建立。东汉的开国基因已经不再是西汉那样的技术官僚，而是实实在在的政治世家。因此，终东汉一代，世家一直是政治舞台的主人。直到宦官集团崛起，这二者的斗争，就左右了东汉的政治生命。因为缺少了西汉那样的草根阶层的鲜活感，东汉在政治上的总体气息是相对死板的，远不及它在文化和思想领域对中国历史的影响巨大。

东汉的建立者光武帝刘秀画像

东汉是儒学最终成为显学和大学系的时期，它以学术著称于史。但是要介绍东汉之学术，首先要提一个词"博士"。"博士"在如今，是在学习西方而建立的高等教育体系中，极高的学位。但它并不是外来语，是土生土长的中国词汇，已经有近三千年历史。《通典·职官九》记国子博士曰：

"班固云，按六国时，往往有博士，掌通古今"。博士起源于战国，当时把博古通今的大学问家叫做博士。此时博士还属于一种尊称而非官职，因此如今的博士，更大程度上是复了它最古之意。

"汉博士多至数十人，冠两梁。武帝建元五年，初置五经博士。宣帝、成帝之代，五经家法稍增，置博士一人。博士选有三科，高第为尚书，次为刺史，其不通政事，以久次补诸侯太傅"。西汉的博士成为了一个正式的官职，多至几十人。获得这个官职的资格依然是有学问，但已经不是博学，而是专学，专一经即可为博士。而博士是典型的"学而优则仕"：优秀者可以在中央当皇帝的秘书；可以出巡地方当监察巡视组组长；如果只适合搞学术，那就派到各地给诸侯王当老师。

"后汉博士凡十四人，掌以五经教子弟，国有疑事，掌承问对"。东汉的博士固定下来只有十四个人，是一个固定的教职，并且向皇帝提供咨询服务，类似于如今能够进入国家级智库的那些学者。

汉朝历史上的第一个博士叫做叔孙通。叔孙通初为秦博士，秦末乱世里先后跟过楚怀王和项羽，后来又投了刘邦，被汉王拜为博士。他最著名的事迹是自荐为汉王制定朝仪，采用古礼，并参照秦的仪法而制礼。这活计可是萧何他们那群技术官僚干不了的，非得儒家的高手来干才行。汉高祖七年，长乐宫成，诸侯王、大臣都依朝仪行礼，次序井然。刘邦大乐，说："吾乃今日知为皇帝之贵也。"于是马上拜叔孙通为奉常（即太常），这是九卿之任并为九卿之首，部级高干。大概从这件事上，高祖认识到了博士的厉害，博士才成了高官的储备人才。

根据以上介绍，我们发现还有一个与博士紧密联系在一起的概念——经。这个经可不是现在和尚诵念的经书，而是传自先秦的各种经典古籍，当然以儒家为主。秦始皇焚书造成了国家文化储备的空虚，因此从汉文帝起，朝廷征集天下图书。因为当时天下尚存的先秦书籍太少了，能读到的人更少。因此，凡能通晓一部书籍的人就称为通一经，即可授为博士，也就进了这个高官储备库。

自古读书人里总有一批最有风骨的，也总有一批最热衷名利、不择手段的。很快献书之人络绎长安，其中有不少属于学术骗子：反正懂的人少，只要自己能把话说圆了，就能混成个博士。于是，就有了西汉博士的数十人之多，也造成了西汉的学术杂驳不清。到了刘向、刘歆父子号称发现了众多真古籍，他们就和这些博士进行了长时间的论战。依靠王莽的支持和授意，刘氏父子大获全胜，初步融合出了一整套儒家之经。同时，刘氏父子为了给王莽营建天命舆论，大造符瑞。再加上汉初近百年的尊黄老之术，使得符瑞和方术相融合，形成了谶纬之学。东汉完全继承了

第四编 中华帝国和它的玉器

205

西汉末的这一套学术思想，因此，东汉学术就以"明经"和"谶纬"两途构建。

辽阳汉墓壁画《车马出行图》

三、东汉学术

博士一职在西汉直接与做高官挂钩，使得太多伪学者、真官迷厕身其中。东汉吸取了这个教训，因此博士在东汉只是一个学术职务，并且定员十四人。为什么是十四个人呢？因为博士还是各通一经，但此时已经是因为经书种类大增而施行术业专攻了，类似于我们现在大学里的分专业设置。《通典·职官九》国子博士的注里，解释东汉的这十四博士说："易——施、孟、梁丘、京氏；尚书——欧阳、大小夏侯；诗——齐、鲁、韩氏；礼——大小戴；春秋——严、颜，各一博士"。儒学此时跟西汉一样是五经，但各经里有不同的学派，共十四个，因此置十四博士。因为这个制度，东汉一个著名的学术传统就出现了——著于私门。各门学术分别由一个博士研究、传承，最容易产生的结果就是在其家族子弟或直传学生的小圈子里一代代传承，一家只守一门学术，就形成了学阀。

东汉的选官制度是"察举制"，地方上举"孝廉"，孝廉要进京考核，考核通过了才能当官，而考核的内容里就有须明一经。于是，学阀的触角就自自然然地伸进了政界，最终产生了高门著姓。各大世族实现了对文化和政治资源的双重垄断，开了后来数百年"高门政治"的渊薮。当然，也不是没有异数出现，在文化的历史进程中，总是会由某些天才的出现来实现飞跃。儒学的又一次飞跃，就来自于东汉末年出现的一位天才：郑玄。

郑玄，字康成，北海高密（今山东高密）人，东汉末年的经学大师，曾入太学攻《京氏易》《公羊春秋》及《三统历》《九章算术》，又从张恭祖学《古文尚书》《周礼》和《左传》等，最后从马融学古文经。游学归里之后，复客耕东莱，聚徒授课，弟子达数千人，家贫好学，终为大儒。党锢之祸起，遭禁锢，杜门注疏，潜心著述。以古文经学为主，兼采今文经说，遍注群经，著有《天文七政论》《中侯》等书，共百万余言。郑玄所注经书，代表了汉代学术的最高成就，被称为"郑学"，对后世经学产生了极其深远的影响。

郑玄以毕生精力注释儒家经典，到现在完整保存下来的，有《周礼注》《仪礼注》《礼记注》，合称《三礼注》，还有《毛诗传笺》。失传后，经后人辑佚而部分保存下来的，有《周易注》《古文尚书注》《孝经注》《论语注》。此外，他还曾注《春秋左氏传》，未成，送予学者服虔，遂有《春秋服氏注》。《后汉书》本传总结郑玄的经学成就说："郑玄囊括大典，网罗众说，删裁繁芜，刊改漏失，择善而从，自是学者略知所归。"自有郑玄，儒学乃成鸿篇巨制，东汉乃在华夏文化史上成一浓墨重彩的时代。

◆《仪礼》书影 宋严州刻本

第三节　说汉玉

一、汉玉的总体格局

汉武帝的"穷兵黩武"，对于中国玉器史倒是一件天大的好事：匈奴人的失败和西域的臣服，意味着玉料之王的和田玉，第一次变成了华夏民族自家后院的石头，可以源源不断地供应长安以及洛阳的少府。就如同神枪手都是用无数子弹练出来的，顶级的玉工和顶级的玉器，也都是在充足的玉料供应基础上才能产生。占据中国玉器顶峰的汉玉，首先就是搭乘着大汉的赫赫武功而来，因此它天然地就带着自信与恢宏的气质。面对它们，首先就可以感受到的是汉武、汉昭甚至卫青、霍去病们雄睨天下的气概。

◆河北满城出土西汉中期铜镶玉铺首

◆陕西咸阳渭陵出土西汉玉熊

◆广州南越王墓出土西汉前期透雕双联玉璧

◆广州南越王墓出土西汉前期玉承露盘

207

汉朝的军事成就决定了汉玉的质量和气度，而汉朝的思想形态就决定了汉玉的内涵和文化背景。我们可以这样说一句话：就所表现出的思想内涵来看，汉玉作为一个整体是充满了矛盾的。比如说它的工艺风格：一个朝代的玉器，工艺通常应该是统一的风格，或为精细，或为洗练，或为粗犷。清代是典型的精细到极致，明朝是有名的"糙大明"。而汉朝则精细与洗练、粗犷兼容，并且这不同的工艺风格还都在当时达到了极高的水准，各自拥有当时独有的工艺：一个是"游丝毛雕"；一个是"汉八刀"。再比如说玉器的题材：一个朝代的玉器，它会有不同的类型，但其题材表现出来的文化应该是基本相同的。汉玉不是这样，它表现出来的文化多种多样：有表现道家文化的神仙题材，有表现儒家文化的礼器和葬玉体系，还有表现巫术和方术的辟邪玉器。

↑ 西汉前期角形玉杯

↑ 东汉飞熊形玉水滴

↑ 广州南越王墓出土西汉前期犀牛形玉璜

↑ 陕西咸阳渭陵出土西汉玉鹰

二、神仙和玉

自古帝王对神仙迷恋和向往的很有那么几位，但都无过于秦始皇。始皇帝在痴迷仙道上先后做了三件垂于史书之事：第一个是"齐人徐市等上书，言海中有三神山，名曰蓬莱、方丈、瀛洲，仙人居之。请得斋戒，与童男女求之。于是遣徐市发童男女数千人，入海求仙人"（《史记·秦始皇本纪》）。这件事最为有名，甚至由此演绎出了日本始祖就是徐市的说法。第二个是"三十二年，始皇之碣石，使燕人卢生求羡门、高誓。刻碣石门……因使韩终、侯公、石生求仙人不死之药"，这个羡门、高誓都是传说中的古仙人。第二个是卢生说始皇以真人，于是始皇曰："吾慕真人，自谓'真人'，不称'朕'。"这是五迷三道到连帝王尊严也不要了。

人抄录《封禅书》补缀而成。

◑ 西汉玉辟邪

◑ 陕西咸阳渭陵出土西汉玉仙人奔马

◑ 东汉玉辟邪

历史上往往秦皇汉武并称，毛泽东主席就把这二位连在一块说"秦皇汉武，略输文采"。其实，他们最相近之处除了武功之外，还有对神仙的追仰。第一次看《史记》的人，往往会被《孝武本纪》搞得一头雾水。这本应该是记述刘彻英雄伟业的传记，里面却一点有关他治国理政和打败匈奴的信息都没有。原来，该篇是《史记》中十二本纪的最后一篇，由于司马迁与汉武帝是同时代人，所以该篇原名为《今上本纪》。《史记》成书后，司马迁上呈汉武帝，武帝见《今上本纪》时，"怒而削之"。故而，今天我们看到的《孝武本纪》已非司马迁的原著，而是后

◑ 西汉玉仙人奔马

琢磨历史——玉里看中国

河北满城出土西汉中期玉人

那么这一篇《孝武本纪》里主要记了些什么呢？我们吃惊地发现，很多地方都记录了武帝对神仙的向往，与秦始皇简直是一个模子刻出来的。

"是时上求神君，舍之上林中蹏氏观。"

"是时而李少君亦以祠灶、谷道、却老方见上，上尊之……以少君为神，数百岁人也……于是天子始亲祠灶，而遣方士入海求蓬莱安期生之属，而事化丹沙诸药齐为黄金矣……求蓬莱安期生莫能得，而海上燕齐怪迂之方士多相效，更言神事矣。"

"其后则又作柏梁、铜柱、承露仙人掌之属矣。"

"公孙卿候神河南，见仙人迹缑氏城上，有物若雉，往来城上。天子亲幸缑氏城视迹。"

如此种种，不一而足。作为两汉最大牌皇帝的汉武帝，如此的信仰仙道，自然，整个的西汉、东汉皆弥漫着崇仙之气。因此，玉器中的神仙题材便既多且广，具有代表性的题材有：仙人奔马、玉辟邪、玉胜等。

上海博物院藏东汉"长宜子孙"玉胜

河北定州出土东汉玉座屏

玉座屏上部东王公及侍女图

210

🅞 玉座屏下部西王母及侍女图

三、方术与辟邪

汉代在意识形态上经历过两次改变：建国之初选择的是黄老之术。后来，以"七国之乱"为节点开始削藩，武帝"推恩令"彻底结束封建后"罢黜百家，独尊儒术"。汉朝从水德变为土德，从尚黑变为尚黄，是为第一变。西汉末，刘向、刘歆父子为王莽操刀改制，定古书、修五德、造符瑞，儒学终成一大体系。汉由土德变成火德，由尚黄变成尚赤，而东汉因之，东汉学术亦由此夤缘分为"明经"与"谶纬"，此第二变。

经此两变，汉朝的思想体系乃固定下来：以儒学为本。可实际上由黄老、符瑞、方术糅杂而来的"谶纬"亦是显学，甚至成为了官方儒学的一部分。连最大牌的硕儒郑玄，也精于历数图纬（即谶纬）之学：据《郑玄别传》记载，郑玄17岁时，有一天正在家读书，忽见刮起了大风，他根据自己掌握的一些方术来推算，预测到某日、某时、某地将要发生火灾。于是，他立即到县府去报告，让政府早做准备。到了某日某时，某地果然发生了火灾。据此，我们说他同时是一个方士也不为过。

方士是秦汉间的一大特别人群，他们或指自称能访仙炼丹以求长生不老的人，或指从事医、卜、星、相类职业的人，是后世道士和术士的前身。他们与儒生既相依附又相争斗，实际上，就与皇帝和贵戚的亲密度来说，他们是远超儒生的。可以形象地说，汉朝的很多皇帝、贵族，在朝堂上明着遵奉的是儒学，可回到宫中、家里，真正信奉的还是方术甚至巫术。他们中最著名的就是汉武帝，同样是在《史记·孝武本纪》中，记载了大量武帝亲近方士的事情。而他这一生因信奉方术，还犯下了最大的一个错误：巫蛊之祸。

晚年的汉武帝，因为怀疑别人以巫术害己，派江充去查，江充指使胡人巫师檀何指称宫中有人用巫蛊，由此构陷太子刘据。刘据被迫起兵诛杀了江充，最后兵败逃亡自杀，是为戾太子。武帝以一老人落得个父子相残、社稷震动，皆因巫蛊盛行而起，巫蛊就属于方术的一类。连尊儒的奠基人刘彻，实际上都是方术的拥趸，更遑论他人。

终汉两朝，方术始终是思想体系的一极，而方术中的辟邪之道，则更是最为深入人心，最为实用。因此，汉代玉器中便有一个大类"辟邪器"，最著名的便是"辟邪三宝"：刚卯、翁仲、司南佩。其中的刚卯双印——刚卯、严卯，甚至在东汉被定为国家制度，凡着朝服，必须佩戴。在朝服之仪中规定了辟邪器，这在历朝历代可称空前绝后，反映了汉代思想体系的双重性。

211

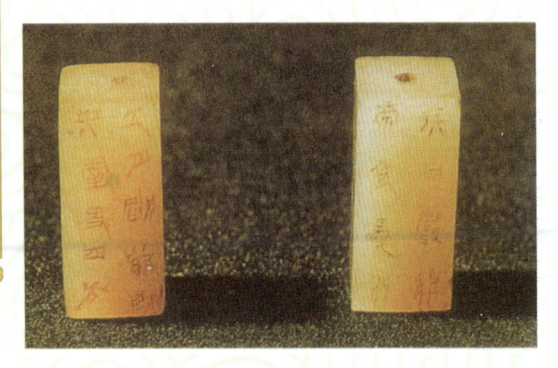

↑ 安徽亳州出土东汉玉刚卯、严卯

↑ 汉代玉翁仲

↑ 河北定州出土东汉司南佩

四、厚葬与葬玉

但儒学毕竟已经占据了庙堂的正位，皇帝们不管转过身去如何地喜欢方术方士，正面形象是要坚决高举儒学旗帜的。那玉器的主流就一定是在体现儒家的文化：所以，在服饰用玉方面，汉明帝亲定"大佩之制"；在礼器方面，汉代也终于"六器严整"了。这些前面的章节里都曾经详细介绍过，汉代表现儒学思想的玉器系统还有一个，就是葬玉体系。

汉尚厚葬，是以葬玉体系极为庞大，这个尚厚葬来自于儒学对于"孝"的重视。百善孝为先，不孝亲自然难以忠君。所以从汉朝开始，各中央王朝无不标榜以孝治天下，汉代皇帝的谥号俱带一"孝"字是为明证：孝文、孝景、孝武皆然。汉之厚葬几乎到了骇人听闻的程度，如今考古界最辉煌的考古成就大多为汉墓，几乎每一个够级别的汉墓都可以原地支撑起一座博物馆，足见汉之厚葬规模之大、随葬品之宏博。

汉之葬玉系统更是极为丰富，葬玉是一个大的概念，一个汉代墓葬里出土的玉器应该有两大类：一种是墓主生前使用的玉器，是为陪葬玉器；一种是专门为此次丧葬制造的玉器，它们各自都有专门的用途，是为丧葬玉器。我们这里关注的是第二种丧葬玉器，而丧葬玉器又可细分为两种，一种是葬玉，一种是殓玉。殓玉顾名思义为装殓之玉，故此必在逝者身上，包括著名的玉覆面、九窍塞、玉琀、玉握，以及大名鼎鼎的玉衣。而除此之外的那些则是最狭义的葬玉，主要是大量的饰棺玉器，以玉璧为主。

↑ 河北满城出土西汉金缕玉衣（上男下女）

满城一号汉墓玉璧出土状况

所有殓玉,大到玉衣,小到玉琀,实际都是汉人对于灵魂的认识论的反映。汉人对于死亡与灵魂的看法更多来自于古老的传承,而不是黄老或儒学这些年轻的学说。我们在上一编介绍玉璧时曾顺便介绍了周代人对于死亡和灵魂的看法,汉去周不远,汉人在这方面的认识论明显是承继了周人。汉人依然认为灵魂当上天,因此同周代一样,在棺上使用了大量的饰棺玉璧。而玉衣虽然是一个封闭的匣子,它的顶部却是一枚玉璧,这明显是给灵魂上天留下的通路。而这一点,说明传承于远古宗教的认识,还是融进了一部分新思想的内容:灵魂只从头顶大穴出入明显是道家的东西——我们在后世的道藏里,甚至是《西游记》《封神榜》这类有大量道家法术描写的小说里,都经常看到泥洹宫这个说法。想必这个新变化是来自于黄老学说。

另外,汉人与周人有了一个明显的区别,就是汉人认为保证灵魂能够上天的,不再是依靠什么摄入精物,而是要保证尸体不腐。玉作为天地精华所在,其作用就变成了死者肉体的保护者。玉衣就是一个人玉壳子来保证尸体不腐的,而那些玉琀、玉握以及九窍塞,就都是护住关键部分以使肉身长存。当然,这一思想不如周人的浪漫,但它所动用的资源却是远超周人的。目前发现的几件玉衣,它所使用的玉料皆不高级,既不是白玉也非和田,甚至还有好多明显是由旧玉改制。可见,即使玉料供应充足的汉朝,真要实现他们的丧葬理想也是极为吃力的。

江苏盱眙出土西汉玉蝉 此为汉代最常见的玉琀,放置于墓主口中,也称"含玉",是最典型的"汉八刀"技法玉器之一

河南永城出土西汉玉猪

五、汉八刀与游丝毛雕

由玉琀和玉握,我们将要引出的是汉代著名的工艺"汉八刀",它是中国玉器工艺史上洗练的代表,也是把粗犷的艺术之美推至顶峰之作。"汉八刀"的代表作

第四编 中华帝国和它的玉器

213

品为八刀蝉，八刀蝉的形态通常用简洁的直线，抽象地表现其形态特征，其特点是每条线条平直有力，像用刀切出来似的，俗称"汉八刀"。其"八刀"表示用寥寥几刀，即可给玉蝉注入饱满的生命力。也就是说汉八刀是指一种刀法简练的工艺风格，而不是一个工艺专用名称，更不是专指某一玉器。大家都知道，实际上它不是用刀刻出来的，而用铊具制成的。或许是汉代厚葬之风使得玉琀大量生产的原因，汉八刀的琢工极具特色，凡是真的"八刀工"，都是下"刀"既准又狠，起"刀"收"刀"，干净利落。而且多为"斜刀"，即一面浅，一面深。汉八刀工艺品是中国玉器史上的代表之作，具有很高的工艺水平和艺术价值。在中国玉器史上占有重要的地位，汉以后不再觅有此风格的玉器。

中国台北"故宫博物院"藏汉八刀玉琀蝉八件

汉代思想上的多样性依然投射到了玉器的工艺风格上，因此，有了至为朴拙的"汉八刀"，与之相对就会有至为精巧的工艺。这个工艺也是汉所独有的，就是"游丝毛雕"。明代高濂《遵生八笺》卷十四的《燕闲清赏笺·论古玉器》："汉人琢磨，妙在双钩，碾法婉转流动，细入秋毫，更无疏密不均，交接断续，俨若游丝白描，毫无滞迹"。这是古文献中对于"游丝毛雕"最清晰的一个表述和记录。西汉早期玉作中"游丝毛雕"的形态及刻划风格，直接从战国中晚期沿袭而来，至西汉中期"游丝毛雕"始有趋于简约疏朗之风。西汉晚期至东汉之际，汉玉"游丝毛雕"阴刻线有了明显变化，有些玉作精品中的"游丝毛雕"，阴线刻划得极为细浅，肉眼观之时隐时现、若有若无，几乎无以窥其全貌，微痕观察却又条分缕析、流畅自如、精整考究。至此，汉玉精巧而又不失灵性的风韵展示得淋漓尽致。

汉玉之类、之形、之技大体若此。其背后之文化蕴含，以及华夏思想史之大整合时期的风貌亦已毕现，第一帝国之玉可以明矣。

第三章　第二帝国和它的玉

第一节　第二帝国缘讲

一、四百年的历史熔炉

中华帝制史上的第二帝国以短暂的隋朝发轫，历经唐、宋，横亘七百年，它是建立在南北朝打下的政治、思想地基上的。至于南北朝，这个长达四百年的时期，却在大部分历史教科书上犹抱琵琶、吱唔其语，而它本身则纷乱如麻。但这个处在第一帝国和第二帝国之间的时期，确乎是第二帝国的序幕。

曹操画像

先秦时代是华夏第一次思想高峰，也是第一个思想的大交锋、大融合时期。经过四百多年的熔炼，到第一帝国前期，终于形成了定型的统一思想形态，华夏文化的内核终于确定。曹魏与西晋既是第一帝国的尾声，又是南北朝的前奏。第一帝国的衣钵本由曹魏和西晋传承，但是一场"八王之乱"迅速击碎了西晋的一统天下。司马氏南渡，东晋在江南继续抱残守缺地看护着第一帝国的文化遗产。北方则陷入"五胡乱华"的十六国时期，华夏文化再次被打破，扔进了历史大熔炉里，去完成又一次的基因重组。

西晋实际上是亡于世家政治。司马氏能从曹魏手上接过政权，完全建立在世家支持的基础上。但当皇权要靠平衡世家而维护，内部就已经充满危机，只待蛮族的轻轻一撞就会碎裂。世家政治定型于曹魏，肇起于东汉。汉代作为大一统的王朝，必须找到一种相对公平和可规模性操作的选官制度。在中国人情社会的固有基因作用下，"举孝廉"这种察举制度最终在东汉确立为做官的正途。

但是察举毕竟是一种太具主观性的方式，为给其加上些许标准化色彩，曹魏创立了"九品中正制"，就是给察举对象分品、依品授官。定品的依据，按照设计理念是"家世"与"行状"并列，而定品的权力在中正官手里，中正官在曹魏时是由地方长官推任。可以看出这是一套以"道德"为基础的制度设计，我们知道在利益分配的政治实质面前，"道德"从来都是最靠不住的。于是间接实质性拥有中正权的地方长官，为了巩固自己在地方的权力，便纷纷将地方大族子弟定为上品。而大族子弟为了获得上品拥有做官的资格，也自然需要向地方长官投纳。"门生"这个词就在这个过程中产生，它代表着以利益为经、人情做纬编织的权势网成型。这张网在之后的四百年里，将草根阶层的精英通通筛出了权力体系。从此，高门大姓出身成为入仕并登上政治高位的必须条件，门阀政治随之根深蒂固。

之后"五胡乱华"，北方在一百多年的时间里，遭遇十几个少数民族政权的反复杀戮。此时的豪门大族在政治上无所作为，只能隐忍在坞壁中等待新时期到来。在南方，跟着晋室南渡的侨郡著姓，与江东的本土巨族一起撑起了东晋的格局，并成为北方士人渴望的"正朔"。所

↑ 晋元帝司马睿画像

谓"王与马、共天下"便是形象的比喻，这个局面一直持续到南朝的梁末。北方高门的春天来自于北魏的汉化，汉化所需的典章制度要由士族高门提供。于是崔浩这批人登上核心政治舞台，北、南方的著姓同时迎来了政治生涯的高潮。

当然，高潮之后自然是退潮。在南朝，只要生于名门望族就能坐享高官，这种体制让世族阶层很快地堕落和腐化。他们日益沉迷于玄学清谈和骄奢淫逸之中，不再具有治理国家的真正行政能力。逐渐朝廷的真实权柄日益向台省之职转移，特别是"中书舍人"这个低品级的秘书类职官，反而成了承载相任的行政枢纽。至此，高门大姓在南朝，被来自底层的草根势力和皇帝联手对其权力边缘化。到了梁末"侯景之乱"，以及西魏"江陵屠城"并徙士人于长安，南朝士族消失殆尽，陈朝就成了南朝门阀政治的终点。

在北朝，崔浩等汉族高门主导的鲜卑汉化，虽然让北魏从"夷狄"一跃成为"中国"，但在文化拔河绳子另一边的旧有鲜卑贵族，也在蓄积着反抗的能量，最终军镇叛乱引发的政治分裂,让汉族高门的政治抱负终止。北齐以及初期的北周，在政治、文化上的"胡化"是很明显的，鲜卑军事寡头取代了汉族高门，主宰了北朝的政治。至此，形成于曹魏，延宕四百余年的门阀体系已成强弩之末，静待隋唐科举制的出生来让它灰飞烟灭。

二、从汉到胡、从胡到汉

在门阀政治由盛而衰的四百年里，还有几件对未来第二帝国甚至未来中国十分重要的事情在慢慢地发生。一个是品官制度和三省六部制的产生；一个是鲜卑汉化的道路选择；另一个是儒、佛、道的思想大融合，这个我们已经在第一编的"不能不说的人玉缘"一章里有了详细介绍。当秦汉以降的三公九卿制的选官基础（察举），已被门阀政治所异化，也就意味着这个制度本身必然将被淘汰。

我们在本书的第二编《贵人的宝玉》一

章里，介绍了中国官制的演变，在里面大致讲了三省六部制是如何在南北朝时代产生的。与这个官制改革同时进行的，还有品官制的产生和确立。品官就是我们最熟悉的那个官僚等级制度，它虽然也是从曹魏时就萌芽了，但形成稳定的制度，还需经历整个南北朝时期的起起伏伏。对比各政权品级的设置，可以清晰地发现，品官制的产生确实是作为一种平衡机制，用来对冲三省六部制和三公九卿制之间的龃龉。

研究从曹魏两晋到刘宋、南陈，再到对应的北魏直至隋、唐的品级设置，会发现：

1．第一帝国的相权所有者三公，虽然已经虚职化，不再拥有实权，但全部位于品官的顶端——"一品"。

2．随着三省六部制，而逐步行使了朝廷相权的尚书令和中书令，一开始只能居于三品之位，直到北魏才登上了二品。

3．在三省六部制下的国家实际行政部门：尚书省的各部或各曹。它们的长官"尚书"，虽然是政权运行的操盘手，却一直到唐朝也只能委委屈屈地位列三品。

曹魏至唐，三公与台省职官品级对照表。

朝代	三公			台省		
	职级	官名	品级	部门	官名	品级
曹魏	上公	相国	第一品	尚书台	尚书令	第三品
		太傅			尚书仆射	
		太保			五曹尚书	
		大司马		中书省	中书监	第三品
		大将军			中书令	
晋	相	丞相	极品	尚书省	尚书令	第三品
		相国			左、右仆射	
	文官公	太宰；太傅；太保；司徒；司空；左、右光禄大夫；光禄大夫	第一品		列曹尚书	
	武官公	大司马、大将军、太尉、骠骑将军、车骑将军、卫将军		中书省	中书监	第三品
				门下省	侍中	第三品

217

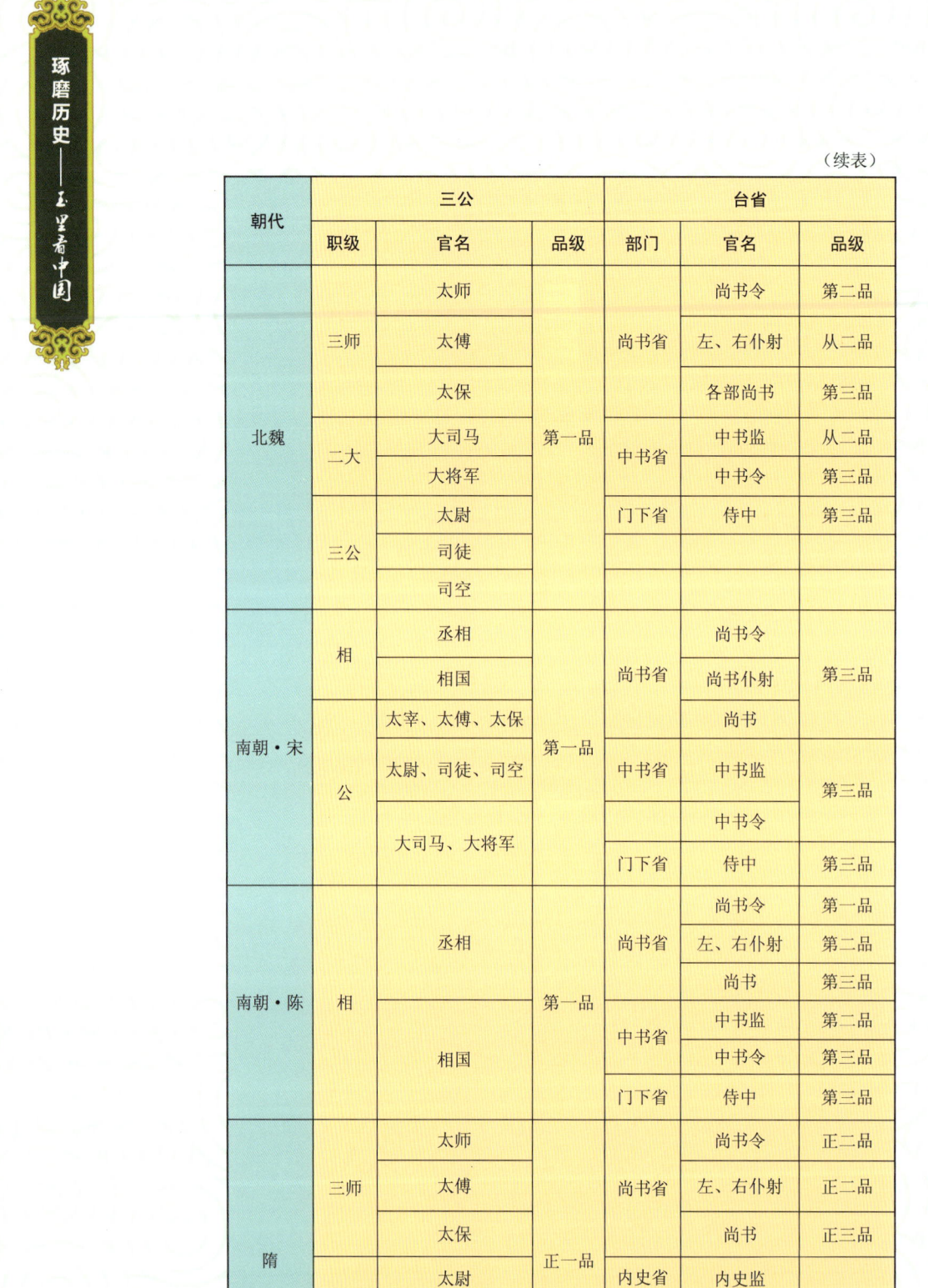

（续表）

朝代	三公 职级	三公 官名	三公 品级	台省 部门	台省 官名	台省 品级
北魏	三师	太师	第一品	尚书省	尚书令	第二品
	三师	太傅		尚书省	左、右仆射	从二品
	三师	太保		尚书省	各部尚书	第三品
	二大	大司马		中书省	中书监	从二品
	二大	大将军		中书省	中书令	第三品
	三公	太尉		门下省	侍中	第三品
	三公	司徒				
	三公	司空				
南朝·宋	相	丞相	第一品	尚书省	尚书令	第三品
	相	相国		尚书省	尚书仆射	
	公	太宰、太傅、太保		中书省	尚书	
	公	太尉、司徒、司空		中书省	中书监	第三品
	公	大司马、大将军		中书省	中书令	
				门下省	侍中	第三品
南朝·陈	相	丞相	第一品	尚书省	尚书令	第一品
	相			尚书省	左、右仆射	第二品
	相			尚书省	尚书	第三品
	相	相国		中书省	中书监	第二品
	相			中书省	中书令	第三品
	相			门下省	侍中	第三品
隋	三师	太师	正一品	尚书省	尚书令	正二品
	三师	太傅		尚书省	左、右仆射	正二品
	三师	太保		尚书省	尚书	正三品
	三公	太尉		内史省（中书省）	内史监	正三品
	三公	司徒		内史省（中书省）	内史令	
	三公	司空		门下省	纳言（侍中）	正三品

(续表)

朝代	三公			台省		
	职级	官名	品级	部门	官名	品级
唐	三师	太师	正一品	尚书省	尚书令	正二品
		太傅			左、右仆射	从二品
		太保			六部尚书	正三品
	三公	太尉		中书省	中书令	正三品
		司徒		门下省	侍中	正三品
		司空				

注：因南朝的齐与梁未采用品官，故本表未收入。

由此，完全可以证明这样一个事实：品官制的初期，就是一个三省六部夺三公九卿之权的制度减震器，用以安抚原来占据了三公九卿之位的高门世族，减少政权的震荡。直到第二帝国的晚期宋代，作为宰相的"同中书门下平章事"才和三公比肩，成为正一品。六部尚书也才小升一级变为从二品，等于还是个厅级干部却干着部长的工作。直到清代，他们才堂堂正正地跃升至从一品，符合了自己部级高干的身份。

所谓"五胡乱华"，指的是在北方割据一方、轮流坐庄的五个建立了政权的少数民族：匈奴、鲜卑、羯、氐、羌。其中，最为活跃、建国最多的是鲜卑族，先后建立了前燕、后燕、北燕、南燕、南凉、西秦、北魏七个国家。

而北魏最终结束了北方的分裂、割剧，正式开启了南、北朝对峙的局面。更为重要的是：真正为第二帝国奠基的正是北魏，准确地讲是北魏的汉化。五胡而曰"乱华"，是因为几个少数民族所建立的政权，无不以征服者和踩躏者的姿态对待华夏文化。他们恣意践踏第一帝国的政治、思想遗产，根本不想在华夏之地行华夏之教。在北魏之前最有实力、并曾短暂统一北方的政权是前秦，而前秦在思想领域最为著名的工程却是翻译佛经。因此，虽然东晋偏安江南，却因为保留着华夏文化根脉，依然是天下人心中的"正朔"。而北方的这些胡人政权，则没有一个最终维持了稳定的统治，直到北魏建立。

北魏的拓跋氏似乎从一开始立国，就意识到了其他人的这个错误，开国不久就开始与留在北方的汉人士族合作。此时，出现了北朝第一个思想体系重建者——崔浩。崔浩出身汉族高门，为曹魏司空崔林之后，历仕北魏道武、明元、太武三帝，官高至司徒。他是太武帝最重要的谋臣之一，对促进北魏统一北方做出了很大贡献。

219

琢磨历史——玉里看中国

崔浩画像

但他最大的功绩是注"五经",在北朝重塑了儒学的思想体系。对此,他自己也曾向太武帝表说:"太宗即位元年,敕臣解《急就章》《孝经》《论语》《诗》《尚书》《春秋》《礼记》《周易》。三年成讫。复诏臣学天文、星历、易式、九宫,无不尽看。至今三十九年,昼夜无废"(《魏书·崔浩列传》)。可以说,崔浩是北魏汉化的源头,以及为第二帝国奠基的第一人。

三、第二帝国前奏

从文明太后开始到孝文帝迁都洛阳,北魏的汉化成为了坚定的国策。北魏因此取得了对南朝从军事到政治的全面优势,但也激起了鲜卑军镇的反抗。最终,北魏分裂成东、西魏,两个军事强人高欢和宇文泰各据一边,很快就演变成了北齐与北周的对峙。北齐虽然继承了北魏的典章制度,但出于对北魏消亡原因的简单认识,实质上选择了汉化的反向——胡化,回到了北魏以前少数民族政权的道路上。因此,在当时中国版图上的新三国演义里,最为强大的北齐实际上是最为逆历史潮流的,也自然是一个泥足巨人。

十六国前期各政权				
国名	建国民族	建立者	存在时间(公元年)	地域
前凉	汉	张轨	301-376	今甘肃及青海、新疆各一小部
成	氐	李雄	304-347	今四川东部和云南、贵州的各一部分
前赵	匈奴	刘渊	304-329	今河北、山东、河南、山西、陕西一带
后赵	羯	石勒	319-352	今河北、山西、陕西、河南、山东及江苏、安徽、甘肃、辽宁的一部分
前燕	鲜卑	慕容皝	337-370	今北京、河北、山东、山西、河南、安徽、江苏、辽宁各地一部分
前秦	氐	符洪	350-394	东起朝鲜,西抵葱岭,南并川蜀,北逾阴山,短暂统一北方

注:因十六国时期的大部分时间内都是多个政权并存,各政权之间互相攻伐,各政权地域此消彼长不定,故本表所用地域皆为各政权最盛时状态

220

十六国后期各政权				
国名	建国民族	建立者	存在时间（公元年）	地域
后秦	羌	姚苌	384-417	今陕西、甘肃、宁夏及山西、河南的一部分
后燕	鲜卑	慕容垂	384-407	今河北、山东及辽宁、山西、河南大部
后凉	氐	吕光	386-403	今甘肃西部和宁夏、青海、新疆一部分
南凉	鲜卑	秃发乌孤	397-414	今甘肃西部和宁夏一部
西凉	汉	李暠	400-421	今中国甘肃西部及新疆一部分
北凉	匈奴	沮渠蒙逊	401-439	今甘肃西部、宁夏、新疆、青海的一部分
西秦	鲜卑	乞伏国仁	385—400,409—431	今甘肃西南部，青海部分地区
南燕	鲜卑	慕容德	398-410	今山东及河南的一部分
北燕	鲜卑化汉人	慕容云	407-436	今辽宁省西南部和河北省东北部
夏	匈奴	赫连勃勃	407-431	今宁夏和内蒙古一部

注：因十六国时期的大部分时间内都是多个政权并存，各政权之间互相攻伐，各政权地域此消彼长不定，故本表所用地域皆为各政权最盛时状态

河南巩县石窟第四窟：帝后礼佛图浮雕 自记述北魏孝文帝礼佛的龙门石窟"帝后礼佛图"20世纪被盗卖到国外，这就成为国内尚存的唯一记述北魏皇帝礼佛的大型石窟浮雕。它记录了北魏迁都洛阳开启了汉化道路后，所迅速取得的文化盛况

宇文氏的北周一开始也有胡化倾向，但很快回到了正确的轨道。此时，北朝史上第二个思想构建师出现了，就是著名的苏绰。苏绰深得宇文泰信任，拜为大行台左丞，参与机密。他为改革制度所草拟的《六条诏书》，宇文泰立于座右，令百官习诵。并规定不通计账法及六条者，不得为官。晚年，苏绰奉命据《周礼》改定官制，未成而卒。

苏绰的平生最大功绩《六条诏书》奠定了北周的政治、思想基础，其主要内容是：治心身，敦教化，尽地利，擢贤良，恤狱讼，均赋役。这六条虽然简单明了，但却已经包含了儒学的基本原理。以其为治国之纲，无疑是对孝文帝汉化路线的坚定继承。因此，行之经年就有了据《周礼》定官制的标志性汉化举措。至此，鼎立的三国中，华夏正朔的位子已经悄然向北周转移。北周因此虽处关中，实力弱小，但未需太多时日便东入洛阳，北方再次一统。北齐继承的北魏典章尽入于北

北魏与南朝的对峙		
时期	北魏疆域	
魏、宋对峙	西部最远	今新疆库尔勒地区
	东部最远	今锦州地区
	北部	基本包括今内蒙古东至二连浩特部分
	南部	沿今陕西西安以南、河南许昌、济南以北至黄河出海口一线与刘宋接壤
魏、齐对峙	西部最远	今新疆哈密地区
	东部最远	今锦州地区
	北部	基本包括今内蒙古东至二连浩特部分
	南部	沿今陕西西安以南、河南舞阳、河南息县、安徽蚌埠、江苏盱眙、山东郯城一线与萧齐接壤

周，再加上当年宇文泰攻陷江陵后，驱十万南朝士人入长安，也带来了南朝所继承的第一帝国文化遗产。北周在苏绰搭建的汉化龙骨上迅速填上了血肉，华夏的第二帝国已经呼之欲出。

后面的历史故事是国人都非常熟悉的：杨坚捡了北周的"漏"，受了自己外孙之禅建立了隋朝，很快攻灭南陈统一了南北，第二帝国正式登台。几十年后，隋失天下，唐拾隋祚。再三百余年，天下复乱，五代十国数十年。赵匡胤"黄袍加身"建立宋朝，两宋三百多年，最后亡于元，第二帝国谢幕。不过在这里，我们要指出的是一个很多人没有充分意识，但是意义重大的问题：第二帝国从何而来？

四、融合的力量

可能读者会很奇怪这个问题：上面明明已经用了很大的篇幅讲述、分析了南北朝的政治、思想演进，不就是在推演第二帝国的缘起吗？是的，我们现在就是要给这个缘起做一个最终的总结：第二帝国依然是遵循了中国文明的核心基因——它是从融合中而来。南北朝四百年的时间是一个历史大熔炉，它把第一帝国本身就是通过融合而形成的华夏文化，再一次回炉锻造。而这个锻造绝不只是鲜卑少数民族的汉化历程，同时也是汉文化融合少数民族文化的历程。

🔉 唐太宗李世民画像 作为第二帝国最伟人君士的李世民，他的穿着完全是进化而来的"胡服"

当这个锻造成功后，我们在历史上看到的就是一个延宕七百年的第二帝国时代。在这个时代里，中国古代文明既达到了它文化的最高峰，也达到了它经济的最高峰。而其实，它已经不纯是汉朝代表的那个"汉"文化了。比如它的服饰，唐朝除了礼服和朝服还是汉式的"深衣"外，它的常服则几乎全部来自"胡服"系统：幞头、圆领、长勒靴。这是典型的适合骑马的胡人服饰，但它却成为唐以后的标准汉人士大夫阶层的装束，一直到明朝。再比如更直接的血统：从杨隋到李唐，皇室皆出北周鲜卑八柱国的关陇集团，严格上来说全部都有胡人的血统。更别说北方经过四百年的胡汉通婚、繁衍，造就了基因大融会，已经没有什么所谓纯粹的"汉"人了。

如此说来，被很多国人推崇备至和最想穿越回去的唐朝，实际是一个"胡"人穿着"胡"服，统治着一半以上"胡"人血统百姓的朝代。但似乎从未有人因此而公开质疑过大唐的华夏正朔身份。这就是因为，真正的华夏，就是这片土地上，自古以来各文化相互交融的成果。我们最灿烂的古代文明，正是在最大限度实现了民族与文化融合的第二帝国时代，得以呈现。在这个认知基础上，任何险隘的民族主义，特别是纯"汉"族主义都是不符合历史事实的。

第二节　唐与宋的真相

一、大唐武功

隋朝在第二帝国里跟秦朝在第一帝国里实在是太像了，都是把前面各四百年思想大融合时代的政治成果提炼出来，建立了统一的国家和整套的制度，然后都是很快就崩溃。它们身后的继承者又都是中国历史上最有名的朝代：隋就和秦一样，做了唐这个第二帝国主角的"药引子"。

🔸 清·苏六朋《李太白醉酒图》

唐在大多数国人的心里是一个梦幻般的朝代，这个想象中的时代富强、昂扬、开放、浪漫，既有铁骨柔情，又有霓裳羽衣；既有端庄而潇洒的书圣，又有纵酒而飘逸的诗仙。这简直是文学幻想者、成功学信徒和心灵鸡汤派互为兼容的伟大时代。可是，这个形象又有多少是真实的？多少是被历史教科书和影视作品描画出来的幻象呢？我们有必要探究一下真实的唐王朝。

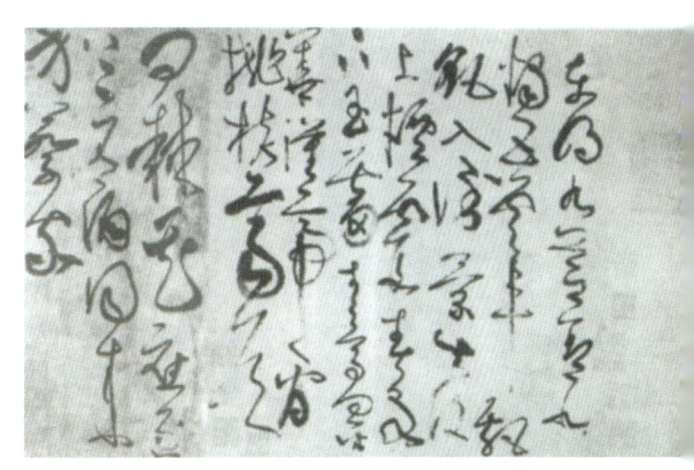

🔸 张旭《古诗四贴》

如果以唐玄宗天宝十四载划一条线，那么在此条线之前的唐朝，确乎可以称为昂扬和开放。公元618年李渊受隋恭帝之禅，唐朝建立，是为武德元年。武德九年玄武门之变，李世民杀太子建成、齐王元吉，很快受禅李渊，改元贞观。贞观三年秋，唐太宗命李靖率李勣、柴绍、薛万彻，统兵十万，分道出击突厥。李靖出奇制胜，在定襄大败突厥，东突厥颉利可汗逃窜。李在白道截击，降其部众五万余人，又督兵疾进，大破敌军。颉利西逃吐谷浑，途中被俘，东突厥灭亡。慑于大唐天威，"西北诸蕃，咸请上（太宗）尊号为天可汗"。

> 唐章怀太子墓壁画《狩猎出行图》与汉朝一样，战胜草原民族的制胜法宝就是强大的骑兵，此壁画虽然表现的是皇家狩猎场景，但依然可以看出骑兵的剽悍

二、惨淡的李家天下

不过这个高峰并没有持续多久，不过十年后的天宝十四载，"安史之乱"就发生了。以此为分水岭，后162年的唐朝其实是一个衰败而屈辱的国家。也就是说，只在44%的王朝生命里，唐曾是一个军事强国。

> 阎立本绘唐太宗《步辇图》

突厥对于初唐，完全是重演匈奴对汉初的压迫态势。但是唐立国仅仅十一年，或者更准确地说，唐太宗当国不过短短三年，居然一个奔袭式战役就灭掉了东突厥。而大汉对匈奴实现这一局面用了整整166年，唐最少在军事上崛起的效率是汉朝的十倍。之后，历经攻灭西突厥、突厥复国、再被攻灭的反反复复，到745年突厥最终在中国历史上消失。此时距唐开国127年，而大汉让匈奴消失于中国历史则用了362年。所以，从唐前期的军事成就来说，称这个时候是华夏历史上最为武勇，气势最为奋激昂扬的时候绝不为过。

> 唐代三彩武士俑 这个着明光铠的武士俑，其表现出的军人气概几乎可以作为大唐武功的生动注脚

唐的中、后期之衰败和屈辱集中在两个方面。第一个就是藩镇割据，这是最重要的一个方面。很多人都没有想到，传说中的"盛"唐根本就没"盛"过多少年。在超过王朝一半的时间里，不但太宗、高宗开创的西域、漠北全部丢却了，连中原王朝的本土，大部分也不在朝廷的控制之下。陈寅恪先生在《唐代政治史述论稿》里指出，唐代自安史乱后，"虽号称一朝，实成为二国"。这两国，一个是唐中央政府所能控制或影响的地方，说起来不过关中、四川、东南数地而已；另一国就是由各个割据藩镇控制的地区。

唐的后一百多年是个事实上的军阀割据状态，最具代表性的就是"河北三镇"和淮西吴元济。吴元济甚至成为了当时"叛藩"的首领，说明藩镇几乎皆叛于朝廷。这些藩镇自己拥有地盘、军队；财政和人事独立；节度使之位在某一家世袭或在某一个小圈子里传承，完全不受朝廷管理。因此，它们是一个个事实上的独立王国。中央政府一开始，还能玩一玩以一藩镇假节钺讨伐另一藩镇的政治把戏，到后来，藩镇之间干脆自行攻伐，也就是开始军阀混战了。这一演化几乎是春秋时代的翻版，唐天子也就不比周天子的地位高明多少。

第二个方面是宦官欺凌。提到中国历史上以"阉祸"著称的朝代，一般人条件反射般的第一个会想到明朝，第二个想到东汉。但是另一个宦官专权、欺凌皇室的朝代——唐朝，就很少人提及了。事实上，唐朝的"阉祸"之烈更甚于明。明朝的太监再厉害，也只是掌握秘密警察，军队他们还不能直接染指。但中唐以后的宦官直接典禁军：藩镇已然独立，禁军又属宦官，皇帝还能做些什么呢？于是我们从历史中看到：明朝大太监虽然权势熏天，但不论刘瑾还是魏忠贤，最后还是都死于皇帝之手。其他的大太监，至少在皇帝面前也要把奴才样做足。唐朝则不然，不但皇帝在宦官面前噤若寒蝉，中唐以后居然有两位皇帝直接被宦官谋杀。其中就包括号称中兴之主的唐宪宗，另一位被害的是唐敬宗。敬宗的兄弟唐文宗策划了"甘露之变"，欲诛宦官失败。从此他在宦官的监控下凄惨地生活，32岁便抑郁而终，也算间接亡于宦官之手。

晚唐的唐天子，在藩镇和宦官的双重压迫下，不但谈不上什么复祖宗伟业，连想过过正常人的太平日子都很难。谁能想到，唐太宗的子孙竟混到了如此田地。

唐元和年间（唐宪宗806-820年）藩镇	
藩镇	统治地域
卢龙节度使	今北京地区；河北涿州地区、河间地区
振武节度使	今内蒙古呼和浩特地区、集宁地区
义武节度使	今河北易县、定州地区
横海节度使	今河北沧州地区；山东德州地区
成德节度使	今河北石家庄、冀县地区
河东节度使	今山西太原、忻州、大同地区；河北蔚县地区
夏绥节度使	今陕西绥德、榆林地区
朔方节度使	今宁夏银川地区
平卢节度使	今山东济南、淄博、潍坊、烟台地区
魏博节度使	今山东临清地区；河南安阳地区
昭义节度使	今河北邢台、邯郸地区；陕西长治、晋城地区

(续表)

唐元和年间（唐宪宗806-820年）藩镇	
藩镇	统治地域
河中节度使	今陕西临汾、侯马地区
鄜坊节度使	今陕西延安地区
邠宁节度使	今陕西彬县地区；甘肃庆阳地区
泾源节度使	今陕西镇原地区
天平节度使	今山东郓城地区
义成节度使	今山东定陶地区
河阳三城节度使	今河南郑州地区
凤翔节度使	今陕西宝鸡地区
武宁节度使	今安徽滁州、宿州、蚌埠地区
宣武节度使	今河南开封、商丘地区；安徽阜阳地区
忠武节度使	今河南许昌、漯河地区
山南东道节度使	今河南南阳地区；湖北十堰、襄樊、随州地区
山南西道节度使	今陕西汉中地区；四川南充地区
淮南节度使	今江苏淮安、泰州、扬州地区；安徽合肥、六安、安庆地区
荆南节度使	今湖北沙市、宜昌地区；湖南常德地区；重庆万州地区
剑南东川节度使	今重庆地区；四川泸州地区
剑南西川节度使	今四川成都、西昌地区
岭南节度使	今整个广东地区

注：从本表可以看出，即使在号称中兴的宪宗朝，天下也大半不在唐天子的直接管辖下

三、经济之殇

从天宝十四载之后，大唐的武功和疆域是无法再提了，那么言必称"盛世"之唐，它的经济成就又如何呢？要知道，军事成就再高，如果经济不行，也不过是一个外强中干的空壳帝国。如此一看，"盛唐"又只剩下了一声叹息。

古代为农业社会，农业社会的经济基础首先就是人口的户数。因为朝廷的赋税是按户征收的，户数多少直接决定了整个国家的经济总量。当然，我们知道，古代是存在着严重的隐户现象的，史料上的统计数字不能代表当时真正的户数。不过，既然各朝在隐户问题上都是一样的，同时，各朝代也只能从"非隐户"身上取得财政收入。那么我们用史料数据在几个朝代之间进行横向比较，就依然是可行的。

唐初的贞观十三年只有户数304万，唐代户数的最高峰是在天宝十三载962万户，次高峰是在天宝元年897万户。天宝十四载以后惨不忍睹，最高峰的文宗开成四年不过499万户，最少的代宗大历年间竟然只有骇人听闻的130万户，其他时间段亦大都在200万至300万户。这个原因当然是因为藩镇割据，各叛藩财政独立，收入不归中央，人口不入中央统计数据。因此，中唐以后到底有多少户数是不可知的，不过一定不可能超过安史之乱前的天宝十三载。这样，我们用天宝之前的户数与唐的前朝、后朝做一个比对，就知道唐朝的经济总量和经济成就如何了。

根据下表。隋的户数高峰是炀帝大业五年：907万，此时距离隋开国不过28年。这已经是一个令人沮丧的发现：唐朝直到开国124年后的天宝元年，才将将够上大业五年的经济总量。可是，如果再往后看看结果会更不堪：宋朝开国60年后的天禧四年，就超越了唐朝户数的顶峰，达到了972万户；它的最高值出现于大观四年，高达2088万户；即使是之后只剩半壁江山的南宋，户数也从未低于1000万户，峰值在淳熙五年，达到了1298万户。唐的经济总量

不论前瞻、后视皆是羞于见人。

隋				唐				宋		
年份	户数（万户）	距开国（年）	年份	户数（万户）	距开国（年）	年份	户数（万户）	距开国（年）
文帝末年	870	23	贞观十三年	304	21	咸平六年	686	43
大业二年	890	25	永徽元年	380	32	天禧四年	972	60
大业五年	907	28	神龙元年	616	87	天圣七年	1016	69
			开元十四年	707	108	元丰六年	1721	123
			开元二十二年	800	116	大观四年	2088	150
			天宝元年	897	124	绍兴三十二年	1140	202
			天宝十三年	961	137	淳熙五年	1298	218

注：本表都以三个朝代已经完成全国统一后的时期为起点。

我们再来看看财政收入方面，唐和宋的比较吧：因为唐后期依然存在藩镇问题，所以我们选取两朝相对应的前期来做比较。唐前期以租、庸、调为正税、户税为附加税。根据《通典》卷六的记载，天宝年间岁收户税200万贯，约占征税收入的二十分之一，那么全部财政收入大概为4000万～4500万贯。宋的税收体系十分复杂，曾有专家将北宋一些年份的各种税收全部折合成货币，来计算财政总收入。其中，与宋开国间距大致相当于天宝与唐开国间距的熙宁十年，它的财政总收入是7070万贯，远超唐代。至此，我们已经看出，唐朝在经济上确实当不得一个"盛"字。

四、开放的诗国

那么唐之"盛"就只能在精神层面来寻找了，在这里，我们终于可以给大唐颁发一个安慰奖，就是它的开放和文学成就。唐的确是古代中国最为开放的朝代，生活在唐朝各个大都市如长安、广州、扬州的外国人数量是其他朝代所无法想象的。在"安史之乱"以前，作为商人的外国人在大唐的土地上是相对自由的。这种对商业贸易所持的相对友好的态度，带来了两个明显的结果：一是外国物品的大量引进，二是异域文化的大量涌入。唐朝的外来物品是极多的，很多我们今天所使用的东西都是那个时候进入中国：从食材到香料，到宝石，到矿物……可称包罗万象，而唐朝人对于外国物品的喜爱也是极为显著。可以说，唐朝的开放几乎到达了"崇外"的地步，从社会上层开始，都对来自异域的新鲜玩意着迷，它们于是大量地取代中国原有的物品，进入生活的各个角落。

唐代外来物品简表

品类	品种
木材	紫檀、榈木、檀香、乌木
食物	葡萄与葡萄酒、菠菜、甘蓝、胡椒

227

(续表)

品类	品种
香料	沉香、紫藤香、榄香、樟脑、苏合香、乳香、没药、丁香、广藿香、茉莉油、玫瑰香水
纺织品	毛毯、石棉、毡
颜料	紫胶、龙血、苏方、青黛、藤黄胶脂、雌黄
宝石	孔雀石、天青石、玻璃（钠玻璃）、砗磲、珊瑚、琥珀
贵重用品	来自西域的玻璃器、来自吐蕃和波斯的金器、来自阿拉伯的鸵鸟卵杯、来自吐火罗的玛瑙灯树

法门寺出土唐盘口细颈淡黄色玻璃瓶 此瓶在华丽之余"胡"风大盛。玻璃本为名贵外来物，此物更颇具域外风格。法门寺本为唐皇室奉佛骨之地，所出贵物皆宫廷所赐，可想当时的唐朝宫廷必为此类外来奢侈品着迷

我们知道，一个地区的物产一定会附着产地的文化信息。随着外来物品的引入，这些文化信息不可避免地也被唐朝人所接受，而且也都是从上层社会开始。因此，唐朝的宫廷里也充满了胡乐、胡舞；宫廷画师的画作里时不时会出现胡人的形象；贵人和诗人们的酒杯里斟满的经常是葡萄酒；而长安酒肆里为李白、贺知章们陪酒的，则极可能是一位来自波斯的女郎。这一切听起来都毫无疑问地为我们描绘出了一个开放、浪漫的时代。但是，依然需要谨记的是：这一切都发生在天宝十四载前。

一部浩然的《全唐诗》，近五万首存世的唐诗，足以把唐朝送到中国文学的巅峰。其实，我们从一个很少人注意的角度就可以看出，

清康熙刻本《全唐诗》目

诗歌在唐朝到达了什么地位：想在大唐做个文官，你必须首先会做一手好诗！唐朝的科举分为很多科，有"秀才科""明经科""进士科""明字科""明算科""制科"。那时的科举与明清不同，士子可以在以上科中任意参考一科，通过了都可以再参加吏部的考试，通过了吏部考试就可以做官了。理论上有这么多科，而实际上其中最为重要的是"进士科"，唐代大部分文官皆出自"进士科"。"进士科"共考四场，而最重要的第一场考的是诗赋，这就证明了不会做诗就基本不可能做官。这就让我们明白了，为什么《全唐诗》能有如此浩大的规模，这是因为给它供稿的是唐帝国的全体文职官员。同时，我们也可以对大唐实际上并非一个真正强盛国家表示理解：从古至今，不论中外，我们何曾见过一个全部由诗人治理的强国呢。

五、奇葩王朝

安史之乱后，唐残破地走完了它后面的56%的政治生命，最后依然是由一个叫做朱温的狡猾军阀做了它的终结者，一个被称

作五代十国的短暂乱世来临。好在它并不长，不过53年，就由又一个中央王朝统一了天下。这个王朝是第二帝国的另一个极端——宋：一个军事屡弱、备受欺侮、疆域最小的王朝，却创造了整个古代中国的经济奇迹。在中国几个长久立国的大王朝里，宋往往被人们忽视甚或轻视。大家认为它零落、屡弱，颇有几分受气包的可怜相。不过，抛开那些最惹人注意的历史故事直面历史的真实，才发现宋真是一个奇葩的王朝。什么才是历史的真实：制度、文化、经济、军事外交、社会型态。从这些角度我们来看看宋朝奇葩不奇葩。

中国历史年表里有一个不为人注意的秘密：宋其实是自秦以来，存在时间最长的王朝——319年。而为人们热情讴歌的"大唐"是289年，西汉是211年，东汉是195年，明朝是276年，清朝从后金开始算也才295年。当然有人会把两汉加起来算是406年，但别忘了两汉之间被王莽的"新"朝隔开了16年，从严谨的历史学角度就是两个朝代。但两宋之间并没有断裂，南、北宋只是对时代的一个区分，它还是一个朝代。没想到吧，看似最弱的宋其实活的时间比谁都长，奇葩一也。

通常给人以文弱印象的宋朝皇帝，其实比大汉、大唐的皇帝都要集权。历史里还藏着一个秘密：被广泛

鼓吹的"三省六部"制，真正原汁原味地运转只有唐一个朝代。"三省"从宋代开始就被皇帝架空了，直到明代发展成"内阁"清代发展成"军机处"。宋朝官制有如下两个特点。

1."两府制"：行政权力在中书省所在的"东府"，以"同平章事"为正相，"参知政事"为副相；军事权力在枢密院所在的"西府"，正、副相加上正、副枢密使统称"执政"，和其所在之府连在一起便是"政府"的发端。

2.使制为重：宋朝皇帝发明了一系列的使职行使行政权力，宣抚使、镇抚使、经略使、巡检使、盐铁使等，随想随加，而把品官变成了纯粹的行政级别并不具备行政权。

以上两点造成这样的结果。首先，皇帝只需由自己的私人秘书——翰林学士拟一道旨意，就可以调整两府的人员，"执政"整锅端的事情在宋代屡见不鲜。因此，中枢权柄决不会真正旁落。其次，品级上无实权，有实权的使职，在法律上又只是个"特派员"，再牛的"某某使"，皇帝收回特派令就得乖乖交权。因此，宋代的君权实际是强有力的，奇葩二也。

宋朝诚然一直被异族欺负，但事实上它一直能保有一定的稳固区域。不管是被辽长期骚扰的北宋，还是和金打打和和的南宋，都能在自己的政治版图内有效、稳固地统治，基本无饥馑、无内乱、无大的政治危机。实事求是地说，南宋虽然偏安，但政治稳定、经济发达、文化昌盛、官民富足。不知道就百姓生存而言，它与四处征服但百业凋敝的汉武帝时代相比，哪个

🔺 明·刘俊绘《雪夜访赵普》
此图讲述了宋太祖雪夜私访宰相赵普的故事

第四编 中华帝国和它的玉器

229

更适合人民生活一些。宋代，江山既残破又巩固，既无藩镇之忧亦无阉宦之祸，奇葩三也。

宋朝在军事上的孱弱是铁的事实，但它却像不倒翁一样熬死了自己的敌人：辽、金、夏，并让元朝的大一统事业延缓了好几十年。它对外处处挨欺负，对内日子却过得红红火火，创造了中国古代史上的经济高峰（它的经济成就已经在上面与唐朝的比较中阐述）。甚至产生了最早的纸质货币"会子"等，一千年前做到这点，要多么坚实的硬通货储备以及政权公信力啊。宋还产生了古代最高峰的文化生活和审美情趣，书画、词赋、瓷器俱臻佳妙。于是，宋通过纳贡，在经济上供养着敌人使其不愿自我发展经济；通过文化输出使敌人迅速汉化，变得文弱和追求艺术享受，直到更北方的新的剽悍民族崛起。就这样，宋熬死了好几个敌人而自己踏踏实实地活着，奇葩四也。

宋在思想领域最著名的成就，是"程朱理学"确立。这使后世对宋朝在行为方式上的印象，是刻板、教条和最重道统的。但是，宋朝又是经济最对外开放的朝代之一。而在对外开放的功利性方面，则其他王朝无出其右：宋的对外开放完全没有文化传播和"万国衣冠拜冕旒"的伟大理想，核心就一个——"贸易"，目的很明确——"挣钱"。所以宋代，特别是南宋的出口贸易额，无论在当时的世界还是中国古代史上都是最高的。宋朝的财政总收入里，有70%都来自对各种贸易征收的商税，这在古代独一无二。最道统的思想意识与最功利的现实行为并行不悖，奇葩五也。

以上种种奇葩的存在，足以使宋朝成为一个让人越研究越觉得有趣的朝代，也让华夏第二帝国的尾声颇具观赏性。

第三节　唐风宋韵

一、玉之唐风

第二帝国在中国玉器史上是一个分水岭。在此之前的玉器，无论哪一种都与现代人没什么交集：那些时代的玉器上，附着的是思想史的变迁，体现的是精神世界里最根本与最核心的部分，是高高在上的。但是从第二帝国开始，玉器进入了"世俗器"的时期。除了已经被固化下来的礼制用玉，还在它们既定的位置上，完成着它们的使命。其他新增的玉器品种，以及新增的玉器式样和花色，都不再关乎思想和礼制，只关乎世俗的审美和享乐的

↑ 南宋行在会子库版拓本，为行在（临安）会子务所印发的会子版

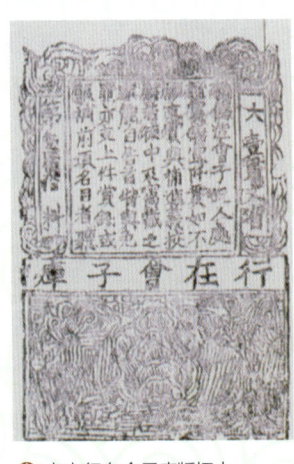

↑ 宋·汝窑"奉华"款棒槌瓶 这是中华瓷器和文人美学的顶峰，已绝响千年，在南宋就已名贵无比

需要。从此时起，玉开始走入凡间，开始成为被现代人好理解的"玉"。这些变化，都来自于唐朝的开放与崇外。

开放与崇外，往往是一枚硬币的两面，它的根源在于：自己传统的文化基础被破坏，而还未重构成功。此时，开放在带来活力的同时，往往也带来对于外来文化和物质的追捧和迷信，就造成"崇外"。等到自己的文化重构完成，崇外就会结束，但崇外的痕迹会留下。它的一部分基因会被文化重构的过程吸收，最后融入本土文化。在后人眼里，它就已经是传统的一部分。唐朝的前面是华夏文化被打破的四百年，它正处在文化重构期的前端，再加上身上还有一半的胡人血统未曾消磨，所以它的开放之势直接演变成崇外之风，这一点，我们在上面已经做了介绍。

唐代，在文化上的建树大概只能用文学来代表，准确地讲就是书法和诗歌。在文化最核心的思想领域，唐是乏善可陈的。就因为它只是文化重构运动的早期，是以接受外来文化冲击为主的时期。这种时期，通常文艺最为活跃。因为文学和艺术是思想的最外缘，它是最先接受冲击、引发剧烈化学反应的（就好像中国20世纪70年代末、80年代初的样子，整个社会似乎都沉浸在文学的氛围中）。

表现在玉器上，就应该用两个字来总结——"唐风"。开放与崇外，让唐代的玉器出现了几个新的品种和文化取向，这些品种和取向，一直影响到我们今天的玉器。甚至可以说，它们在后面一千多年的时间里，逐渐发展为玉器的主流。在今天，它们反而成了中国玉器文化的代表。

不过，它们确实是外来的文化基因，经过了第二帝国漫长的文化重构期才成了中华玉文化主干。但在唐朝，它们还很"原生态"，体现出来的是一股烈烈的文化碰撞之风。

玉之唐风表现在几个方面：

（1）珠宝化明显，"金玉同盟"开始；

（2）胡人的形象广泛出现在各种玉器，特别是还在表征礼制的服饰用玉上；

（3）佛教题材出现，成为玉器形制的一大宗；

（4）龙形变成了我们现在意义上的"龙"，为后一千多年的中华玉龙奠基；

（5）花朵纹与花鸟纹开始出现。

除了第二条的胡人形象是唐朝特有，在以后就消失了以外，其余的四条，无一不是我们当今玉器的特色和主流。这就充分说明两个问题：

（1）如今玉器的基本要素并不是原始的华夏文化，而是多文化基因融合而成的；

（2）现代人所喜爱与佩戴的玉器，它们的祖源基本都在唐代，确实是由唐开启了玉器世俗化的进程。

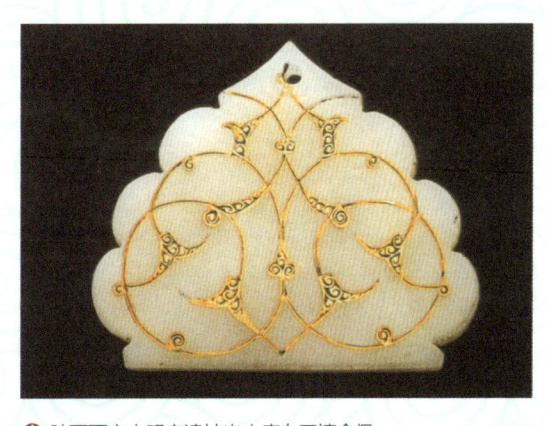

陕西西安大明宫遗址出土唐白玉镶金佩

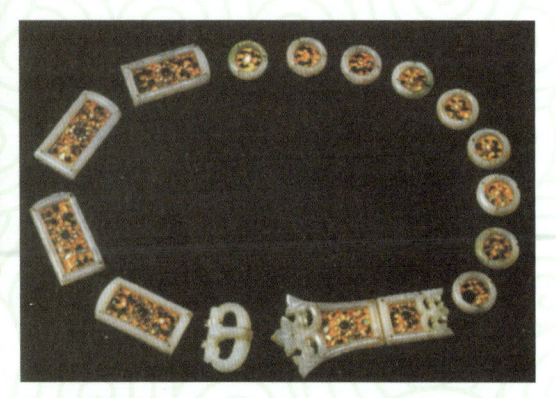

↑ 唐宝钿玉带

↑ 唐玉骆驼童子

↑ 陕西西安出土唐胡人弹琵琶带銙

↑ 唐白玉蕃人进宝带銙

二、开启佛、玉缘

我们在本书的第一编《不能不说的人玉缘》一章里，简单介绍了南北朝时期儒、佛、道三家的融合过程。佛教为了生存、发展，在初期不但依靠了"显法力"这样的术士手段，还经历了"依王者"这样的现实选择，结果还是遭受了北魏太武帝和北周武帝两次"灭法"的磨难。但到了唐代，佛教最终顽强地本土化了，并成为了大唐举足轻重的宗教力量。比如最具本土特色的佛教宗派"禅宗"：它的北宗领袖神秀禅师，九十高龄还被武则天迎至洛阳，两代皇帝皆以国师待之；它的南宗领袖慧能虽僻处岭南，但在《六祖坛经》里明确记载，韶州刺史率地方政府的全体高层，都毕恭毕敬地来听他的讲座。

由此可知，佛教在唐初便已成大气候。那么佛教题材在各种艺术中全面铺开，就是题中之义。而在玉器里则应该是最后才出现的，这与佛教在中国的流传以及本土化进程是相呼应的。早期佛教在艺术中的表现形式，只能是自己的造像艺术，最直接的体现就是石窟。著名的三大石窟，敦煌莫高窟、大同云冈石窟、洛阳龙门石窟，它们的位置和艺术风格，正寓示着佛教进入中国的路线和本土化过程：佛教由西而东，从十六国开始就依附于最有实力的政权，因此石窟由甘肃经山西北部再到中原腹心。从石窟造像看，莫高窟的早期石雕，从装饰卷边到佛像面目、衣饰都充溢了犍陀罗风格，明显是处于佛教原生态还未本土化时期。到了云冈石窟，犍陀罗的痕迹已经很少，佛像的面部呈长方脸形，神态颇为刚毅，使人一望而可想见北魏鲜卑之风。至龙门石窟，只存小部分北魏风格佛像，大部分皆为典型唐代造像。其面貌、神态、衣饰、体态已经确确然然是大唐风貌：体态、面貌圆润；神态庄严、柔美；衣饰华丽繁复。由此可知，佛家之本土化已经完成，佛与唐的主流气息已经融合。

佛教基因对工艺术的浸润必然要由易入难、自外而内，首先是把自己的造像艺术先融合进主流，然后才能再用自己的元素去影响华夏本土的艺术。特别是像玉器这种承载着儒学"礼"思想体系的核心品类，更是要到汉地佛教成型后，才可能融进佛家元素。而且这是其身后思想体系转换的一种物化表现，自然不会一蹴而就，一定是一个渐进的过程。因此，唐代玉器里的佛教题材，并不是后世最常见的菩萨、佛像等，而是处在佛教文化和华夏文化交集部分的那些，最具代表性的是"飞天"和"莲花"。

🔸 云冈石窟二十窟露坐大佛（北魏）

🔸 龙门石窟奉先寺大卢舍那像龛（唐）

🔸 唐青白玉飞天

🔸 唐八瓣花式盏

陕西西安出土唐青玉方盒 盒壁透雕一对鸳鸯扳手，盒盖琢一枝折枝牡丹

唐黄玉夔龙纹镶饰板

唐玉龙饰片

三、飞龙与花鸟

龙在唐以前的玉器上已经存在了很久，它甚至是第一帝国高等级玉器的标配形制之一。不过从红山的中华第一龙到商代的玉虺龙，再到战、汉龙形佩和龙首带钩，那些龙形都是抽象风格的，几乎与我们在明、清皇宫里随处可见的那种龙有天壤之别。唐代玉器上的龙：身形细长弯转，有脊毛，全身满刻阴线斜格形鳞纹；头前视，有分枝角；四肢，三爪足；尾从一肢后穿过；整体做奔腾状，张牙舞爪。这个就已经是我们熟悉的龙样了，由抽象而写实，由重意而重形，唐作为龙形的这个转折点，正代表它处在文化打破与重构的节点上。与龙相关的还有一个文化符号：皇帝专用的黄色，也是在唐代固定下来的。在唐以前，皇帝的服色与本朝所居的五德之色相同，也许是黄，也许是黑，也许是红。从唐开始，赭黄色为皇帝专用，它与龙形的变化一起，构成了后一千五百年的帝王标志。

我们现在去买玉器，特别是摆件或挂坠，有一种题材是一大品类，叫做"吉祥花卉"，什么富贵牡丹啊、花开并蒂啊、福禄如意啊等。就是以花卉为题材附会上一些吉祥语，这是一种坚决彻底的俗世审美，它的缘起就在唐代。玉器从新石器时代一直到唐以前，所用纹饰基本为几何形，以及人物动物型，从未有过植物型。而从唐代开始，花朵纹与花鸟纹初现，开了后世此类题材的滥觞。同龙形一样，这也是唐代处于那个重要文化节点的明证。

🔺 唐玉鹦鹉

🔺 唐牡丹纹玉梳

🔺 唐白玉鸟衔花花佩

四、玉之宋韵

宋是第二帝国的后半期，也是文化重构的完成期。作为标志，宋代是在东汉以后，中国历史上第二个以构建思想体系著称的朝代，这个思想体系就是程朱理学。两宋理学，基本是由周敦颐、张载、邵雍、二程创立的新儒学，传承于子思、孟子一派的心性儒学。它自北宋程颢、程颐兄弟始成大观，其间经过弟子杨时，再传罗从彦，三传李侗的传承，到南宋朱熹集为大成。理学根本特点就是将儒家的社会、民族及伦理道德和个人生命信仰理念，构成更加完整的概念化及系统化的哲学及信仰体系。并使其逻辑化、心性化、抽象化和真理化，是中国思想史上的又一次飞越。

这个新的儒学体系是将孔孟置于正宗，同时又把董仲舒阴阳五行，把张载、周敦颐、二程的观点，以及佛教的灭欲观和道家的哲学与思辨精神，融为一炉而来的。它跨有宋二百余年时间最终得以完善、确立，正是说明了，宋是在南北朝的思想大融合，以及第二帝国前期的外来文化碰撞基础上，重构了华夏文化体系，并由此延续到清亡。与此相对应的，在史学方面，宋代也开创了一个新的局面：第一部官修编年体通史《资治通鉴》问世，它让中国增加了一个更有利于宏观审视历史的史书类型。同时，它明确了学史对于帝王和统治阶层的重要意义——"资以明治"。这也奠定了中国传统历史学的价值基础，让历史学在中国的文化思想体系中站住了重要的一极。

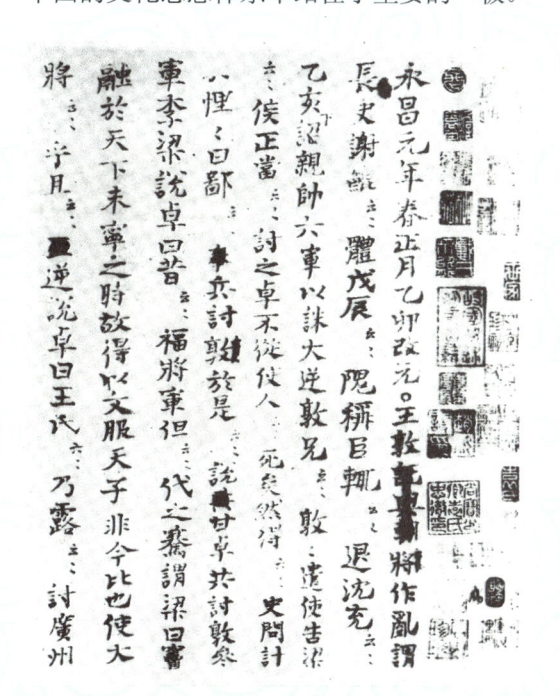

🔺 司马光主编《资治通鉴》时残存的墨迹

第四编 中华帝国和它的玉器

宋在文化上的这些功绩自然会映射到玉器之上。文化的重构完成了，各外来基因被融合进了新的华夏文化中。因此，由唐开启的玉器世俗化之路得到延续，但延续的是它的外壳——那些来自于外来文化的器形，而它的内涵已经是重构完成的新的文化了。因此，相对于唐风，我们对于宋玉的总结也是两个字——宋韵。也因此，宋朝虽然是一个缺乏和田玉料来源的朝代，但是宋玉却以做工精良、气韵雅致而在中国玉器史上占有一席之地。

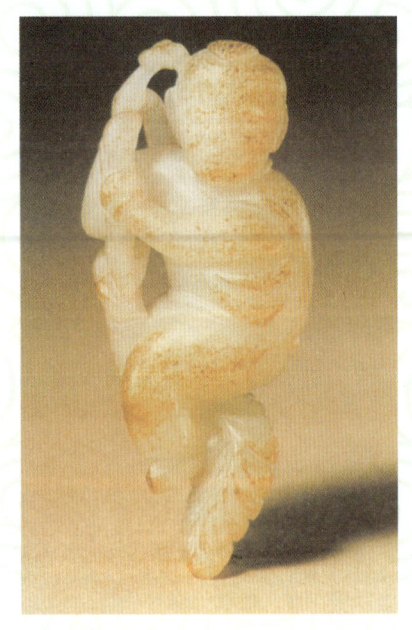

↑ 宋持荷童子图

↑ 宋青玉龙柄八角杯

↑ 宋青白玉孔雀形簪

↑ 宋青白玉透雕双鹤佩

↑ 宋莲座玉佛图

↑ 宋青白玉透雕折枝花佩

宋白玉卧鹿

五、"古玉"业的诞生

对于中国玉器史，宋代还有一个非常重要、非常特殊的意义：从宋代开始，"古玉"出现了。古玉这个行业也出现了，相应的仿古玉和伪古玉这个行当也就出现了。从唐朝开始，玉的一个新的时期："世俗器"时期开始。那么当唐宋之人，再去审视那些前代玉器时，他们会发现：这些玉器，与自己手上琢刻着花鸟纹饰的玉杯是截然不同的。因此，自然会自动把二者区分开，这样"古玉"作为一种正式的认知也就萌发了。其道理就如同，我们在电灯的照耀下再看煤油灯，我们只会把它视为"古物"。因为它与我们日常使用的电灯，已经是两个认识体系里的东西了，虽然它们都是用来照亮的。

因此，从第二帝国的视角去看以前的玉器，便都是名副其实的"古物"。但唐代还只是一个新时期的开场，文化尚未沉积。唐人更为关注的，是对新鲜外来事物的追逐，而不是对古物的审量与静思。所以，直到文化积淀愈发深沉的宋代，"古玉"这个概念才称得上真正诞生。北宋吕大临的《考古图》中采录了十四件古代玉器，这是古玉见诸图录之始，也是古玉作为一个引人注目的单列文化事项的开始。

南宋青玉兽面纹卣

宋青玉云龙纹簋

我们都知道，古玩或文玩行业存在的沃土，是要经济发达、生活富足、文化兴盛、兴趣雅致。宋代是中国历史上第一个完全符合这几个条件的时期。因此，古玩行业的理论基础"金石学"就会在宋代诞生，并为文人士大夫所热衷。吕大临是其中第一位成就斐然者，我们熟知的女词人李清照的夫君赵明诚，也是个中高手。有了理论基础，自然就有了实践需要。于是

第四编 中华帝国和它的玉器

古玩作为一个成规模的行业出现了，其中古玉自然是主要的经营内容。但是，我们知道，在第二帝国之前的玉器，并不是世俗的赏玩和使用之物，不可能像世俗化之后的玉器如此之多，能够有序传承下来或者被盗墓出来的就更少。因此，在强烈的市场需求之下，古玉的仿制和作假，也就是仿古玉和伪古玉的制作，作为一个行当正式出现了。

当然，仿古玉和假古玉是性质完全不同的两件事：仿古玉是仿造古代的形制，但并不标榜自己为古玉；而伪古玉则不但仿古玉之形，亦仿古玉之"老"，目的是当作古玉来牟利骗钱，这就是后世"假古董"之滥觞了。宋代仿古玉的制作是由官方带动的。北宋和南宋的很多皇帝都喜爱古玉，刻意多方觅藏。因此，宗正寺玉牒所、文思院上界和修内司玉作这三个制玉机构，在生产当朝使用的玉器之余，还都专门仿制三代古玉，供宫廷赏玩。

上行下效，民间自然也就有收藏古玉的强烈冲动。宋代是一个商业极为发达的社会，民间的玉作必然会跟着市场而动，必然会开始大规模生产"古玉"。当然这里就不一定都是仿古玉了，它的衍生品伪古玉应运而生。南宋文人周密的笔记和《宋史》里，都记载了宋代人对于古玉进行辨伪的事例。既然古玉辨伪之事，都已经足以在正史里占据一席之地，那么宋代造伪古玉不但为事实，恐怕规模亦不会小。看来，古今同理，在古玉收藏的发轫时代，造假、打眼、掌眼这三件事，就已经如孪生兄弟一样存在于世上。俱往矣，当年宋代制作的仿古玉也好，伪古玉也罢，在时间的琢磨下已经统统变成了真古玉。当我们站在历史面前时，也许很多事，都会自然而然地有它颇具后现代色彩的解释和归宿吧。

第四章　第三帝国和它的玉

第一节　第三帝国

一、明朝的基因

公元1367年，刚刚在应天府（南京）登基，定国号为"明"的朱元璋，命徐达为征虏大将军、常遇春为副将军挥师北伐。第二年，明军即攻入大都（北京），元政权北撤大漠，太祖改大都为顺天府。自此，明成为又一个夺取天下的统一王朝，是为第三帝国的开端。

明太祖朱元璋是中国历史上，唯一一个真正的、名副其实的草根皇帝。《明史·太祖本纪》里说他："至正四年，大饥疫。太祖时年十七，父母兄弟相继殁，贫不克葬。里人刘继祖与之地，乃克葬，即凤阳陵也。太祖孤无所依，乃入皇觉寺为僧"。据此，朱元璋岂止草根而已，是最最穷苦、最最凄惨的社会底层：十七岁家人全部去世，穷得要靠乡亲送地才有坟下葬。堂堂大明王朝的祖陵居然是施舍来的。家人入了土，他一个人无以为生计，进庙当了和尚。这个记载，一方面说明朱家真的是赤贫无地佃农；另一方面也说明，朱元璋大概不是一个传统意义上的合格农民。否则十七岁的壮劳力给别人去当佃户，也不至于无法生存。

有一种说法是，中国历史上有两个草根开国皇帝：一个是刘邦，另一个是朱元璋。其实从出身上，明太祖真的无法和汉高祖相比：汉高祖大小是个基层治安官，朱则完全是中国两千年农业社会里，最典型的一个社会小分子。这在中国历史上，不能不说是一个异数。如果不是元代施行的种族政策，把原南宋汉人全部置于最低贱阶层，间接打破了汉人社会原有的阶层结构，最底层的朱元璋应该是没有做皇帝的可能的。

但是毕竟时势造英雄，曾经走投无路的小和尚当了皇帝，建立了大明王朝。应该说，一个王朝的性格、气韵通常是由开国君臣的出身、气质来决定的。既不同于大汉君臣的集体技术官僚出身，也不同于大唐君臣的集体中高级军事贵族出身，大明王朝的创业团队，是以一个底层农民为核心、一群高级知识分子为骨干组建的。这个团队结构无疑是奇特的，在历史上独一无二。实事求是地说，是一种注定拧巴的逻辑。因此，这个团队构建出来的明王朝

明太祖朱元璋画像

体现出一系列的奇葩和矛盾。

明人绘《南都繁会图》（局部）

明人绘《皇都积胜图》（局部）

（1）它出现的非主流"问题"帝王比任何一个朝代都多。在别的朝代出一两个此类皇帝都足以亡国，但大明却胜似闲庭信步般地把它变成了一种常态，踏踏实实地存在了276年，比西汉还要长。

（2）从文化和社会风化方面看，明代的思想管制可以说超过了之前的任何一个朝代。它的意识形态完全按照程朱理学严格构建，按理说，应该产生一个充满了高端文化产品，正人君子充盈于世的社会。可惜的是，明朝在中国文化史上留下的印迹是"小说"的时代：被称为"小"说，就证明这在古代是不上台面的文学形式。更不堪的是，明朝士大夫阶层的整体风气是虚伪和淫荡的，中国古代小说的一个品类"艳情小说"就在明代发轫并鼎盛。明代还以"男风"最盛著称于史，士大夫们在性的问题上完全与"理学"给他们的教诲背道而驰。

（3）还有经济上：明的人口、可耕地、农业及主要副业的生产技术都超过了前代；它还结束了厉行近两千年的铜质货币本位，建立了银本位。这一切都应该使它成为一个经济发达、国库充盈的国家。但是，现实情况是：它的经济总量和经济活力远不及宋；它的政府经常出现财政恐慌；最后因为大规模的饥荒而造反遍地、国祚终结。这种种的矛盾都应该归源于明初时，建立明朝的这个结构奇特的团队，与它的内力作用，以及在这些内力作用下，明王朝进行的架构选择。

《天工开物》载明代大型水车

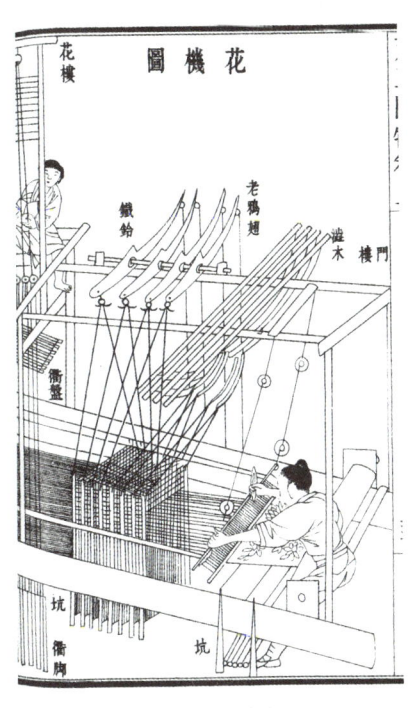

《天工开物》载明代大型织机

二、所谓复"唐礼"

从开国到终洪武一朝，太祖朱元璋一共做了这么几件决定了明王朝性格和底色的事情：

（1）复唐礼，沿元制；
（2）定科举"八股"之制；
（3）革中书省，废丞相；
（4）封王建藩。

首先是复唐礼，朱元璋君臣以驱逐鞑虏号召天下，因此将蒙元逐回大漠后必然要恢复华夏。这个"华夏"他们选择的是第二帝国的唐，而不是第一帝国的汉。这又一次证明了，能不能代表华夏正朔不是由血统决定的，而是由文化的核心取向决定的。在14世纪的明初人看来，李唐一路继承的是华夏的文化基因，因此它可以代表华夏正朔，他们身上的胡人血统可以忽略不计。别忘了，明人本身就是推翻异族统治而建政，在此特殊背景下，这种选择表达出的文化含义就更为明确。

明开国定制复唐礼，包含了朝廷的典章制度和舆服体系。正因为复的是唐礼，所以明代的服装实际继承了很多由南北朝而来的"胡风"。比如它的公服及常服，从皇帝到百官，全都是从唐朝继承下来的幞头（乌纱帽）、圆领衫和靴子，这些都是南北朝时胡人的穿着。甚至到了明英宗以后，连一国服装的最顶层——皇帝的衮服，都从深衣的交领，改成来自"胡服"的盘领了。所以，那种所谓明代服装是最正宗"汉服"的说法，可以休矣。"汉服"是随着华夏文化的发展与融合而不断变化的，绝不能拿它来构筑民族主义的藩篱。

明人绘《王鏊像》 这是明代官员最正式的一种画像，如果一个家族的祖宗在明代是官身，那么在祭祖时悬挂的就是祖宗这样的身着"胡服"的画像

在复礼这个问题上，提供主要意见和最终操刀的，一定是开国团队里以李善长为首的高级知识分子们。因为这是个太专

业的工作，就如汉初定个朝仪都必须是博士叔孙通干一样，这么重要的学术性问题，肯定不是朱元璋自己能干的。因此这个复唐礼，很可能只是作为庙堂之制，必须高高供起来以显示新朝代也是"根红苗正"。它很可能并不是朱元璋关于国家统治的真实核心思想，他的真实思想反而是隐藏在技术层面的，就是最基础的社会管理手段。

在这方面，太祖采用的却是由蒙元创造的，华夏王朝从未使用过的方法：就是我们在本编第一章里说的"户籍"制度。明将人户分为民籍、军籍、匠籍三等。匠、军籍若想脱离原户籍极为困难，需经皇帝特旨批准方可，身隶匠、军籍是不得应试跻于士流的。因此，籍的意思是指一个人的出身，我们现在填各种表时都要填"籍贯"一栏，这个词就起源于明。它不仅仅是老家的意思："贯"指老家，"籍"指所属的是民、军、匠里哪一籍。籍贯的全部含义是："哪里人，是干什么的出身"。

这个制度的特点，就是把人的职业和地位固化下来，不要发生改变。对于希望可以简单实现管制的人来说，这无疑是最便捷的思路。因此，草原民族的元朝统治者选择了它，农民出身的朱元璋自愿地继承了它。因为我们知道，自古农耕文明赋予农民阶层的天性，就是不愿意面对复杂结构，更不愿意面对善变局面的。但是，这个制度有一个核心的问题，它把社会人员的流动性，尽最大努力屏蔽了。这虽然保证了一种稳定，但也扼杀了活力。作为最重要经济要素的人，一旦他们的流动性被完全扼制，必然只能形成一种封闭的经济，而非开放式的经济。因此，就注定了明朝的经济会越来越僵化。

三、八股流弊

明初定本朝科举制度，在这个问题上，他们完全抛弃了唐、宋的传统。唐及宋的科举，首先并不是应一科，而是多科可选。唐的科包括：秀才、明经、进士、明法、明算、明字、制科。从名字我们几乎就可以看出，唐代科举的设计原则，就是要选拔多种人才，既要有思想精深的理论工作者，也要有各种实操型专业技术人员。这里面地位最高的是秀才科，它的考试科目是"试方略策五道"，就说明这一科直接就是用来选拔战略级人才的，因此中者稀少。后来，唐的科举主要是"进士科"，它的考试科目经过了两次变化：早期是"时务策五道，贴一大经"。这个是要选拔既有一定理论水平，又善于解决实际问题的复合型人才；天宝间行试诗赋之制，专尚文辞，人称为"辞科"；唐后期以诗赋为第一场、论为第二场、策为第三场、贴经为第四场。

很明显，作为朝廷选官主要途径的"进士科"：当它重实干能力时，唐朝逐渐攀上了实力的顶峰；当它变态到只重写诗能力时，唐朝就被"安史之乱"给腰斩了；在它把实干又捡起来，但依然排在文学之后的岁月里，唐朝就处在它那半死不活的后半生。从唐的标本就可以活生生地看出：科举的设计，对一个朝代气质和命运的重要性。宋代科举设了比唐代还要多的科，但是最主要的也是"进士科"。它的考试科目跟唐代后期类似（除了王安石变法的短暂时期外）：诗、赋、论各一首；策五道；贴《论语》十贴；对答《春秋》或《仪礼》墨义十条。

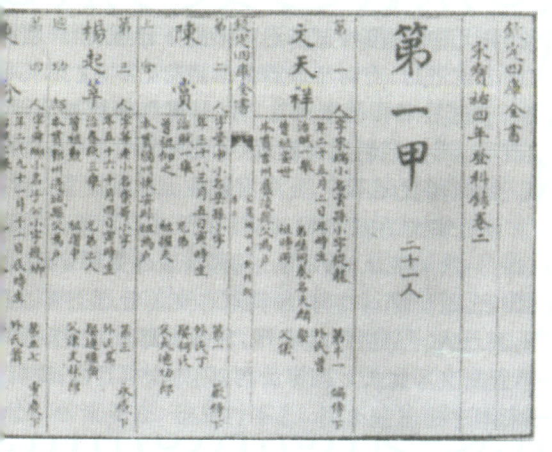

《宝佑四年登科录》书影

那么明朝的科举设计是什么呢？就是我们最为熟知的俗称"八股取士"——不再分科，只有一种考试。考试的科目就一种：以"四书义"作"八股文"。这个"四书义"，就是程朱理学下对四书的注疏。这个设计明显是：出自开国集团里大知识分子之手，而又合于太祖之意的。因为南宋以后，程朱理学成为学术主流，那些开国集团里的知识分子必是从小浸淫其中。他们设计考试制度当然出不了程朱窠臼，而太祖之天性又似乎偏于简单而好控制的制度设计。但是，这样一种科举设计，它带来的就是以下后果：首先，思想桎梏而僵化，最后走向虚伪甚至变态；其次，只能批量产生应试型的空谈家，无法制度性制造技术官僚，整个政府的行政能力日趋下降；再次，文学完全退出科举，必然造成整体士大夫阶层的非"文人"化，于是才有了小说成为主要的文学成就。

顾宪成应明万历四年应天府乡试试卷

四、皇权登顶

洪武十三年，即公元1380年，权倾洪武一朝的左丞相胡惟庸因谋反伏诛。10年后的1390年，胡案余波再次发酵，太祖严令肃清逆党，由此被诛杀者前后达三万余人。被认定"胡党"而受株连至死，或已死而追夺爵位的开国功臣，有前左丞相、韩国公李善长，南雄侯赵庸，荥阳侯郑遇春，永嘉侯朱亮祖等一公二十一侯。就此，朱元璋背负上一个"杀戮功臣"的历史恶名。这一切，其实是明朝创业团队那个非正常逻辑的结构结出的恶果，也是这个结构对于自身悖论的一个最终了断。

以此为契机，朱元璋出手废除了中书省和丞相，让相职彻底退出了历史舞台。从此明、清两代皆以大学士充相任，实际只是皇帝的大秘书，代表皇帝指导六部工作而已。明代大学士的本秩始终只有五品，就是因为，太祖最早设此职，就是拿他们当秘书看待的。从此世间唯有"阁老"或"中堂"，再无真职实权之相，制衡君权两千年的相权终结于明太祖之手。

为什么这个终结会发生在朱元璋之手呢？就是因为：以一个底层农民而领导一群大知识分子，是一个极为不可思议的权力结构。创业成功后，这就一定会形成极

243

不平衡的状态。因此，在中国历史上从未出现的情况出现了：创业的核心骨干李善长、胡惟庸居然谋反，而且最后被朱元璋杀了。这就好比说，萧何、曹参居然会谋反，然后居然又被刘邦杀掉一样，让人觉得荒谬。但它实实在在地在明初发生了，由此折射出明太祖"杀戮功臣"背后的深层原因，也由此奠定了明朝后两百多年的政治格局。

这个格局总体说来就是：相权没有了，君权再无人可制衡。朱元璋为他的子孙做了一个"皇权至大而无人可挑战"的制度保障。那些臣子们看似风光，其实在君权面前，不过是一个个可以随时被扒下裤子打屁股的角色。终明一代，看似跋扈的"权臣"和"巨阉"，从严嵩到刘瑾、魏忠贤，最后在皇权面前都不过灰飞烟灭。

由此，大明王朝进入了一个悖论似的模式：因为皇权太大，以至于有没有皇帝都行。

在太祖的设计下，大明王朝由一个至上皇权下加一部官僚机器构成，只要紫禁城里有一位代表皇权的皇帝存在，庞大的官僚机器就可以自动运转。因为有实力制造变化的相权没有了，天下是单极的，单极结构就可以依靠惯性运作。至于那位代表皇权的皇帝，确实上不上班都行。所以，明朝的皇帝们一再刷新着最长时间不上朝的纪录，而他们的国家照样运行。这些不上班的大明天子们，可以尽情钻研自己的爱好：他们中间不但出了恋爱专家；还出了职业道士；最高潮的是，连专业木匠都涌现了出来。而历史给予大明王朝最大的黑色幽默却是：等到它终于出了一位天天上班、堪称劳模的崇祯皇帝，王朝崩溃了。

太监像 明万历时大太监冯保捐资重建北京上方山兜率寺，该寺由此彩塑了太监像。中国历代，大概最热衷给太监立像的就是明朝，也折射出在一定程度上作为皇权代理人的明朝太监确实地位显赫。

《明宪宗行乐图》 明朝的皇帝大概是中国历史上最爱玩、最会玩也最有时间玩的一群帝王了。

五、封王建藩

硬币都有两面，既然明太祖与那些创业团队里的功臣元老们，处于一种矛盾的结构中，他就必须扶植出一股与他天然一体、逻辑通顺的力量。这一点上，他遵循的依然是农民的本能：相信血缘。于是，从第二帝国起，在中国历史上消失了几百年的封建藩王制度，在明初又出现了。这是一个有趣的历史现象：军事贵族出身的唐、宋开国皇帝，给自己王朝选择的都是弱宗室、强大臣路线。这两朝的封王徒有王名，既不能领朝政又不能就藩，不过在京城食邑而已；农民出身的明太祖选择的正相反，强宗室、弱大臣。

244

明成祖朱棣图像

朱元璋不但把儿子们都封了王，还让他们手握兵权，各守一边。其实这很好理解：生活在都市里的人们，他主要依靠的人际关系是自己的同学、同事、朋友；生活在农村的人们，很明显，最为依靠的是血缘和亲戚关系。当然，朱元璋能从一个底层农民变成开创基业的帝王，绝不是凡人，历史的经验教训他还是清楚的。因此他虽然封王建藩，但并没有真开历史倒车。会导致诸侯割据的权力，他并没有让自己的儿子们获得。他只是给了儿子们一定的统兵权，让他们充当对抗北元的军事前锋，而没有给他们在封地的政治统治权和经济权力——明初的藩王只有王府并没有土地。

但是，单单给的这一点兵权，最终还是惹出了乱子：燕王朱棣就靠这一点点兵权掀起了巨浪，最终占据了侄子建文帝的皇位。像历史上所有夺得皇位的人一样，从哪里得到的就要防止别人也从那里得到，成祖削去了藩王的兵权。但太祖留下的政治结构已定，拿去了藩王的兵权，就要从另外的地方给他们实惠，绝不能让他们退化成唐、宋的可怜宗室。

从明仁宗开始，亲王就藩而给赐庄园田土成为定例，一套以王府为单位的赐田制度逐步形成。皇帝的儿子，只要没有成为太子就会被封为亲王，这个亲王到了一

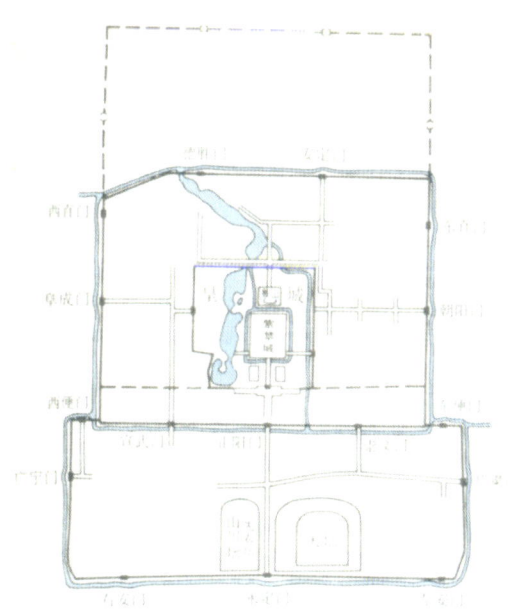

明京师图 朱棣奠定了北京作为后六百年中国首都的格局

定年龄，就会离开京城到他的封地就藩，于是一个王府就诞生了。亲王们还要生孩子，他们的孩子也要生孩子，后面这一代代的孩子怎么办呢？大明王朝选择的是全都管：亲王长子为王世子，继承亲王之位，其他儿子封为郡王；郡王长子继承郡王王位，其他儿子授镇国将军；再往下，郡王诸孙授辅国将军，诸曾孙授奉国将军，四世孙授镇国中尉，五世孙授辅国中尉，六世孙以下皆为奉国中尉。

从下页的明王宗室荫封示意图可以清晰地看出，从亲王往下繁衍，一层一层的荫职，构成了一个个完整的王府。如果从第二层开始，再把可以衍生出的子系统都加上去，这就会是一个无限复杂的复式金字塔体系。而这个复式金字塔体系，看上去完全是个传销的结构。最可怕的是，它与传销一样，每一层都消耗着经济资源，最后给明王朝造成的恶果，就像传销给社会造成的恶果一样。

第四编 中华帝国和它的王者

明代，受封的亲王共62个，其中受封又建藩的50个，也就是明代曾经有过50个这样的传销体系。当然，这些王府不可能全部长期存在，有的因罪而削爵，有的因无后而府除，与明朝同终结的共28府。但是，消失的那些王府的田地，并没有还于国或还于民，而是转赐于其他王府。所以，明朝始终存在那总体量50个的传销体系，此国之社会与经济最后会病态到何种程度，可想而知。

六、亡于宗室

这些传销组织式的王府，到底对明帝国造成了哪些伤害呢？我们先用三个实例看一下它占田的规模。

（1）万历十七年，神宗的弟弟潞王朱翊镠就藩河南卫辉府，神宗把他的叔叔，景王朱载圳死后留下的四万顷庄田全都赐给了潞王。

（2）万历四十二年，神宗第三子福王朱常洵就藩河南，行前奏请庄田四万顷。当时实在没有那么多的田了，最后群臣力争减为两万顷，并由河南、山东、湖广三地为他凑地。

（3）福王还有三个弟弟，端王朱常浩、惠王朱常润、桂王朱常瀛，天启三年他们分别就藩于陕西汉中、湖广荆州和湖广衡州，行前各赐庄田三万顷。

从这里可以看出，至少到嘉靖以后，一个亲王就藩的正项赐田就达到平均三万

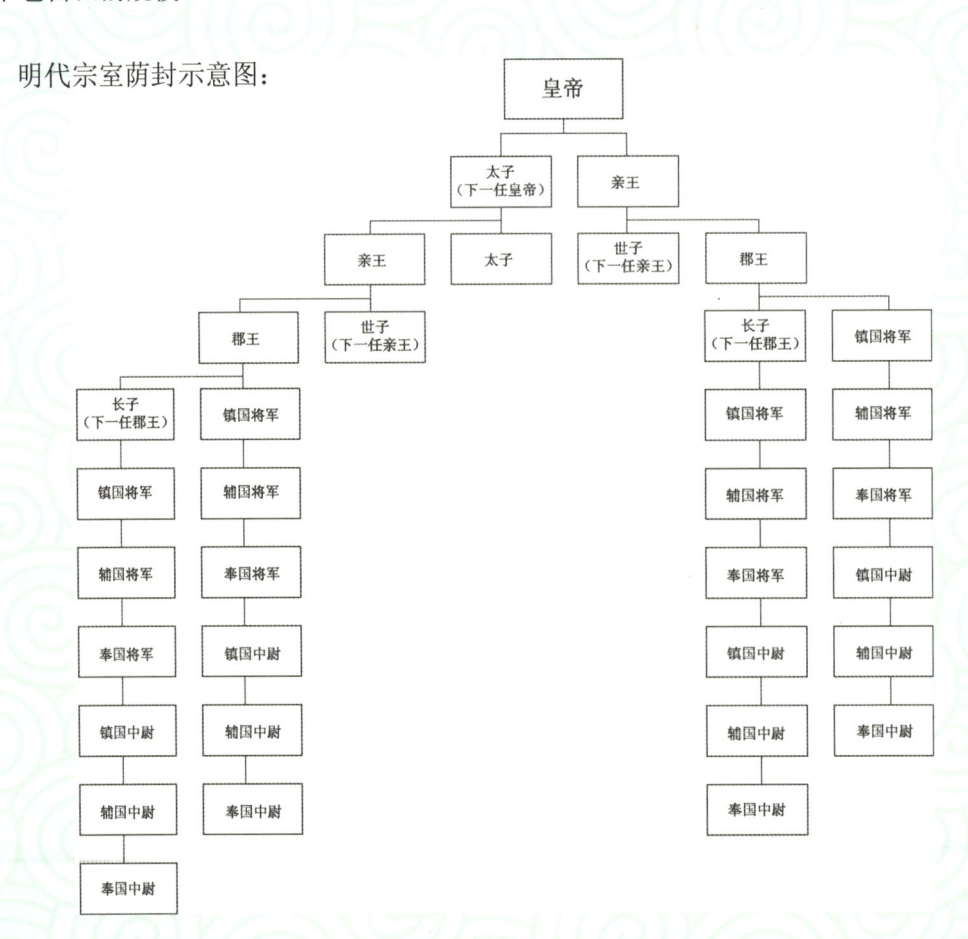

明代宗室荫封示意图：

顷。这样，全国28王府的本项赐田就合计84万顷，且都是最好的耕地。万历十年，大明全国耕地总数为744万顷，仅王府正项赐田就占了全国耕地的11.29%。

但这只是宗室王府所占田的一部分，另外还有两个来源。一个来源是王府组成部分里，除亲王以外那些有封爵宗室的赐田。在洪武九年就定了这些宗室的赐田标准："郡王诸子年及十五每位拨给赐田六十顷，以为永业，并除租税。"洪武九年已经给到了60顷/人，可知到了近两百年后的万历朝给的只可能更多，不可能减少。隆庆初年在玉牒中见存的亲王、郡王、将军、中尉以及未名未封者，共计28491人。这里面就算只有10000人是达到赐田资格的，即使只按洪武九年的标准来赐，也需要60万顷。也就是说，又有至少8%的可耕地是属于王府的。

王府占田的另一个来源是夺占和投献，也就是王府直接取之于民。这两种行为，一个是直接从民户手里抢夺田土，一个是民户出于逃避赋役的目的，主动把自己的土地献给王府。从法律上，这两者都是明令禁止的，但却从未能制止过，反而愈演愈烈。因此，一方面它们的数据是无处可查的，另一方面又必然数量不少，甚至比王府自己的合法赐田只多不少。万历年间，四川巡按御史孔贞曾有奏折，称蜀王府庄田占去了成都府平原的十分之七，想来里面大部分是占夺或投献的民田。

因此，以上三项来源加在一起，认为明代宗室王府的田地，占了全国耕地的30%以上是绝对可靠的。鉴于王府庄田都是上好的肥沃土地，从农业生产率角度说，王府占了全国农业生产能力的50%只怕也不为过。

宗室王府的占田到底有什么样的危害，值得我们如此研究？这个危害的根源就藏在上面洪武九年的那个赐田标准里——"以为永业，并除租税"。不但地永久归王府所有了，而且这些土地上的所有产出都是王府的，与中央政府一文钱关系都没有。王府每多一顷地，明朝政府就少一笔收入。说得再透彻一些，如果把大明帝国比喻成一个公司，明太祖封王建藩这个顶层设计的实质，就是损公司之利以肥股东家族。作为一个整体，明朝宗室基本都能过上富足、奢靡的生活。朱家只要保持旺盛的生育能力，结果就是宗室越来越富而国家越来越穷。

这个穷是两头穷，不但政府穷，百姓更穷。原因很简单，王府的田地大部分是从百姓手里抢来的。这个抢有两种情况，一种是上面说的王府自己抢夺，另一种是皇帝帮王府抢夺：理论上，皇帝给亲王的赐田都应该出自"官田"，但实际上，自从亲王越来越多而赐田数量越来越大以后，官田早就不敷其赐了。到明中后期，往往皇帝赐一亲王田土要数省来凑，名为"括田"，官田无可括后便自自然然地括向了民田。每一次亲王就藩都会伴随着大批自耕农丧失土地，大部分就此沦为王府佃户，自然越过越穷。当明代的王府占田发展到一定规模后，结果必然是：一边国库空虚；另一边失地农民剧增、民怨沸腾。久之，国乃不国。有史学观点认为"明亡于宗室"，实非虚言。

七、清继明规

公元1644年，李自成攻破北京，明思宗自缢于煤山。不久清军入关进占北京，再到1662年，清军终于扫平了整个南方，南明灭亡。清捡了历史第一大"漏"，成为了继明后的再一个统一大帝国。因为是捡漏，清朝并没有做好治理天下的准备。好在明朝有现成的典章制度，明朝的大臣们，也是以批处理的方式集体降清。这样，清朝就既有资料，又有熟手。其他的朝代更替，大都是在上一朝的废墟上盖新房，清朝却是直接住进明朝的屋子，新朝就开张了。

除了逼着天下汉人把头剃了，把衣服式样换了，清朝的意识形态、礼制、官制、行政区划、科举制度、赋税制度全部照抄大明。连明朝官常服上标识文武品级的绣纹，都被清朝几乎原封不动地搬到了正式朝服上，就是清朝著名的"补服"。

明朝官常服绣纹与清朝补服对比表

品级	明朝绣纹 文	明朝绣纹 武	清朝补子 文	清朝补子 武
一品	仙鹤	狮子	仙鹤	麒麟
二品	锦鸡	狮子	锦鸡	狮子
三品	孔雀	虎豹	孔雀	豹
四品	云雁	虎豹	云雁	虎
五品	白鹇	熊	白鹇	熊
六品	鹭鸶	彪	鹭鸶	彪
七品	鸂鶒	彪	鸂鶒	犀牛
八品	黄鹂	犀牛	鹌鹑	犀牛
九品	鹌鹑	海马	练鹊	海马
未入流	练鹊			

因此，虽然清是中国历史上第二个由非汉族建立的全国性政权，但我们不应该把它和元同等相视。而应该把它与明朝连起来看待，作为第三帝国的后半段。等到1911年，清末帝溥仪逊位，中华民国正式接管全国，第三帝国结束，中国的帝制时代也就此落下帷幕。

第二节 从"糙大明"到"乾隆工"

一、明清玉器的格局

明、清两代的玉器在古玉行里叫做"大开门儿"，意思就是开门见山的东西，没什么难度。这里的难度指的是，鉴别明、清玉器不需要太多历史知识和文化底蕴，只需要掌握好对老工艺和包浆的认识能力，就八九不离十了。而这些能力在古玉收藏领域属于外缘的皮毛，比较好量化和掌握。所以，刚进入古玉收藏的人都会先从清中、后期开始上手，然后进入到明。

明、清玉器之所以能作为古玉行入门的阶段，就是因为，这两个朝代的玉器没有什么文化内涵。玉器的形制和功用，已经基本和我们现代玉器相同，现代人在初接触它们时，不会有太大的神秘感。而这两朝玉器在中国玉器史上，唯一可以拿出来说道说道的，也只有它们的工艺。因此，"糙大明"和"乾隆工"就成了它们各自的代名词。

二、"糙"大明

从明太祖为明朝进行顶层设计开始，第三帝国就注定不会在思想、文化上取得什么成就。除了一位王阳明，为理学系统打了个"心学"的补丁以外，第三帝国就没有什么拿得出手的建设性成绩了。

元代让汉族书生的处境，从天上跌到地下，科举一度中断达七十余年。终元之世，考试制度时兴时停。这使众多士人失去进身之阶，社会地位急剧下降，以至出现"十儒九丐"的说法。曾经在两宋高高在上的儒生被翻到了下层，就代表着传统社会阶层结构被颠覆。这才给了最底层农民朱元璋出头的机会，也才让明朝创业团队的那个荒谬结构得以出现。

但是从明太祖为明朝做的一整套设计看，他在内心深处，实际是忌惮甚至厌恶儒家知识阶层的。所以，他废除了相权，把皇权加重到无以复加的程度，把整个宗室集团都置于官僚集团之上：连三公和大将军碰到亲王都要让道、叩拜（在此之前的大部分朝代，宗室封王是要礼敬三公的）。他让宗室集团成为整个国家的寄生者和吸血者，过得骄奢淫逸。而帝国官僚的工资条上，却写着羞于见人的数字。他把科举变得极为简单和机械化，让读书人从小只在可控的范围内死读书，从根上杜绝了出现变革性思想的可能性。

在这一系列的设计下，明代的文化阶层，大部分变成了这样一群人：他们思想僵化，甚至已经丧失了真正的思想能力；他们领着微薄的薪水，但大部分却过着甚为富足的生活，因为形成了制度性、系统化的腐败；他们很多都蝇营狗苟，从一进入士绅集团就只想着钻营。《儒林外史》就是照出这些人原形的镜子；他们虽然占据着文化的庙堂，但绝大部分人，实际没有文化情怀和雅致的审美；他们以圣贤书取官位，但很多人寡廉鲜耻，是彻头彻尾的伪君子。明朝大部分的时间里，就是以这样一群人为主构成上流社会。

可以想象，在这样一种基调下，以宗室集团和官僚集团为使用者的玉器，怎么会再附着什么思想性和文化内涵。因此，除了玉礼器和组玉佩继续在前代基础上吃老本，还保留着一丝意识形态意味外，其他玉器完全地世俗化了。玉器正式进入珠宝化进程，玉器的一切演变都是为享乐主义服务了。

🔸 明白玉葵天杯

🔸 明镂空蟠龙纹白玉环

琢磨历史——玉里看中国

↑ 明青白玉花卉纹灵芝耳杯

↑ 明青玉乳丁纹双耳杯

↑ 明青玉竹节式执壶

↑ 明青玉莲瓣壶

↑ 明白玉镶宝石金簪

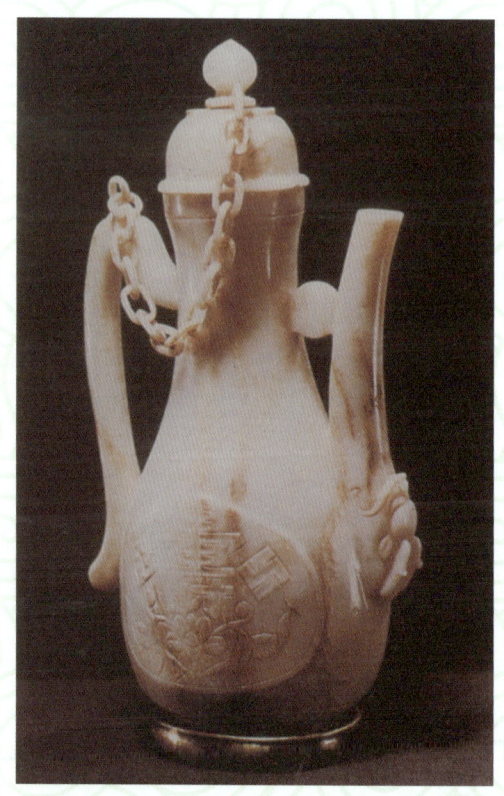

↑ 明金托玉执壶

250

🔸 明青玉环把樽

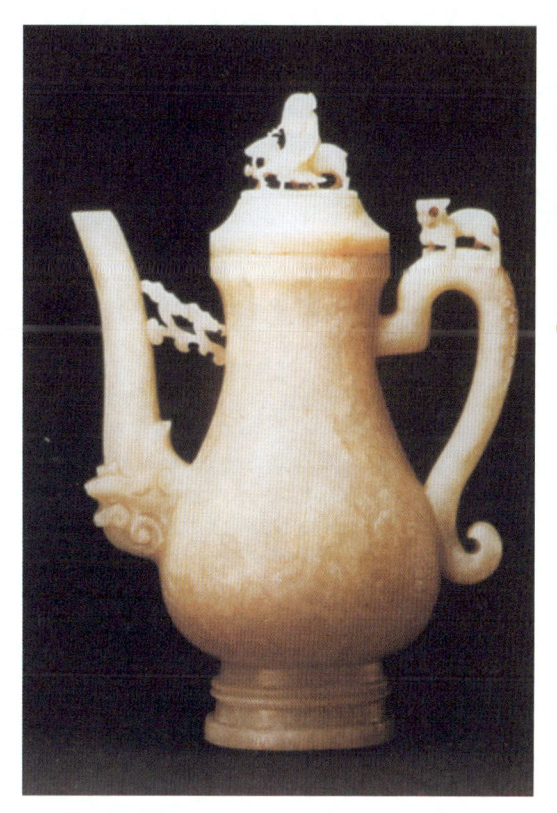

🔸 明青玉八仙图执壶

🔸 明青玉婴戏图执壶

🔸 明白玉鹤鱼纹小壶

第四编 中华帝国和它的玉器

琢磨历史——玉里看中国

守的，和唐朝走的是两个极端。因此，明代的审美严守着汉文化的审美标准。虽然体现出来的内部精神，已经不是那种自信和昂扬，但依然崇尚简明和写意。这一点上，明代玉器与明式家具是相通的，都是这种汉文化审美观的有力注脚。

🔺 明青玉兽面纹出戟方觚

🔺 明白玉鳌鱼花插

🔺 明青玉荷花洗

既然明代玉器，已经确定走上彻底世俗化和珠宝化道路，它就应该越来越走向精致化和繁琐化。但事实是，明代玉器在中国玉器工艺史上以"糙大明"著称，这又应该做何解呢？实际上，这个"糙"是一种风貌和气韵，而不是指工艺真的很粗糙，因此这个"糙"和"汉八刀"的意趣有几分相似。说到底，明王朝虽然没有什么思想成就，但在思维体系上却是异常保

但是，与"汉八刀"不同的是，明的"糙"恰恰是建立在精细工艺基础上的糙，也就是说，它是一种驾驭了工笔之后的写意。我们曾经介绍过的陆子冈，作为中国制玉史上的里程碑，他正是以精致的做工而闻名于世。明朝出现了水凳，让制玉工艺实现了一个飞跃，很多前代真正粗糙的工艺到了明代变得精细。比如玉器的镂雕以及多层透雕，再比如拉丝工艺，在明代得到了革命性的发展，这为清乾隆朝达到制玉工艺顶峰打好了基础。

第四编 中华帝国和它的玉器

🔸 明青玉菩萨

🔸 明透雕鸳鸯戏莲

🔸 明青玉麒麟

🔸 明白玉观音镶嵌饰

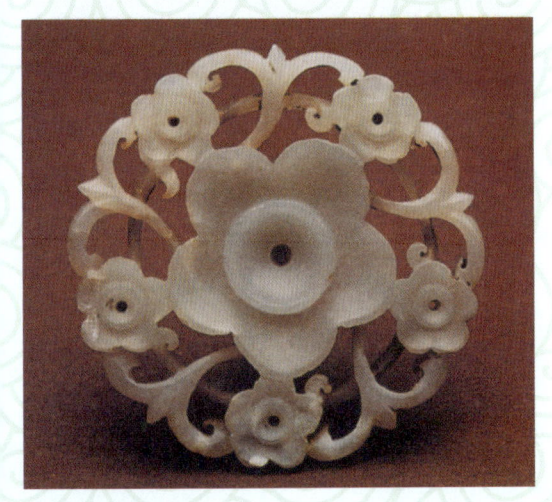

🔸 明白玉透雕梅花牌

🔸 明白玉童子

明透雕白玉佩

三、病态的艳俗

清朝全面继承了明朝的制度衣钵，从这个基础来说，它就不可能脱出明朝玉器的窠臼。事实上，它在明朝搭出的架子上又往前迈了两步，而这两步基本上给乾隆朝以后的玉器定下了基调，一直到现在。

其一，清朝彻底摒弃了汉文化的传统审美情趣，皈依的是自己带来的少数民族审美观：直接、热闹和排场。汉文化崇尚的最高美学价值——简约和含蓄，不再是雅致的象征，而成了供在桌子上的牌位。清朝的审美不但是工笔的，而且还是铺满整个空间的重彩工笔，毫无留白，也就毫无意境。所以，清代的各种艺术皆喜繁琐的堆砌，而且是用华丽的效果来堆砌，最后得到一大片充溢视线的色彩和富贵气。这种视觉效果，只能止步于眼眶，几乎无一丝可进入人心里的那块本真。而这种艳俗的审美情趣到乾隆朝达到了顶峰，并体现在所有的艺术品类与生活中。

（1）戏剧：雅部（昆曲）本是宫廷和官方文艺活动的法定演出剧种，因此对花部（梆子、秦腔等非昆曲剧种）有着极大的优势。乾隆帝八十圣寿引出的四大徽班进京改变了局面，"合花部诸腔"的京剧诞生。它作为一个集大成的俗文化，终于以花哨的唱腔、通俗的唱词、热闹的音乐和火爆的场面上位。最终挤占了昆曲的位子，成为了官方和宫廷的文艺活动主体。

（2）瓷器：不但瓷器最高审美标准，由宋代的青瓷转向了明代的青花，清代又进一步转向更为艳丽的粉彩和五彩。到乾隆朝，终于达到了它以繁缛、艳俗、堆砌为美的顶峰，毫无一丝空隙，满眼皆是华丽元素，堆满了金属光泽的珐琅彩瓷器，成了宫廷珍视的宝物。

（3）玉器：亦成重灾区。乾隆皇帝热爱古玉，并像一个考据家一样，亲自考据内府所藏古玉。他号称最爱高古玉器，尤其是战、汉玉器，因此命玉工大量的仿制。可惜，仿出来的徒有其表，战、汉玉器的大巧不工完全被无处不工代替。由此，"乾隆工"享名于世，它在技法层面上，确实达到了中国玉器工艺的顶点，精细度无与伦比。乾隆朝喜欢制作大型的陈设器，其形大都依古，但却并无古意，充斥着珐琅彩一般的炫耀感和艳俗气息。

这些艺术品类风格和审美观的转变与定型，全部在乾隆朝完成，绝不是一种巧合。它代表着中国文化从昂扬、自信走向萎靡、病态的一个临界点。以物可观气运，第三帝国从明太祖的起点，就设计的是造就僵化与苟且的机制，到了清高宗终于达到了它的顶点。同时，这也是第三帝国，以及整个中华帝制时代的回光返照，之后的历史铭之于国人之心。

第四编　中华帝国和它的玉器

↑ 清乾隆青玉仿古如召夫鼎

↑ 清乾隆白玉单柄匜

↑ 清乾隆青玉仿古簋

↑ 清乾隆青玉兽面纹炉

↑ 清乾隆碧玉兽面纹兕觥

↑ 清乾隆青玉天鸡罐

255

琢磨历史——玉里看中国

❶ 清乾隆菊瓣式碧玉盖罐

❶ 清乾隆刻诗夔龙纹壶

❶ 清乾隆龙纹黄玉花插

❶ 清乾隆兽面纹双耳黄玉瓶

❶ 清乾隆仿古碧玉豆

❶ 清乾隆黄玉螭纹双耳瓶

↑ 清乾隆刻诗碧玉碗

↑ 清乾隆青玉盘龙戏珠贯耳瓶

↑ 清乾隆白玉双螭洗

↑ 清乾隆刻诗葵瓣式白玉碗

第四编 中华帝国和它的玉器

其二，从清中期以后，玉器进入彻底世俗化、珠宝化的快行道。嘉庆朝以后的民作玉器，已经完全融入到了社会各阶层生活中，玉器彻底结束了它数千年的神坛生活，转而以一种纯商品的姿态出现在世人面前。这就是：有钱就能得到玉，而玉的制作也愿意迎合大众的口味。玉器带着几千年的底蕴思凡下界，终于成了大众身上的国石。

补编

关于玉的误区

近年来玉大"火",玉学几成显学,媒体上各路人马侃侃而谈,各种"买玉宝典"上煌煌大文。于是也有不少朋友催笔者讲讲玉,特别是针对如今这个纷杂的市场。笔者玩古玉凡十七年,不敢攀附"显学",但肚子里的料也还有一些,且多不是"行货"。就便写了个"关于玉的误区"系列:开宗明义就是说点不冠冕堂皇,但实打实的、别处不大容易听到的大实话。顾名思义就是想帮助读者走出些认识误区,少踏进些坑渠洼地。后笔者既成此一书,因将此系列修订后作为一"补编",缀于书尾,亦是对书中内容投射一些现实的指导。

其一 说"籽儿"

珠宝店的玉器柜台里：一个个雪白的玉件，在极具穿透力的灯光下，宣示着它们的高傲和华贵。它们身边价签上，那一串的"0"，足以让普通人眩目。如果有人怯怯地问："怎么这么贵啊？"立刻会看到一张故作惊异的面孔。营业员会用带谋略感的语气，欲擒故纵似的回答："这是籽儿啊！"瞬间，那些个"0"变得神气活现起来：一个个都颇具保镖气质，似乎在守护着这些"籽儿"玉的威严。而"名角儿"般的"籽儿"玉们，也更加地施然自得，帝王似的盯视着看它的人们。这是玉柜台边常见的一幕活剧，揭示着人们在媒体和专家们灌输下，接受的关于买玉的一个认识论："唯籽儿"论。

在"唯籽儿"论下，一块玉只有贴上"籽儿"的标签才能跻身好玉之列。换句话说就是，一块玉只要不是"籽儿"，它的工艺价值、文化价值再高也不叫好玉。因此，只要被贴上"籽儿"的标签，一块玉就可以飞黄腾达，数倍价钱于侪辈。也因此，市场上关于"籽儿"的理论甚多，对"籽儿"进行神秘化包装的手法花样翻新，围绕"籽儿"的乱象也就丛生。其实关于"籽儿"的话题说来说去，也逃不出下面这几个问题。

一、什么是"籽儿"

说这个问题，要先做一下复读机，重复一下在各种关于和田玉的资料里，已经说烂了的概念，就是关于和田玉的三个种类。说是三个种类，更准确地说应该是，和田玉这种石头，因为不同的际遇而最后所处的三种形态，即：山料、山流水和籽料。

山体上的玉矿原石，看起来完全是大块的岩石，越往里面透闪石和阳起石的成分越突出，那就是包在石头里的玉石了。把它的玉石部分剥出来就叫做山料，它们在地球上已经形成了几千万年。某些山体上的玉矿石，由于一些自然原因，比如风化或者雷击，造成崩裂而滚落下山，掉入河中，后来又被河水冲到岸边。于是，像河滩上的鹅卵石一样，千万年被河水拍打，这种叫做山流水。还有一部分掉到河里后，直接沉底待在了河床上，日夜不停地被水流冲刷着，这就是籽料也就是"籽儿"了。其实，这样的三种形态不唯和田玉独享，凡是奇石、名石类几乎都有。比如著名的寿山石，一样存在这三种形态，不过它们的名字分别叫：山坑、水坑和田坑。其中的田坑类里，就有价值可与羊脂玉相媲美的石中皇帝——田黄石。

为什么三种形态中籽料最为有名呢？因

为它的总体品质最好。它的总体品质为什么最好呢？因为河水的无数次冲刷把玉石内部的杂质尽量地带走了，这样，籽料的内部就更为纯净，也就是通常说的密度和结构好。也因为这种无尽地与水接触，让它手感更为细腻和润泽，也就是通常说的油性好。实际上就说明了一个问题，好玉的标准并不是"籽儿"，而是"籽儿"最容易表现出来的密度、结构和油性并臻佳妙。

其实至少在古玩行当里，看古玉通常只说"够籽儿"——"籽儿"实际上是指代一种标准。也就是说，玉质够得上一定的密度和油性就"够籽儿"，就是一块好玉。至于它的原料，是不是真的是从玉龙喀什河里捞出来的一块"籽儿"，只要不是你当场亲眼所见，恐怕就谁也无法验明正身。况且，只要它是一个"够籽儿"的好玉就够了，又何必纠缠它是不是从河里来的呢。要知道，即使是从那条河里捞出来的籽料，也不代表它一定是"够籽儿"的好料。"籽儿"和"山流水"的前身都是山料，如果它的前世只是一块很糙的山料，那它在河里待多少年也不见得能"够籽儿"，因为基础太差，尽管它真的是籽料。换个说法就是，山料里也未必没有那种本身就"够籽儿"的好料。当然，我们从概率上说，"够籽儿"的料还是河里出得更多。

还有一个问题就是，"籽儿"不是只有白玉，一样有青玉、青白玉或者黄玉。且不说本来就有"够籽儿"的以上颜色山料，就说河里出来的籽料：大自然让山料往河里掉的时候，绝不会认准了颜色，是白的才能掉，必然是一种随机事件。所以，山上有什么颜色的山料，水里就必然有什么颜色的籽料。

二、"籽儿"很稀有

能够在"唯籽儿"论下，支撑籽料天价的一个基础，就是籽料稀缺的说法，物以稀为贵嘛。那么籽料到底是不是稀缺呢？这个就要辩证地看了。首先就得看一看，你心里"玉"的概念有多广，是只指新玉还是也包括古玉。说得更通俗一点就是，你是最多只愿意买新玉呢，还是只要是好玉，新、老不拒。

为什么这么说呢？因为从稀缺性来说，新玉的"籽儿"肯定是稀缺了。都不要说是跟古代比，就是跟十几二十年前比，它也明显地稀缺了。从古至今，和田的玉河就在那里，它的河床上有多少籽料不会再增加。因为石头不会变成玉，而即使今天就从山上再崩下来一堆的山料掉进河里，没有数不清的岁月冲刷，它们也变不成籽料。所以，籽料的数量只能做减法，做不了加法，随着时间的推移自然是越来越稀缺。

不过在古玉的领域里则并非如此，在新玉器里，籽料的使用越来越少，而在古玉里则正相反，籽料的使用是大量的。这个道理也很简单：在没有现代机械和黄色炸药的时代，在山上开大石头，远比在河里捡小石头要难得多。自古对于和田玉的采集便只见在河中捞拾的记载，而未见过大队人马上山开矿的记录。在《天工开物》里就记载说："玉璞不藏深土，源泉峻急激映而生……凡玉映月精光而生，故国人沿河取玉者，多于秋间明月夜，望河候视。玉璞堆积处，其月色倍明亮。凡璞随

补编 关于玉的误区

水流，仍错杂乱石浅流之中，提出辨认而后知也……其俗以女人赤身没水而取者，云阴气相召，则玉留不逝，易于捞取。此或夷人之愚也。"当然，因为明朝和田玉的来源是由西域进贡或双方进行贸易，这个记载多少有中原王朝蔑视少数民族的味道。不过，它证明玉只采于河是千真万确。因为作为明代最权威科技作家的宋应星，居然认为璞玉就是河里长出来的，而与土无关。到了清代，新疆设了行省，于是玉料的取得就直接是由清兵看着当地的人民进河里捞拾。

因此，在古代，籽料的获得只需在水里摸。对于国家来说，最多也就是派一小支人马沿河岸步岗看着就行，算不得什么大事。除非是捡到了大尺寸的籽料才算得上大事，比如还是《天工开物》里说的："璞中之玉，有纵横尺余无瑕玷者，古者帝王取以为玺，所谓连城之璧。"——非得是在河里找到了够玉玺材料的籽料，才值得重视。但是相反，一旦采到一块大山料可是国之大事，就像我们在第二编里介绍过的"大禹治水图玉山子"：光是整块大玉料从新疆运到北京就历时三年多，在宫内先按玉山的前后左右位置，画了四张图样，随后又制成蜡样，送乾隆帝阅示批准，随即发送扬州。因担心扬州天热，恐日久蜡样熔化，又照蜡样再刻成木样，由苏扬匠师历六年时间琢成。玉山运达北京后，择地安放，刻字钤印，又用两年功夫，颇费周折，才大功告成。这样，一个大山料，历经11年时间，耗费无数人力物力，皇帝亲自关注、参与，才做成一个大型玉摆件，不可谓不声势浩大。因此在古代，一个大山料远比河里出的那些籽料贵重得多。也因此，在古玉中，籽料的使用是极为普遍的，可以说，至少清中期以前，能上身的小玉件基本都是"籽儿"做的。

三、有皮才是"籽儿"

辨认玉器是不是"籽儿"制作的，据说有个"秘笈"，就是看是不是带皮，有皮就是"籽儿"，没皮就不是。于是带着皮的玉器就此价格高企，因为它们被背书为真"籽儿"了。而各种做假皮的工艺也就此出现，成为已经绵延千年的造"假"玉手艺里最新的技术发展。籽料确实带皮，但不等于没皮的就一定不是籽料。定理存在，逆定理不存在。因为所谓有没有皮，不是玉料带不带皮，而是留不留皮。

任何玉料都是包在石头里的，所谓玉璞是也。制玉首先就要把外面的石头去掉，直到能称为玉的地方停止。河里出的籽料，刚掉进水里时也大多是一块包着石头的璞玉。但是，无数年水流冲刷，璞玉外面不如玉坚硬的石头，就一步步地被冲掉了。水作为一把温柔的刀锯，一点点地切去石头，直到已经达到半石半玉状的部分。玉裸露出来之后，作为河床上众多石头的一员，它就随着水流，加入了石头们互相你碰我、我碰你的快乐行列，快乐的结果就是给它的表面造成了很多微小的裂纹。然后，水里的矿物质，常年累月对籽料表面这些微小裂纹进行渗透，久而久之矿物质就在表面形成了一层颜色，这就是籽料的皮子来历。

于是，我们就知道了：一件籽料制作

的玉器带皮，往往说明制作它的坯料，是靠近整块料的边缘。理论上一块玉料越靠中间玉性越好，越靠边玉性越差。也就是说，一块带皮（如果是真皮）的"籽儿"玉，它的坯料很可能是整块料最差部分开出来的（小独籽儿不在其列）。于是，新玉里的一个悖论就出现了：为了证明自己是最好的玉，就必须保留可能是最不好的那一部分玉料，这无疑是让人啼笑皆非的。好在古玉里不存在这个悖论。古玉几乎都不带皮，但大部分是"籽儿"。因为我们上面说过，古代的玉料大部分是从河里捞出来的。也就是说，那个时候籽料有的是，既不需要刻意省料，也不需要用皮子来证明籽料身份。因此，玉工在开坯工序就把带皮的次料部分去掉了。这样，才有了我们今天看到的，大量的无皮之籽料制作的古玉。

关于"籽儿"的大实话，已详说于此。嗟乎，爱玉之人心自明之。

其二　白玉之辨

当明白了"籽儿"的秘辛，我们再次把情境放回到玉柜台前。标签上有着一长串"0"的那些白"籽儿"们，它们的光芒几乎覆盖了整个柜台。是啊！"籽儿"加上白色，现代玉领域里，最高端的两个概念胜利会师。就好比头上戴了冕冠，身上又穿上了衮服，这不是帝王是什么呢。不过，在它们的余辉下，还有好多别的玉件怎么办呢？在如今这个时兴讲"概念"的风气下，不找到一个说法实在没办法立足啊。"籽儿"是靠不上边了，那就好歹往白上靠靠吧。于是，除了"唯籽儿论"，另一个"唯白论"也大行于世了：珠宝店里非籽料的玉件，一个个都比着白。甚至，还由此发明出了所谓几级白，以此来决定价格高低。

"唯白论"让很多人的概念里，玉就等于白玉。"自古玉色尚白"也是"专家"们对消费者的"谆谆教导"，好像除了白色以外，所有的玉色都是低等货。当然，如果只是说白玉已经形成了审美惯性，因此现代人更喜欢白玉，这是没有问题的。但要是非把喜欢白玉贴上古老的标签，让中国漫漫的玉文化史来为"唯白论"背书，就不可取了。中国人用玉的历史可以追溯到近八千年前的兴隆洼文化，在如此漫长的岁月里，难道白玉真的就一枝独秀代表玉器的最高等级吗？很遗憾，真相是否定的。而且事实是：玉在它地位最崇高的时期，和次崇高的时期里，白色的地位都不是最高的。

我们在本书的前几编里，介绍了中国的用玉史，共分为三个时期：神器时期、礼器时期和世俗器时期。第一个时期覆盖了从兴隆洼文化开始的，所有用玉的新石器文化，最著名的如红山文化、龙山文化、良渚文化、齐家文化等，一直到夏代。第二个时期从商代萌芽，到两汉达到顶峰。第三个时期从唐发轫下讫于清。在前几编里，我们还详尽阐述了各个时期同中国思想史发展阶段的关系，也深入探讨了各时期投射出的，它们所处大历史时代的样貌。

在第一个时期，玉拥有至高无上的地位，是集部落领导权和神权于一身的巫王的权力象征，是其用以通神之器。在本书的第一编里，就已经很详细地介绍了此一时期的用玉情况。首先，此时期绝无和田玉使用，所用者都是现代标准下的地方玉：东北地区的红山文化是河磨玉，良渚文化是江苏梅岭闪石玉，齐家文化是甘肃玉和蓝田玉。这几个玉种中以黄、绿、青色为主，白玉都不是主流。其次，中国区域内最早的用玉记录是八千年前的兴隆洼文化，那个地区的史前文明前后延续了

补编 关于玉的误区

三四千年,并贯穿着持久的用玉习惯,所使用的都是广义的岫玉,以河磨玉为主。中国玉文化的第一步是由河磨玉撑起来的,河磨玉的色彩就是中国玉色的起点。河磨玉质地坚硬、细腻,手感油润,色彩多样而沉稳,它缺少白色多黄、绿之色。因此,在以它为石王的岁月里,玉色尚黄、尚绿是一定的了。

第二个时期,中国逐渐形成国家,形成国家的思想体系。在周代建立起礼乐制度,以此作为中华文明的思想体系基础,玉器成为最重要的礼器支撑起文明的一角。从周代开始,和田玉逐渐成为中国玉文化的主角,白玉也随之开始成为重要角色,不过即使如此,白也不是最高贵的玉色。《周礼·春官·大宗伯》:"以苍璧礼天;以黄琮礼地;以青圭礼东方;以赤璋礼南方;以白琥礼西方;以玄璜礼北方"。我们在本书第三编里,用了整整一编的篇幅讲这六器的来龙去脉。在里面,我们分析论证了,琥是汉儒为了以凑齐五行之位而塞进六器的,而之所以使用白玉为琥,也是因为西方主金为白色,是五行理论的需要。如果从这个角度看,在汉儒凡事皆以五行为本的原则下,西汉对于颜色的重视,必然也以五行理论为准,那么就必然是居于正中的黄色为上。因此,汉武帝才改居了土德,尚黄色;王莽篡汉也才要费尽心思编出一套新的帝王世系,来抢占汉朝的土德和黄色。

以此论之,似乎汉玉是应该黄玉为上,白玉居于下位的。不过,《礼记·玉藻》里又规定:"天子佩白玉而玄组绶"。似乎白玉在汉代又应该是最高等级的,因为

是皇帝使用的。我们在第二编的第五章里对此进行过分析:之所以让皇帝佩戴黑色丝带系挂的白玉佩,是因为遵循阴阳理论。既然《周礼》和《礼记》皆为汉儒伪托之作,我们就可以把它们都视为是汉代思想的反映。汉代新儒学的最大特征,就是在孔子的儒学里加入阴阳、五行理论。那么,白玉地位在以五行为理论基础的六器和以阴阳为理论基础的玉佩里如此之矛盾,也就不难解释。就说明汉代还是新儒学理论奠基时期,理论还未做到能够严格、完全地指导实践。

因此,汉代到底有没有以玉色区分等级,就需要到真实的使用情况中找答案,也就是要从出土和传世的汉玉里去进行观察和分析。于是,我们发现:

(1)在存世的两汉精品玉器中,青玉和白玉数量差不多;

(2)最珍贵的玉器大部分由黄玉或羊脂玉制作。

那么,我们就能对汉代用玉的原则做出合理结论了:

(1)汉代确实没有给予白玉超凡脱俗的地位,因为它的总量和青玉差不多。也就是在汉代人眼里,白玉、青玉没有明显高下之分;

(2)黄玉确实在汉代是高等级的。至于和它并驾齐驱的羊脂玉,根据上一条,它拥有高等级一定不是因为它的白色,而是因为它的玉质超乎凡品;

(3)由以上两条证明,汉代除了对黄玉有特殊偏爱外,用玉是以玉质为第一要素的,而非颜色。据此,可以说,白玉在汉代也还未上位。

265

琢磨历史——玉里看中国

从唐代开始，玉器逐步走下神坛，大量的纯装饰玉器出现，到宋代吉祥花卉开始出现于玉器之上，标志着玉的彻底世俗化，此一趋势由明至清达到鼎盛。依然是在前几编里，我们介绍了唐作为第二帝国开端的特征。恰恰是在唐代，白玉实现了它的登基加冕，成为玉色之王。唐代的用玉制度，是严格按照《礼记·玉藻》来制定和实施的。这是因为到唐代，新儒学已经初步定型，它的理论已经可以有效地指导甚至是监督实践了。于是，唐代规定，只有皇帝和太子才可以使用白玉，这就必然把白玉扶上了最高等级。白玉由此战胜黄玉和青玉，成了排名第一的玉色。之后的数个朝代（元朝除外），从政治制度到思想体系都承袭唐的框架，白玉的这个地位就此固化下来，逐步成为了一种审美习惯。因此，在中华文化母体里伴生了八千年的玉文化，只有一千四百年左右的时间才称得上"尚白"。白玉为尊的日子，不过只占了整个玉文化岁月17.5%的比率。

这就是中国玉色的发展史，真的没必要把白玉捧上天。即使是在"白玉为上"观念已经根深蒂固的如今，机械地以为越白越好，甚至僵化地给白定出等级来评判玉之高下，都是不可取的。中国文化对于德行和美感的最高标准，是含蓄、收敛和韵味。玉能代表中国人的一种文化情愫，在于它贴近这个标准。因此，它绝不会是那种直来直去，鲜衣怒马般的白；一定是含蓄而静雅，能给人以回味的白。所以真正的和田白玉，并不像商场里卖的很多白玉，白得那么外露、霸气，充满暴发户气息：众所周知，那些大都是俄料甚至韩料在攀附和田。真心喜欢和田白玉的人们，确实更应该多看看古玉中的白玉，那几乎都是和田的。你就会发现和田白玉带有些许的牙色，其白既不生猛，也不带那种强烈的视觉侵略性，柔柔的很近人心。可以说看惯了古玉的白玉，再去看商场里的新玉，它的家乡到底在哪里也就"一目了然"。

如果是喜欢古玉，或者是希望进入古玉领域的朋友，则更应该在思想意识上戒除"唯白论"。要去认识中国玉色的历史，认识各个时期玉料与玉色背后的文化信息。这样，反而可以从只认白玉的思维束缚中摆脱出来，尽情地在古玉中欣赏多彩的大美玉色。特别是让黄、青、绿等沉淀着深厚文化信息的古玉色，不时浸润一下我们这些现代人日渐干涸的心灵，不失为一雅趣紫然、如闻琴缦的绝好享受。

其三　玉之稀缺考

21世纪最初十几年的中国，什么东西涨价涨得最吓人？答曰：房价！不独然，还有一样东西涨得比房子更为夸张。十年间房价涨幅不过以十倍计，此物涨幅直以数十倍至百倍计，而且据说还要一路看涨。此物即为玉，特别是和田玉。如果你问商家："为什么涨得这么厉害啊？"我们都能想象出，商家做出个极富表演性的表情，然后给出个标准答案："稀缺啊！没有啦！还得涨呐！"这话对不对呢？这是个问题。涉及这个问题，要有一定的逻辑思辩能力，要从四个不同角度辩证地看这个事。

一、从历史角度看，玉从来都只是极少一部分人的"奢侈品"。

玉在上古时代只有巫师与首领阶层才能拥有、佩戴。进入有史时代，从商至汉，玉都是贵族和高级别官僚才能使用的。在上一编里，我们详细地介绍了从西周一直到清代的玉器制作与使用管理。从西周开始的"玉府"，演化到汉代的少府，唐代的少府监，玉器的制作与管理始终掌控在朝廷手里，用玉制度也极为严格。礼玉、佩玉、饰玉、葬玉各成体系，各有制度，不可僭越。唐代连五品以下的官员身上都没有资格佩玉，更不要说民间。所以，至少在宋以前，玉是极为稀缺的。这种稀缺不是资源性稀缺，而是制度性稀缺，也就是使用资格指标的稀缺。

从宋朝开始，虽然直到清以前法律还在规定"庶民不得用玉"，但是商品经济的迅猛发展，再加上玉已经走下神坛开始世俗化进程，玉事实上已经开始"飞入寻常百姓家"。不过，这个"寻常"指的是头顶上没有乌纱帽，在经济上可一点也不能寻常，不是富商和土豪是消费不起玉的。宋、明、清三代，除了京师以外，杭州、苏州、扬州三地，是民间玉作坊的聚集地，也是玉器工艺的巅峰之所，更是玉器买卖的核心区。这三个地方在中国古代经济史上处于一个什么位置不言而喻。

（1）扬州：从唐朝开始就是天下繁盛，到了清代更因盐商驻所而富甲天下。

（2）苏州和杭州：是江南核心经济区的核心。明、清两代，以苏州为中心的苏（苏州）、松（松江）、常（常州）；以杭州为中心的杭（杭州）、嘉（嘉兴）、湖（湖州），总称江南六府。这江南六府支撑着全国的经济，产出天下一半的钱粮。

玉器的制作和买卖根植于这苏、杭、扬三地正说明：只有经济最为发达，富人最为集中的城市，才能承载玉器行业。因此，宋代以后，玉出现了双重的稀缺性，一个是延续唐以前的使用资格的稀缺（毕竟很多玉器形制还是民间绝不能使用的），也就是有钱也不能买；另一个是对经济实力的要求造就的稀缺性，就是没钱买不起。

需要注意的是，即使出现了民间制玉、买玉的风尚，和田玉从明以后，也一直没有出现过纯资源性的稀缺。虽然古代都是在玉河里捞取玉石，也没有因开采过量而造成玉料紧缺。因为，毕竟玉在古代是顶级奢侈品，普通百姓还是消费不了的。近代以来：一方面因为现代机械的应用使开采山料已经不在话下；另一方面我们经历了几十年的"去珠宝"式生活；再加上直到二十年前，社会经济一直也不发达，所以我们从未感受到玉会稀缺，因为大部分人没有需求，直到十几年前，玉的价格也是普通人可以消费一把的。

近十几年，随着经济的发展，社会富裕度的大幅提高，中国人对玉的需求量，超过了过去几千年古人的使用量。准确地说，是古人"限购"留下的家底，被我们用十几年的时间掠夺性地快造光了，连古人无力采用的山料存量都已告急。于是玉又稀缺了，这种稀缺就是真正资源性的稀缺了。请注意，到目前为止我们所说的玉都是指的和田玉。

二、现在玉是不是真的稀缺了呢？

这是一个悖论式的问题：应该说玉是不稀缺的，因为中国产玉的地区很多，只不过大家只盯着一个和田玉罢了。这就是当下关于玉的第三个认识误区——"唯和田论"。似乎说玉就是和田玉，其他的玉种要么根本没听说过，要么就是有意识地把它们归入"不值钱"的范畴。这是玉器珠宝化和世俗化之后出现的一种必然，人们心里把玉作为一种保值的商品看待，不再关心它背后的历史和文化。

其实，就玉质而言，岫岩的河磨玉、南阳的独山玉里，都有不逊于和田玉的品种，就是地方的杂玉里，也有佼佼者。但是，在信息碎片化的时代，人们是盲从的，口号式的信息就足以让消费者跟风。这些非和田的优秀玉种，不管在历史上曾经多么辉煌，承载过多么丰厚的文化内涵，都毫无例外地做了"唯和田论"的炮灰。

其实在当今中国，光是几个著名的玉种：南阳玉、岫岩玉、蓝田玉，就连稀缺的边都靠不上，更何况还有很多不为人熟悉的众多的"地方杂玉"存在。不过这些地方杂玉很多并不以本来面目出现，因为攀附名门比"行不更名坐不改姓"更为划算。比如河南的西峡玉，相信大部分人都没听说过，因为在俄料没有大批引进的时候，此玉种大部分用来冒充和田玉，并惟妙惟肖。

三、和田玉是否稀缺了呢？

新疆出的和田玉肯定是稀缺了，这个毋庸置疑。古代的稀缺是一种制度性稀缺，它既是用"抑需求"制造出来的，同时古代又在用"抑需求"来压制稀缺与市场的矛盾——这有点像靠搞限购调控房价。但现在的稀缺是一种实打实的资源性稀缺了，而玉早已市场化和世俗化，不可能再有什么"抑需求"这种手段操作的空间。

资源稀缺作为一个大自然无法解决的问题，在市场经济环境下，人是一定能找到解决的办法的。这种市场经济采用的手段与"抑需求"恰恰相反，是增供给。不过，似乎在这里出现了一个悖论，明明是资源接近枯竭而造成的稀缺，又怎么可能增供给呢？拿什么来增呢？市场之手的能量是巨大的，它可以在我们的正常思维之外开辟出新的道路，而且出手就是决定性的，釜底抽薪式的：几年前，在政策层面上，创造性地制定了"闪石玉等于和田玉"这一新国标，从而有效地解决了这一问题。

增供给实现起来已经毫无障碍，从此我们说，现在和田玉不再稀缺了。由此，青海玉、俄罗斯玉甚至韩国玉都昂首进入了和田玉的行列，"泛和田"这一崭新的名词也顺理成章地诞生。曾经的"假和田"们被扶正了，商家一片欢呼，行业得以续命，消费者却因此一头雾水。由此，我们甚至可以宣布：和田玉永远不会再稀缺了。因为可以创新一次国标，就可以再创新出N次国标。即使青料、俄料乃至韩料又都枯竭了，只要还能找到新的替代矿源，"和田玉"就不会稀缺。

四、最后一个命题：古玉是否稀缺呢？

答案是肯定稀缺，而且这是任何人想任何方法都无可改变的事实。因为它的稀缺性是由时间赋予的。任何现实中的权势，面对着时间都是苍白和无力的，都是无法与之抗衡的。如上面所表述的，历史上任何朝代的玉都处于制度性的稀缺状态，现在它们都成为了古玉。是以，古玉在它所处的时代本身就是稀缺的，而时间又赋予了它更大的稀缺性：附着于古玉之上的老工艺、历史信息、文化信息和岁月痕迹都是不可再生和无可替代的。道理异常明了：时间不可能倒流，历史也不可能回头。我们能创造国标但回不到从前，更修改不了历史，除非我们真的能"穿越"。

其四　工细的辩证

玉器千差万别，价值更可能天差地远，那么什么决定了一件玉器的价值呢？这还是要把新玉和古玉分开来说：决定一件新玉器的价值相对简单，是料和工；决定一件古玉器的价值就比较复杂了，包括料、工以及附着其上的历史信息和文化信息。前面几篇实际都在谈料，这一篇我们谈一谈工。

工者，指工艺或者工艺体现出的效果。深入地说有两层含义：一者从广义讲，是整个玉器制作的工艺，它是纵向的，有其历史流变；二者从狭义讲，是单件玉器上体现出的制作水平，它是横向的，只具有同时代的可比性。所谓工艺，当然就是让一块璞玉从石头最后变身为一件玉器的全部方法。这些方法多种多样，不过有一点是统一的，就是不可能用人手直接让它变身，必须通过工具。我们在前面的章节里说过，玉被发现于磨制石器的新石器时代，因为它的硬度远大于石头，人们用手磨不动它才注意到它，玉才得以出现在历史舞台上。所以，制玉必须通过工具。然后，我们还要再次重申在本书中反复讲过的一件事，就是纠正那个关于"雕"的概念。人们常说玉雕，称赞一件玉器常说雕工不错，这都是错误的。自古制玉工艺就不存在"雕"的技法。从玉的源头兴隆洼文化起，先民们锁定的玉料就是透闪石——阳起石结构的河磨玉。透闪石玉和阳起石玉的摩氏硬度都在6.0以上，没有单一金属可以刻动。制玉用的是"琢磨"之法，所以才有"玉不琢不成器""他山之石可以攻玉"这些耳熟能详的话。因此，玉器制作工艺的历史实际就是琢玉工具、琢玉工具动力和琢玉方法的演化史。

和田玉、河磨玉、独山玉这几大自古最常用的玉种，摩氏硬度都超过6.0。在自然界中容易直接获取，并且比之硬度还大的物质就几乎只有砂。因此自古制玉的方法就是用解玉砂蘸上水，以某种物质带动它摩擦以磨去部分玉料，从而成型或显出图案。后世发展出来的所有看似复杂的制玉工艺，都是建立在这个简单的理论基础之上。

关于制玉工艺的演变史，在上一编的第一章里曾有详尽的叙述。在这里，我们再做一个简单的归纳。

一、史前时代至夏

使用的工具是绳、竹、木、砂和水，由人手提供动力，方法是以手转动或拉动绳、竹、木等，带动蘸水的解玉砂磨去部分玉料以进行线切割、片切割以及管钻等。因此难度极大、费时极长，一个普通大孔可能要耗时数月以至经年才行。

二、商或者东周至民国

使用的工具是砣具、砂和水。砣具是装于杆上可以转动的片状物，它的材质从石质开始发展至金属，但仍需要由砣具旋转，以带动蘸水的解玉砂来磨去玉料以使器成形。在相当长的时间里，为砣具的旋转提供动力的依然是人手，由人手使用简单的工具比如弓，来使砣具旋转。

划时代的"水凳"也许在宋元时期就已经出现了萌芽，但毕竟对它的最早明确记载来自于明代的《天工开物》，因此这种结构类似于脚踏缝纫机的"水凳"，被认为出现于明代。从那时起砣具转动的动力就改由人脚提供。此阶段功效虽有很大提高，但琢玉或如《天工开物》中所称"碾玉"，依然是极耗人力、财力之事，特别是完成一些细致工艺，像细阴线、打洼等。

三、现当代

现代制作玉器，使用的是一种叫做"玉石雕刻机"的机器。它的基本原理虽然还是来自于"水凳"，但完全是一种现代机械。它甚至已经全部电脑化了，通过CAD/CAM软件就可以操控砣具把想要的玉件制作出来。

当然，现代制作一些高价值的玉器依然要人工完成，但使用的也是现代雕刻机。它仍然使用砣具，不过砣具材质已经是硬度极高的合金。而砣具转动的动力由电力带动电机提供，极大提高了砣具的转速（可以达到5000～6000转/分钟），因此现在琢玉只需砣具和水，解玉砂退出了历史舞台，准确

地说，现代制玉是琢刻，已非琢磨了。

简单说了制玉工艺发展史，是为了说明，我们到底应该如果评价玉器的工好不好。所谓工的好与不好，要看以下几件事。

（1）实现这个工艺的难度有多大。这里有一个辩证关系，要把它放在它所处的时代来考察这个难易度，而不是简单地用现代眼光去判断。

（2）复杂的、难度大的工艺，是否最终体现出了应有的艺术效果。

（3）这个工艺身上附着了多少人的因素，积累了多少时间的沉淀。

这样，我们就明白，不同时代的玉器，对其"工"的评价标准应该是不一样的。原因一目了然，如果把电机的动能和人脚的动能放在一起对比，就像让汽车和牛车赛跑一样不合理。同理，即使都是古代，把用水凳制作之玉"工"和纯用线切割之玉"工"放在一起对比，一样是不合理的。要比较工，就只能在相同的制玉工艺和工具的时间段内进行比较。在现实中，我们常见到不了解古玉的人，对一件上古玉器发出轻蔑的质问："这是什么东西？工这么粗糙。"如果明白了上面说的道理，就会知道，这是一种绝对错误的认识。因为他把比较体系里面的时间轴去掉了，以现代机械的"工"去评判上古用绳子和石片琢玉的"工"了。

与此相对的，我们还经常听到人在夸一件新玉好的时候，经常这样说："这玉真好！工多细啊！"这就又是一个认识误区了。在现代的玉石雕刻机上，如果采用的是电脑雕刻模式，那工细根本不代表该玉器具有了多高的工艺水准，就更谈不上艺

术成就了。就像用电脑软件模仿王羲之字体打印出来的一幅字,无论它是如何的规整以及合乎"王体"标准,也没有人会认为它能和《兰亭集序》去做类比。

但如果是利用人工在雕刻机上完成的一件工很细的玉器,我们是不是就应该对它不吝赞美呢?也不尽然。道理很简单,以现在的工具水平,古代玉工做起来非常困难,可以体现出极高水平的掏膛、打洼、细阴线等活计,现代玉工做起来已经相当容易。所以现代玉工出细活的难度已经比古代低得太多,也就是说现代玉器,工理所当然就应该细。因此工细应该是衡量现代玉工手艺的最低标准。换句话说,新玉器如果连工都做不细,根本就不应该作为工艺品出售。

这个道理的另一面就是:对于一件古代玉器,如果有现代玉器工艺品常见的细工出现,那它一定是高等级玉器。古代并不是没有细工,实际上汉玉、明代的多层镂雕玉器以及乾隆朝的宫廷玉器,工都极为精细。但那些都是各个时期最顶级的东西。因为古代的工具水平决定了,只有宫廷和高等级贵族,才有可能不惜工本和时间地制作细工玉器。因此,对于普通的古玉爱好者来说,不必对着自己手里大多数工艺略显粗糙的藏品而沮丧。毕竟那些工艺精致的古玉大多都是帝王级的物品,存于世的或者在博物馆里,或者在顶级收藏家手里。对于普通爱好者来说,有一两件就足可慰藉了。

那么对于新玉来说,什么样的工才能算得上好工呢?那就是我们上面所列举的第三条:看工艺身上附着了多少人的因素,或者积累了多少时间的沉淀。如果说得再明晰一点,就包括:该玉器上是否呈现出了某些即使依靠现代工具也很难实现的高端工艺技法;是否具有一定的艺术灵性和艺术水准等。这方面要说清楚,就要从中国制玉匠人的发展流变史开始,然后展开说一说在玉器工艺背后的人的因素,也就是下面一篇的内容了。

其五　玉器之灵

补编　关于玉的误区

任何器物，只要能被称为工艺品乃至艺术品，技法都只是"术"和皮毛，器物表现出来的精气神才是"法"与灵魂。施以技法的是人，赋予灵魂的也是人。这一篇就说一说制玉的人和他们赋予玉的精神。

当代制玉的人被称为工艺美术从业者。在改革开放以前，这些制玉者的身份是各个国营玉器厂的工人。那些国营玉器厂，则是20世纪50年代公私合营时，由所在城市的私营玉作坊合并而来。在这些工人里，既有制玉世家出身的原私营作坊主及其后代，也有本与玉器行业无关而分配入厂、学徒出身的。改革开放后，国营玉器厂经历了一段时间的沉寂，里面的人员流散出来。随着近十几年玉的逐步火热，新的制玉企业风起云涌，那批原玉器厂里的技术骨干，大都在新的形势下成为了各级"大师"。

现在，这些制玉者进入了国家工艺美术职称序列，沿着工艺美术师、高级工艺美术师、研究员级工艺美术师的职称阶梯，往自己事业的顶峰攀登。同时，在职称体系之外，另有一套由国家工艺美术协会建立的荣誉称号系统，在为他们打开通往成功之门。工艺师们在行业里做到一定资历，再有一定的获奖记录，就有机会在这个系统里成为省（直辖市）级工艺美术大师。等在行业里磨砺得人脉通达，就有可能再上一层楼，成为国家级工艺美术大师。从此地位尊崇、收入丰厚，有些甚至可以昂首进入社会财富顶层。

古代制玉者不过是匠，再往高古时代看不过是奴，地位低下、寂寂无名、收入微薄。千古玉匠，留名人间的只有一个陆子冈，他也因此付出了生命的代价。我们介绍过，陆子冈为了捍卫自己落款的权利，不惜与皇帝斗智，最终还是被杀了。他的昆吾刀从此绝响世间，只留子冈牌的大名，让后来者高山仰止。陆子冈若穿越到今日，看到当今的"玉雕大师"们想怎么落款就怎么落款，不但不会因此而有什么危险，作品还因为落款而价格斗涨数倍，恐怕要老泪纵横、唏嘘不已。

按说今古制玉人的待遇、地位如此悬殊，在玉器制作的成就方面应该今远胜古才对，但是事实往往与逻辑不符。如果不是古玉藏家，一般人观察古代玉器最好的地方是博物馆。而观察现代玉器，特别是名家玉雕作品，既可以去大型艺术品店的精品室，也可以去各种玉器或艺术品展览。当去过这几个不同的地方后会发现，真正让我们感到震撼和灵魂交迸的，却往往是博物馆里的古代玉器。

我们站在新玉的展示厅里，满眼看到的都是精致的做工，仿古的器形和大师们显要的介绍。但却总觉得少一份玉器本身给我们的能量，这种能量也许是震撼，也许是诉说，也许是敬畏，也许是共鸣。这些灿烂而煊赫的当代玉作，很多带给我们的只是扑面而来的奢华感，再有就是商品社会里待价而沽的高傲。偏偏就是缺少人、玉之间最应该有的亲近感与情感交流。这一切似乎都在揭示一个秘密：玉器有没有灵性，与制玉人名气大不大，与它标价多少没有直接关系。决定性的因素是制作它的人，是不是在用生命和灵魂来塑造它。

上古时代，玉器是整个部落通神之物，使用它的巫王几乎是半神半人的身份。我们说过，三皇五帝实际都是那个时期的巫王。玉工在制作这些玉器时，内心既充满了对神灵的敬畏，想必也充溢了对黄帝、颛顼这样人物的敬慕之情，这些情感无疑都将注入他心血所系的玉里。我们在上一编的第一章里描述过当时工具的原始，以及工艺的费时、费力。即使只是在玉璧上钻一个孔可能也要耗费数月之工，在这种充满信仰的漫长工期里制作出的玉器，必然灵性四溢。

中古时代以后，唐宋两朝，少府监和文思院作为玉器制作的管理机构，更多的是征用民间的工匠来为朝廷制玉。虽然在人身上，比起之前直接在玉府和少府里服役的玉匠要自由得多，但依然是不能改行的，其家仍是世世代代为官方制作玉器。明朝将庶民分籍管理，身在何籍便世代从其业，在军籍的永世当兵，在匠籍的辈辈做工匠。在社会等级序列中，匠籍在民、军、匠三籍里地位最低。由此看来，不管哪朝哪代，玉工累世只能琢玉，挣一份微薄的岁钱。而其所制之玉，既不能留其名，也不能收其利。一个人一生只能干一件事，而且干这件事根本无法存名利之心。这样的情况下会出什么结果呢？那就是他的生命必体现在所制之器上——这就是为什么，古玉无论其工是精致还是粗糙，普遍地具有灵性的原因。

民国以来，玉成为纯粹的商品，制玉人一部分成为手工业者，另一部分成为小作坊主，还有一部分升级成为玉商。作家霍达的著名小说《穆斯林的葬礼》，生动地描述了民国时期北京的玉器行业和古玉行当。里面的主角韩子奇，就是一个典型的从玉匠到作坊主再到玉商，最后进入古玉领域，成为跨新玉、古玉的行尊。小说里刻画的梁亦清、韩子奇师徒与玉商蒲寿昌之间的血泪情仇；韩子奇、蒲寿昌这对冤家之间的玉器生意争斗；还有韩、蒲二人和洋商亨利之间，围绕玉器和古玉收藏的一系列纵横捭阖，形象地勾画了民国时代玉和制玉人，已经开始一步步沦为商业和欲望的奴隶，那个时代开了玉器流俗之滥觞。流俗一开便不可抑止，乃至于今。今天的制玉业：一方面，工具的飞跃改良让制玉可以半工业化；另一方面，过度的商业化可以扼杀任何真性灵。

所以，我们评价不同时期的玉器工艺好坏，根本原则是：要看它是否具有在那个时期最难做到的工艺技法。像古玉，我们知道了那个时代工具的落后和工时的浩大，那么只要具有精细的工艺就一定是上品，甚至是帝王级的。而对于不大精细的古玉也没必要不屑一顾，实际它们也很可能曾是地位高贵者的饰物。

对于新玉而言，评价工艺要遵循以下两个标准。

（1）具有某些工艺特征。

这些特征即使今天要做到，高超的技法、敢于冒险的精神都要有，特别是必须舍得花水磨功夫。能体现这些工艺，制玉者必须是高手，也必须用心。比如玉锁链掏活环，需要在一块玉上把锁链琢成环环相扣的效果，死环已经是要极为精心，如果是活环就很可能在两环分离时断掉。凡有玉锁链的皆为大型玉件，一个小小的环一断，整个玉件就报废，可见从古至今敢掏活环都要有弥天大勇。要知道，今天在高速电动铊具和电脑雕刻机的环境下，一件大路货的玉器，生产期也就一两天，肯在单个工艺上耗费数月时间的，才真算得上是精心之作、大家风范。

（2）要看作品体现出的精气神如何，看有没有灵性。

这是一件玉作能不能被称为艺术品的标志。如果没有灵性展现，即使工艺再精细、用料再名贵、名头再响亮，充其量也不过一件工艺品而已。而看有没有灵性，在某些特定玉器上是有一些标志性的地方的：如佛教人物的开脸儿（有没有慈悲感）和手型（是否自然柔美）、动物的眼神（是否有生气和灵动）等。但这些比较主观，欣赏者没有一定的文化素养也很难判断。所以，当一件玉器上升为艺术品时，它考验的不仅仅是制玉者，同时也在考验欣赏者——审视文化的能力是不分贵贱和贫富的。

补编 关于玉的误区

其六　小谈"盘养"

玉的料也说过了，玉的工也说过了，一块符合自己能力和审美的玉，总算可以去带它回家了。带回来干什么呢？当然是戴了。不过，在付了钱准备带它回来之前，也许耳朵里还要再被商家灌输另一番"知识"。什么"知识"呢？盘养。

"盘养"在很多情况下被人当一个词和一件事来说，不过至少在玉这个领域里"盘"和"养"还是不一样的，两者有很大的关联性，但绝不是一件事："养"是很通用的词汇，对任何一类归属于自己的物件的保存、维护的行为和方法都是养的范畴，从这个角度说养玉的"养"和养鱼的"养"是一回事；"盘"是古玩行特有的一个词汇，它基于"养"但又不同于养，道理就在于"养"的目的是维护，而"盘"的目的是改变。

"养"的基础是玉本身的特性，玉的特点是"细腻、温润、内敛"——所谓"玉有五德，以比君子"是也。养的目的是最大限度地保护玉性和舒放玉性，养玉的本质就是让玉性在你的手上得到最好的保护或发挥。

玉如君子，古称玉有"仁、义、智、勇、洁"五德，而君子之交淡若水，因此养玉不可急功近利，亦不可过分狎昵。玉有四忌：忌油、忌汗、忌脏、忌热。这四忌的原因都是因为玉的物理特性：玉内部结构相对松散，分子之间的空隙较大。玉性实际上大部来源于这一特性，比如它的油性、温润、内部絮状物及俏色等。而有些行为会破坏玉性，也同样因为这一物理特性。

很多人认为玉越有油性越好，甚至把玉在大油脸上乱蹭；还有人手里又是汗，又是泥还在那里搓玉；还有人不知为何会把玉放在水里煮。这些都是绝对错误的：玉的油性是它本身那种润泽而腻的手感。只要玉料好，即使已经长期不养，变得很干了，只要上身一阵子就会恢复油性。而人为在油脸、油手上蹭，只会让那些动物油脂进入玉分子之间的空隙，从而压迫它本身的油性。有时候，在玉器店里会遇到油腻腻的玉，用手一摸是抹了油的。店员一定会解释为在保养玉，此时就应当知道，这不过是他们以抹油充油性被揭穿后的托辞而已，玉是不能亲近油的。相同道理，手上、脸上的脏物也会因此进入玉内使玉变脏；汗液是酸性的，会逐步腐蚀玉的表面；加热会造成玉内裂缝，加速异物、脏物的进入。要知道从古至今给假古玉做沁，第一步都是给玉加热，就是为了造成裂缝好让人造的颜色进去。

其实养玉最好的办法就是以平常心佩戴，人玉互养。有心人可以观察一下自己佩戴的玉，通常在下午时它最干；在早晨时最油润。就是因为：白天人醒着玉在养人；晚上人睡了人在养玉。如果是在手上养则一定切记，一旦手上见汗见油就要把玉放下，同时手必须是干净的再揉玉。

"盘玉"本来是古玩行一个特有名词，指的是通过人手的摩挲，使出土古玉发生改变的过程。出土古玉通常都会受沁，同时玉性可能部分或全部丧失：对于大部分外行来说，很多出土古玉在未盘之前更像一块石头。"盘玉"就是通过人为的特殊的"养"而改变它出土后的面貌：一是全部或部分恢复它的玉性，二是使各种沁色发生改变得到升华。

它的基本原理还是基于玉的物理特性。

（1）玉之所以受沁，就是因为墓葬所在地的地质环境，以及墓葬的内部环境，使很多比玉分子更为活跃的物质分子进入了玉内。因为玉分子之间的空隙较大，这些分子就填充了这些空间，它们的颜色呈现出来，或它们产生一些反应后呈现出来别样的颜色，这就是出土古玉的沁色。石化也是如此，岩石分子进入玉中，挤压了玉分子的空间就形成石化。

（2）"盘玉"就是通过人手上的温度，以及分泌出的化学物质，来帮助玉分子进行反攻：或者把别的分子挤出玉外来恢复玉性；或者使各种物质的分子再次发生反应，而产生更为艳丽的颜色。

自从北宋出现了假古玉这个行当以来，做假沁就是这行的基本功。一千多年来做假沁的技术几经革新，有"老提油""新提油"之分，都已经发展成了值得研究的

一门大学问。那些清代以前制造出来的"老提油"假古玉，也在时间的磨砺下熬成了真"古玉"，从收藏角度说也不是没有古玩价值。

做假沁的技术不论怎么革新，它的核心理论基础都没有变过：就是先用巨大的温度变化（主要是采用煮、烤等法加热，也有个别采用骤热骤冷法）来使玉身出现大批微小的裂缝，然后使用各种方法让颜色进入这些裂缝形成假沁。古今所不同的也就是加热的工具不同、染色的方法不同以及颜色的来源不同而已。

假沁当然是古玉收藏者最头疼的事情之一，其实沁的真假有一个很准确的辨识方法。但这个方法又毫无实际用处，因为它需要时间，不可能在购买古玉的当时提供证据。这个方法就是"盘"：对于那些受沁较为严重，甚至有钙化、石化现象的古玉来说，盘到一年以上时多多少少会产生变化，不管是玉性得到部分恢复还是沁色发生些许改变。这些变化再微小，对于古玉玩家来说都不难感受到。而假沁，任你再努力地盘玩，也不会有任何变化。所以说，行家玩老玉在很大程度上就是玩的沁和"盘"。现今文玩市场上有各种"盘玩"理论，什么"武盘"啊、"文盘"啊。那是用来对付出土古玉的，用来对付新玉则可能会适得其反，毁掉一块色、性俱佳的好新玉。

我们在这里小谈了一下"盘"与"养"的异同，就是为了告诉爱玉的朋友，不要把二者混为一谈，最后因为想帮助自己的玉变得更完美，结果适得其反。

后 记
POSTSCRIPT

《琢磨历史》系列丛书之首作《玉里看中国》终于付梓。此于我为一个新事业的开端，于人文图书领域则为一个新品类的展现，此新品类即为"以物观史，以文化看中国"。

余尝思：吾国立于世久矣。其王者代更，兴勃亡忽；多有侵凌，自焚家典。然终未断我文种，覆我族脉。何也？盖吾国重史，自文字始而记史始，直迄于今，延绵不辍，此世界唯一大观。吾国多难而文明血脉不绝，终赖于此。史事存、国乃存；史事兴、国乃兴。是矣吾国历来重史，尤重治史者之忠直风骨：董狐乃书"赵盾弑其君"，太史公腐刑而著《史记》。唯后世诣于权，史者颂圣，曲笔成阿；今乃复生浊流，断章取义，以"颠覆""揭秘"为谋，实欲虚无国史，以成他人斧钺。今当复归古道，以正源流。

然则何以正源流，世之大贤自有腹论。吾辈小子，当辟蹊径，以成助益。此一蹊径即为"以物观史"，"物"是历史长河所淘洗留下的奇石，也是民族文明基因的"宿主"。"以物观史"便如从"宿主"身上提取基因，进而尽力复原其背后的文化情境。而后则是"以文化看中国"，由各种"物"上复原出的文化情境，可以让我们从不同角度全面认知母国样貌，从而为民族之复兴增添一份精神认同。如本书实为"玉背后的中国文化思想史"。本系列丛书后续则有："瓷背后的中国地缘政治史""茶背后的中国古代经济史""饮馔背后的中国地域文化史"等。

非常感谢这个时代。一则民族文化的复兴成为国家既定之战略，使全社会兴起读史和认识传统的热情；二则移动互联时代的到来，使更多有志于文化传播者获得了广阔的新媒体平台。本人就是从新媒体平台出发，逐渐建立了独立的文化传播认知，最终发展成为《琢磨历史》系列丛书的写作实践。感谢在互联网平台上与我切磋、探讨历史的诸友给予我的襄助和启发；感谢我的妻子和家人给予我的理解和支持；亦感谢出版社负责本书编辑出版的各位老师的辛勤付出。更期待广大读者对本书的斧正。

高宇

2015年9月于北京